全國古籍整理出版規劃領導小組資助出版

烟草譜箋注

（清）陳琮 辑
黄浩然 箋注

中國農業出版社

圖書在版編目（CIP）數據

《烟草譜》箋注/（清）陳琮輯；黄浩然箋注．—北京：中國農業出版社，2017.10
ISBN 978-7-109-20175-0

Ⅰ.①烟…　Ⅱ.①陳…②黄…　Ⅲ.①烟草－文化史－中國－清代②《烟草譜》－注釋　Ⅳ.①TS4-092

中國版本圖書館CIP數據核字（2015）第066807號

中國農業出版社出版
（北京市朝陽區麥子店街18號樓）
（郵政編碼100125）
責任編輯　孫鳴鳳

三河市君旺印務有限公司印刷　　新華書店北京發行所發行
2017年10月第1版　　2017年10月河北第1次印刷

開本：700mm×1000mm 1/16　　印張：33.75
字數：350千字
定價：78.00元

前　言

自明朝傳入中國以來，烟草就與中國人的生活結下了不解之緣。涉及烟草的記載比比皆是，有關烟草的專著亦代不乏人，僅有清一代就達十餘種之多，如褚逢椿、顧禄《烟草録》、汪師韓《金絲録》、陳琮《烟草譜》、陸耀《煙譜》、趙之謙《勇盧閒詰》等。在諸多專書之中，陳琮的《烟草譜》以其旁徵博引、取材宏富，堪稱一時集大成之作。

一、陳琮其人

陳琮，字應坤，號愛筠，江蘇青浦（今屬上海）人。生於乾隆二十六年（1761），卒於道光三年（1823）。一生耽於撰述，著有《夏小正注釋》、《雲間山史》、《茸城事蹟考》、《烟草譜》、《二十四節氣解》、《青谿雜事詩》、《吴下常談》、《梘園雜誌》、《墨稼堂稿》、《錦帶書箋注》等。其從弟陳瓏，號古芸，時人比之坡潁，著有《雲間藝苑叢談》、《匳月簃隨筆》、

《韻雅草堂詩稿》等。

陳琮“生而穎悟”①，有“神童”② 之譽。琮少承其父懷堂先生家學，“未弱冠”即“補博士弟子”，“爲邑名諸生”③。舉業之外，尤喜詩詞，“于露初星晚偷閒學諧平仄”④。長於五言，嘗被前輩“目爲王韋門庭中人”⑤。乾隆五十二年（1787），同邑蔡文洽舉青谿詩社，陳琮、諸聯、吴邦基等八人參與其中。次年，陳氏與蔡、諸兩家合刻《青谿三子詩鈔》，一代儒宗錢大昕先生爲之序，“吴下稱詩者咸傾慕焉”⑥。

不過，陳氏在科場上却頗不得志。嘉慶三年（1798）文戰失利之後，陈氏“獨處窮愁，自傷顛蹶”⑦。四十歲以後更是“絶意功名”，曾有人勸赴鄉闈，陳氏以“只緣鷗鳥江湖性，孤負雲鵬勸上天”婉謝⑧。中年後從錢大昕、王昶兩先生遊，學問日益精進。王昶開書局於三泖漁莊，曾折簡招陳琮“任分校之役”，但陳氏“以堂上年高，不敢稍離膝下爲辭”，“從此鍵户讀書，益肆力於詩古文詞，且稍稍有

① 道光六年陳瓏跋。陳琮著《墨稼堂稿》，道光六年繡雪山房刻本。
② 道光六年何其偉題辭。《墨稼堂稿》卷首。
③ 道光六年吴邦基序。《墨稼堂稿》卷首。
④ 陳琮《墨稼堂稿》卷一《愛�吟稿》小引。
⑤ 道光七年趙逢源序。《墨稼堂稿》卷首。
⑥ 趙逢源序。
⑦ 《墨稼堂稿》卷五《繡雪山房稿》小引。
⑧ 何其偉題辭。

事於著述之學”[①]。儘管“豐于才而嗇于遇”[②]，但陳氏能夠淡然自處，仰屋著書以爲樂，這恐怕與其家族歷史和居住環境不無關係。陳氏“家居簳山之東，岑溪之上”[③]，可以上溯到其五世祖陳謨。謨，字遜欽，明清易代後“鍵户讀書”。凡有人“勸以仕進，輒謝曰：‘國破家亡，我安適？’”後“歸自邑中，移居岑涇，終身不入城府”[④]。而簳山又被認爲“不羣不附，而澄泓蕭瑟，殆類古特立獨行之士”[⑤]。

陳琮閉門讀書、專事著述的情景，在其《墨稼堂稿》中有所反映。卷五《繡雪山房稿》收録陳氏嘉慶五年（1800）至嘉慶九年（1804）的詩作，該卷小引云：“日手一編，坐臥于繡雪山房，白晝茶烟，清宵燈火，偶有所作，不暇計工拙也。”卷六《小岑谿詩鈔》收録陳氏嘉慶十年（1805）至嘉慶十四年（1809）的詩作，卷中《感懷》有句云：“小岑溪上閉門居，一榻茶烟意有餘。”除了常見的茶以外，烟也是陳氏書齋生活中不可或缺的一部分：“信手閒拈玉管，探囊細吸金絲。味美於回，嗜在酸鹹之外；心清聞妙，香生茹吐之間。”[⑥] 可以想見，陳琮本人對於

① 陳瓏跋。

② 趙逢源序。

③ 仲嘉德嘉慶二年序。《墨稼堂稿》卷首。

④ 《（光緒）青浦縣志》卷二十一《人物五・隱逸傳》。清陳其元等修、熊其英等纂，清光緒五年刊本。

⑤ 《（光緒）青浦縣志・圖説》。

⑥ 陳琮嘉庆二十年《烟草譜序》。陳琮輯《烟草譜》，嘉慶二十年刻本。

烟的偏嗜，無疑催生了《烟草譜》的問世。

二、《烟草譜》其書

烟草雖盛行於世，但“自明以前，紀載頗尠”，且相關著作難得一睹，因此，陳琮將“平日採摭羣籍、廿年中所見聞者”彙編爲《烟草譜》①。

嘉慶二十年（1815），《烟草譜》八卷初刻刊行。半葉九行，行十九字，白口，左右雙邊。卷首有陳氏嘉慶二十年自序、徵引書目、圖（程翀寫）贊（陳琮作）、目録，卷末爲題辭。道光二年（1822），《烟草譜》再度刊行。這一版本與初刻本的唯一區别，就是卷首陳序之前增加了道光二年陸晉雲序。因此，該版本可以視作初刻本的重印補序本。除此以外，《烟草譜》尚有紅格舊鈔本存世，藏於中國社會科學院歷史研究所。鈔本不分卷，沈楙德朱筆校字。半葉九行，行二十字，書口上書“昭代叢書壬編”，下書“運南堂”。然《昭代叢書》壬集未收此書，“恐因故欲刊未果”②。卷首有陳氏自序、圖贊和徵引書目，與初刻本無異，因而鈔本當是過録自初刻本。

《烟草譜》的主體部分由八卷組成，其中卷一主

---

① 陳琮《徵引書目》。《烟草譜》卷首。

② 《明清稀見史籍敍録》，武新立編著，江蘇古籍出版社，2000年，第223-225頁。

要記載烟草的由來、别稱、種類，卷二主要記載烟草的栽種、加工、販賣、保存、性味、功效等，卷三主要記載有關烟草的逸聞趣事，卷四收録賦、序、傳、制、文、戒、説、啓、贊，卷五收録五古、七古及五律，卷六收録七律，卷七收録絶句及烟筒詩，卷八收録詞。縱而觀之，該書有以下幾個特點：

其一，採摭詳備。卷首的徵引書目，所列自《大清會典則例》至王昶《國朝詞綜》，達二百一十一種。編者此舉，至少有兩個方面值得一提。一方面，乾嘉時期固然崇尚言必有據，但在子部譜録類著作中尚且如此重視文獻出處的，恐怕爲數不多，其初衷正如編者所言，“衹憑臆説，恐無以取信于人”[①]；另一方面，徵引的書目遍布經、史、子、集四部，凡與烟草有關，雖單辭片語，亦予以收録，可見編者蒐羅之劬、用力之深。

其二，美惡悉載。自進入中國以來，烟草一直頗具争議。烟草雖然爲“通利九竅之藥”，“能禦霜露風雨之寒，辟山蠱鬼邪之氣”[②]，但“久服則肺焦，諸藥多不效，其症忽吐黄水而死”[③]。烟草雖然是一種經濟價值很高的作物，每逢“新烟初出，遠商翕集，肩摩踵錯”[④]，但烟草“種植必擇肥饒善

① 陳琮《徵引書目》。
② 《烟草譜》卷二“主治”條。
③ 《烟草譜》卷二“烟患”條。
④ 《烟草譜》卷二“販烟”條。

地，尤爲妨農之甚者”[①]。編者本人並没有因爲一己之好而虚美隱惡，讀者自然也不可以“勸百諷一”譏之。

其三，偏重藝文。編者“肆力於詩古文詞”[②]，所著《墨稼堂稿》詩八卷文四卷，另有嗣刊集句詩六十五首、詞一百二十六首，可見其“當行本色”之所在。因此，編者以後五卷的篇幅展示有關烟草的文學作品，也就不足爲奇了。通過編者選録的諸多作品，讀者不僅能夠得以窺見清代文人對於烟草的各種態度，而且能夠藉此領略清代烟草文學這一道獨特的風景線。

《烟草譜》甫一面世，即受到學界的廣泛好評。不少學人將此書與唐代陸羽的《茶經》和宋代竇苹的《酒譜》並稱，甚至認爲其“當與茶酒經，各自成千古”[③]。措辭雖不無溢美，但也足見各家對該書的喜好。時至今日，《烟草譜》仍不失爲一部反映烟草歷史、烟草文化的力作。

---

① 《烟草譜》卷二“烟禁”條。

② 陳瓏跋。

③ 卷末金鳳奎詩。

凡　例

一、本書以上海圖書館藏清嘉慶二十年（1815）刊《烟草譜》爲底本。此本爲編者生前初刻，爲道光二年（1822）重印補序本與紅格舊鈔本之祖本。

二、本書依據《烟草譜》所引諸書進行他校。凡原書引文之錯誤，據所引之書在箋注中予以説明。

三、本書涉及“烟”、“煙”、“菸”、“蔫”之處，悉據原書。除地名、人名、書名，異體字一律改爲規範字。

四、本書涉及版刻之俗訛字，一律徑改爲規範字，如“龍涎香”訂作“龍涎香”，“永畫”訂作“永書”，不再一一出校。

五、本書涉及原書之避諱字，一律回改，僅在首次出現時予以説明，不再一一出校。

序

陸羽茶經，伯仁酒史〔一〕。嵇含之狀草木，王灼之譜糖霜〔二〕。自古騷人，不少紀録。於今嘉卉，可無扢揚〔三〕者乎？爰有烟酒，亦曰淡巴〔四〕。草既稱仁，火原號聖〔五〕。産於吕宋，曾傳返魂之香；吟自唐人，猶記相思之句〔六〕。一自移來閩嶠，遂爾種遍磳田〔七〕。處處耕煙，家家搆火〔八〕。製别生熟，色標青黄〔九〕。食籍浮於百瓿，禺筴準之萬口〔一〇〕。雖灼喉熏肺，道非養生，而辟瘴祛寒〔一一〕，功能療疾。信手閒拈玉管，探囊細吸金絲〔一二〕。味美於回，嗜在酸鹹之外；心清聞妙，香生茹吐之間。此固炎帝所未嘗，桐君所未録者也〔一三〕。余本山人，世稱煙客〔一四〕。結前緣之香火，分餘慧於齒牙〔一五〕。品以芳名，原其地産，遍採遺聞脞説，兼搜麗句清詞〔一六〕。若云編入食經，乃登謝諷五十三種外；如或添諸藥譜，當列宋掌千八百名中〔一七〕。

嘉慶旃蒙大淵獻涂月陳琮書於繡雪山房〔一八〕

注釋

〔一〕陸羽茶經：《茶經》，唐陸羽著。是書全面論及茶之源、之具、之造、之器、之煮、之飲、之事、之出、之略、之圖，大大推動了唐以後茶葉的生産和茶文化的傳播。　伯仁酒史：《酒小史》，元宋伯仁著。是書著録自春秋至元歷代名酒一百零六種。

〔二〕嵇含之狀草木：《南方草木狀》，晉嵇含著。是書所載，皆嶺表之物，分草、木、果、竹四類，共八十種。　王灼之譜糖霜：《糖霜譜》，宋王灼著。是編凡分七篇，惟首篇題“原委第一”，敘唐大曆中鄒和尚始創糖霜之事。自第二篇以下，則皆無標題。今以其文考之，第二篇言以蔗爲糖始末，第三篇言種蔗，第四篇言造糖之器，第五篇言結霜之法，第六篇言糖霜或結或不結，第七篇言糖霜之性味及制食諸法。

〔三〕扢揚：扢：音氣，張揚。發揚；張揚。

〔四〕烟酒：事詳卷一“烟酒”條。　淡巴：即淡巴菰，亦作“淡巴姑”、“淡巴苽”。西班牙文 tobaco，原意是印第安人的草烟管，後轉意爲草烟。

〔五〕草既稱仁：仁草：瑞草。舊多指朱草、蓂莢等不常見的草，古人以爲見則祥瑞。事詳卷一“釋名”條。　火原號聖：聖火：古時民間稱以炙灼治病時所燃之火。因偶有驗，故稱。亦有巫人、術士借此托神佛之名者。事詳卷一“原始”條。

〔六〕吕宋：古國名，即今菲律賓群島中的吕宋島。宋元以來，中國商船常到此貿易，明代稱之爲吕宋。過去華僑去菲律賓者多在吕宋登陸，故以吕宋爲菲律賓之通稱。在西班牙統治菲律賓時代，華僑又稱西班牙爲大吕宋，稱菲律賓爲小吕宋。《明史·外國傳四·吕宋》：“吕宋居南海中，去漳州甚近。洪武五年正月遣使偕瑣里諸國來貢。” 返魂之香：事詳卷一“返魂香”條。 猶記相思之句：事詳卷一“原始”條。

〔七〕閩嶠：嶠：音喬，本指高而鋭的山，泛指高山或山嶺。福建多山，故名。 磳田：磳：音增，山崖，山麓。猶今之梯田。清周亮工《閩小記·磳田》：“閩中壤狹田少，山麓皆治爲隴畝，昔人所謂磳田也。喪亂以來，逃亡略盡，磳田蕪穢盡矣。”

〔八〕耕煙：語本唐李賀《天上謡》：“王子吹笙鵝管長，呼龍耕煙種瑶草。”《後漢書·獨行傳·諒輔》：“於是積薪柴聚茭茅以自環，搆火其傍，將自焚焉。”

〔九〕製别生熟，色標青黄：事詳卷一“香絲”條。

〔一〇〕食籍：迷信傳説陰間記載每人一生所享用食録的簿籍。宋黄庭堅《戲贈彦深》詩：“世傳寒士有食籍，一生當飯百甕葅。” 禺筴：禺：“偶”的古字。合算，合計。《管子·海王》：“禺筴之，商日二百萬，十日二千萬，一月六千萬。”郭沫若等集校引安井衡曰：“禺、偶同，偶，合也。”馬非百新詮：“禺，訓爲合，安井説是也。筴，算也，……合而算之。”

〔一一〕辟瘴祛寒：瘴：瘴氣，指南部、西南部地區山林間濕熱蒸發能致病之氣。消除瘴氣，祛除寒氣。

〔一二〕玉管：烟管的美稱。 金絲：烟絲的美稱。

〔一三〕炎帝所未嘗：炎帝：即神農氏，以火德王，故號炎帝。傳他曾嘗百草，發現藥材，教人治病。 桐君所未録：桐君：傳説爲黄帝時醫師。曾採藥於浙江省桐廬縣的東山，結廬桐樹下。人問其姓名，則指桐樹示意，遂被稱爲桐君。南朝梁陶弘景《〈本草〉序》："又云，有桐君《採藥録》説其花葉形色。"

〔一四〕山人：隱居在山中的士人。南朝齊孔稚珪《北山移文》："蕙帳空兮夜鶴怨，山人去兮曉猿驚。" 煙客：本指隱士，此處指嗜烟之人。

〔一五〕分餘慧於齒牙：語本南朝宋劉義慶《世説新語·文學》："殷中軍云：'康伯未得我牙後慧。'"原謂言外的理趣，後以"牙慧"指舊有的觀點、見解和説法等。

〔一六〕脞説：瑣碎鄙俗的言談議論。宋周密《〈齊東野語〉自序》："迺參之史傳諸書，博以近聞脞説，務求事之實，不計言之野也。" 麗句清詞：語本唐杜甫《戲爲六絶句》之五："不薄今人愛古人，清詞麗句必爲鄰。"麗句：妍麗華美的句子。清詞：清麗的詞句。

〔一七〕謝諷五十三種：隋尚食直長謝諷著《食經》，今所傳唯見《清異録》略抄之五十三種。 宋掌千八百名：宋掌禹錫等以《開寶本草》爲藍本，參考諸家本草進行校正補充，撰成《嘉祐補注神農本草》，共收集藥物一千零八十二種。

〔一八〕旃蒙：十干中乙的别稱，古代用以紀年。《爾雅·釋天》："（太歲）在乙曰旃蒙。"大淵獻：亥年的别稱，後亦用作十二支中"亥"的别稱。《爾雅·釋天》："（太歲）在亥曰大淵獻。"旃蒙大淵獻指乙亥年。 涂月：農曆十二月的别稱。《爾雅·釋天》："十二月爲涂。"

徵引書目

大清會典則例

佩文齋廣羣芳譜

熙朝雅頌集

廿一史約編

畿輔通志

廣西通志

蘇州府志

泉州府志

永春州志

平陽縣志

地志

宸垣識畧吴長元

中山記畧張學禮

滇黔土司婚禮記陳鼎

黔書田雯

海國聞見録陳倫炯

南越筆記李調元

滇南聞見録吴大勲

露書姚旅

陶菴夢憶張岱

大清律例

清文鑑

詒晉齋法帖

宋史

福建通志

昌平州志

杭州府志

漳州志

義烏縣志

奉賢縣志

地緯熊人霖

東西洋考張燮

中山傳信録徐葆光

龍沙紀畧方式濟

俄羅斯行程録張鵬翮

澳門紀畧印光任

海東札記朱景英

金川瑣記李心衡

日知録顧絳

綏寇紀畧吴偉業

物理小識 方以智

在園雜志 劉廷璣

鹿洲初集 藍鼎元

分甘餘話 王士禛[1]

矩齋雜記 施閏章

觚賸 鈕琇

文房約 江之蘭

譚書録 汪師韓

遊戲三昧 石杰

陔餘叢考 趙翼

牘外餘言 袁枚

淡墨録 李調元

梅谷偶筆 陸烜

空明子集 張棠

夢厂雜著 俞蛟

柳崖外編 徐昆

槐西雜志 紀昀

夜譚隨録

揚州畫舫録 李斗

六合内外瑣言

文章游戲 繆艮

廣新聞

古今秘苑

本草綱目 李時珍

本經逢原 張璐

蚓菴瑣語 王逋

寄園寄所寄 趙吉士

遲山堂彘史 申涵光

香祖筆記 王士禛

嘯旨 汪价

三岡識畧 董含

虞初新志 張潮

燕山閣知新録 王堂

怡曙堂集

茶餘客話 阮葵生

東皋雜鈔 董潮

無所用心齋瑣記 金學詩

聞見瓣香録 秦武域

明齋小志 諸聯

芝庵雜記 陸雲錦

漁磯漫鈔 雷琳

如是我聞 紀昀

新齊諧 袁枚

燕蘭小譜

秋坪新語

無稽讕語 王露

夜航船

花間笑語

景岳全書 張介賓

醫林集要 王璽

東醫寶鑑許浚
醫學入門李梴
本草彙言倪朱謨
本草備要汪昂
食物本草汪穎
本草從新吴儀洛
秘方集驗王夢蘭
經驗良方
一切經音義釋玄應②
格致鏡原陳元龍
事物異名録厲荃
奩史王初桐
金壺字攷二集田朝恒
集腋程炎
花鏡陳淏子
小知錄陸鳳藻
四六清麗集陳雲程
揀金録朱一飛
同館律賦鴻裁
韻蘭集賦鈔
帶經堂詩話王士禛
蓮坡詩話查爲仁
隨園詩話袁枚
雨村詩話李調元
盥花軒詩話廖景文
鳳池集高士奇
梅村詩集吴偉業
嵞山集方文
敬業堂集查慎行
西堂小草尤侗
鮚埼亭集全祖望
句餘土音全祖望
月山詩集恒仁
𢈪堂續集黄之雋
萬山樓集許虬
致軒集楊守知
絳跗閣詩集諸錦
愛日堂集陳元龍
鬲津草堂詩田霢
評山堂集余錫純
歸愚詩鈔沈德潛
樊榭山房集厲鶚
東村吟稾徐震脩
上湖紀歲詩編汪師韓
百一草堂集唐柴才
澹吟樓詩鈔張梁
四繪軒詩鈔徐振
深柳堂詩集胡然
賦清草堂詩集張棠
南陔堂集徐以升

無不宜齋集翟灝
訒齋詩鈔沈心醇
松亭詩集葉承
碧蘚齋詩鈔曹錫黼
春融堂集王昶
炙硯集曹仁虎
蕭兀齋詩稿高澍
甌北集趙翼
醉嘯軒吟稿毛思正
行餘小草李大恒
葆沖書屋集汪如洋
卷施閣集洪亮吉
耕餘小稾陸煊
臨川集唐初編柴杰
趨庭集張崇鈞
淞南樂府楊光輔
曙戒軒詩胡玉樹
簳山草堂小稾何其偉
揚州竹枝詞董偉業
閨中竹枝詞繆艮
春雨樓集沈彩
柳絮集李湘芝
烟草聯吟集紀兆芝等
詠物詩選王鳴盛
蜀雅李調元
春暉堂集王丕烈
贅翁詩稿陸瀛齡
水聲集金理
梅簃詩鈔朱邦垣
潛研堂詩集錢大昕
古雪詩鈔王永椿
忠雅堂集蔣士銓
劒亭詩鈔曹錫寶
硯山樵詩集錢孫鐘
童山詩文集李調元
淵雅堂集王芑孫
東井詩鈔黄定文
苕溪草堂集高世鑚
清省堂稿金鴻書
青冶詩稾楊大春
摩鴻書屋詩鈔吴文徽
長寶齋稿諸聯
閨詞百首蔡春雷
秦淮竹枝詞汪東鑑
花林竹枝詞湯春生
繡餘小草歸懋儀
烟草倡和詩牋曹錫端等
兩浙輶軒録阮元
詠物詩鈔朱堉
松江詩鈔姜兆翀

湘瑟詞錢芳標

竹香詞陳章

小長蘆漁唱朱方靄

杉亭詞吴烺

曇香閣琴趣吴泰來

娟雅堂詞趙文哲

香溪瑶翠詞吴元潤

小湖田樂府吴蔚光

華藏室詞許宗彦

靈芬館詞郭麐

國朝詞綜王昶

白蕉詞陸培

蘭笑詞鄭廷昭

琴畫樓詞王昶

丁辛老屋詞王又曾

自怡軒詞許寶善

緑陰槐夏閣詞朱昂

曇華閣詞張熙純

有正味齋詞吴錫麒

水雲詞潘奕雋

衡棲詞張鑒

烟草盛行於世，自明以前，紀載頗尠〔一〕。向聞浙江汪師韓《金絲録》、倪一擎《烟志》，惜未見其書〔二〕。是譜之作，祇憑臆説，恐無以取信于人，因追録平日採摭羣籍、廿年中所見聞者，彙爲一編〔三〕。特家鮮藏書，涉獵未廣，尚冀博雅君子匡所不逮〔四〕，是幸。

小岑谿陳琮識

【校記】

①王士禛：原作“王士正”，避清雍正帝胤禛諱，今回改。

②釋玄應：原作“釋元應”，避清康熙帝玄燁諱，今回改。

【注釋】

〔一〕尠：同“鮮（音顯）”，少。

〔二〕汪師韓：字抒懷，號韓門，錢塘人。雍正十一年（1733）進士，官至編修。落職後一意窮經，諸經皆有著述，於易尤邃。　倪一擎：字嘉樹，仁和諸生。本姓凌，晚年失明，自號不盲心叟。

〔三〕採摭：選取，掇拾。《書序》：“於是遂研精覃思，博考經籍，採摭羣言，以立訓傳。”

〔四〕不逮：不足之處；過錯。《漢書·文帝紀》：“詔曰：……及舉賢良方正能直言極諫者，以匡朕之不逮。”顔師古注：“不逮者，意慮所不及。”

程翀寫

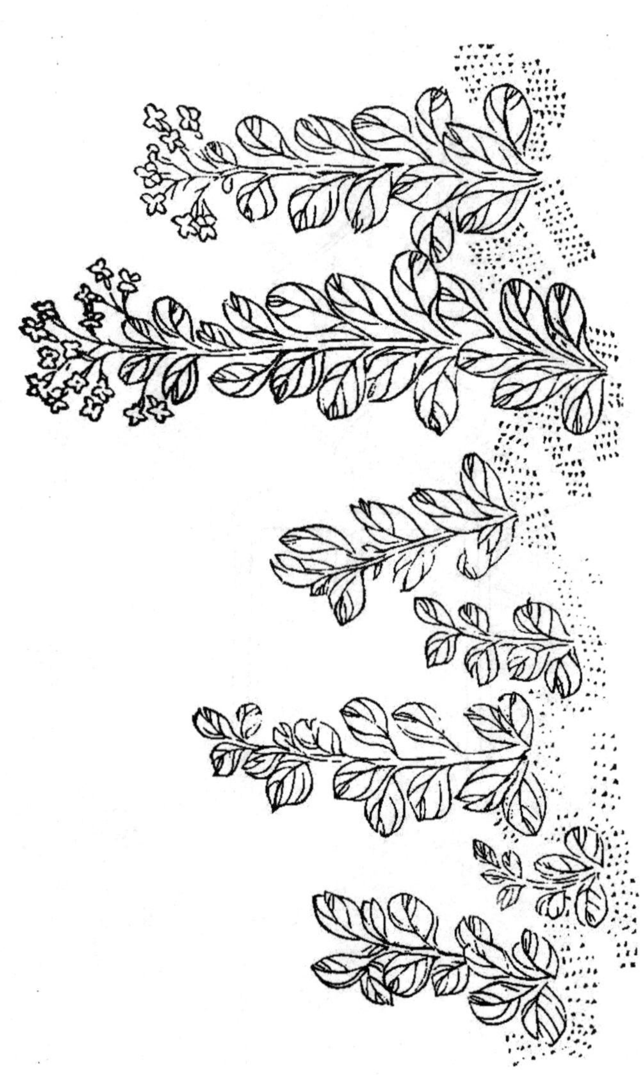

贊[一]

陳　琮

天生煙草，見《莊嚴經》。曰菸曰蔫，異名同形。種傳吕宋，菰出淡巴，勝國[二]之季，流入中華。葉若菘菜，莖若牡鞠，花若海棠，子若罌粟[三]。聶[四]而切之，縷縷金絲。無貴無賤，無不芬吹。口銜長管，一噴一醒。其味辛温，可代酒茗。

【注釋】

〔一〕贊：文體名，用於贊頌人物等，多爲韻語。《梁書·武帝紀下》："詔銘贊誄，箴頌牋奏，爰初在田，洎登寶曆，凡諸文集，又百二十卷。"

〔二〕勝國：被滅亡的國家。《周禮·地官·媒氏》："凡男女之陰訟，聽之於勝國之社。"鄭玄注："勝國，亡國也。"按，亡國謂已亡之國，爲今國所勝，故稱"勝國"。後因以指前朝。

〔三〕菘菜：蔬菜名，通常稱白菜。明李時珍《本草綱目·菜一·菘》："菘，即今人呼爲白菜者。" 牡鞠：亦作"牡菊"，菊之無子者。《周禮·秋官·蟈氏》："蟈氏掌去鼃、黽。焚牡鞠，以灰灑之則死。"鄭玄注："牡鞠，鞠不華者。"《本草綱目·草四·菊》："菊之無子者，謂之牡菊。"

〔四〕聶：音輒，切成薄片的肉。《禮記·少儀》："牛與羊魚之腥，聶而切之爲膾，麋鹿爲菹，野豕爲軒，皆聶而不切。"

目　次

卷三 譜 故實

卷四 賦 序 傳 制 文 戒 説 啓 贊

卷五　詩 (古體詩　五言律詩)

卷六　詩 (七言律詩)

卷七　詩（絶句　烟筒詩）

卷八　詞

卷末　題词

附録

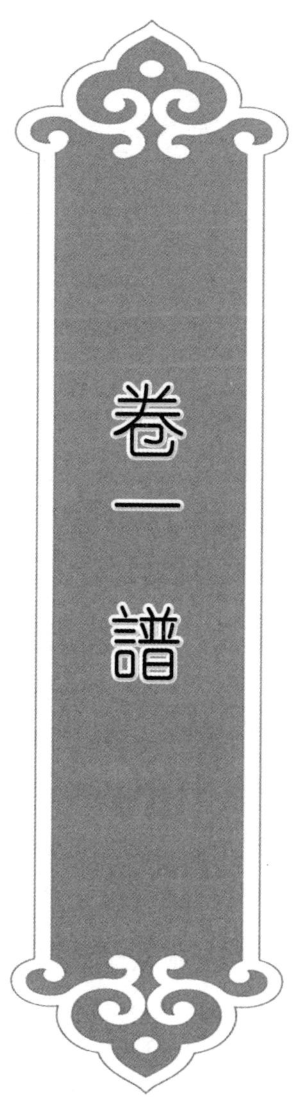
卷一
譜

烟

烟，草名，即淡巴菰也。乾其葉而吸之有烟，故曰烟。案，烟本作菸。《正韻》：菸，音烟，臭草也〔一〕。又作蔫。《説文》〔二〕：蔫，菸也。《一切經音義》云：關西言菸，山東言蔫〔三〕。今總名之爲烟草。

【注釋】

〔一〕《正韻》：即《洪武正韻》，明洪武中樂韶鳳、宋濂等奉敕撰。大旨斥沈約爲吴音，一以中原之韻更正其失。並平、上、去三聲各爲二十二部，入聲爲十部。於是古來相傳之二百六部，並爲七十有六。其注釋一以毛晃《增韻》爲稿本，而稍以他書損益之。蓋歷代韻書，自是而一大變。　臭：香氣。

〔二〕《説文》：即《説文解字》，漢許慎撰。慎字叔重，汝南人，官至太尉南閤祭酒。精通文字訓詁，歷經二十一年撰成《説文》。凡十四篇，合目録一篇爲十五篇，分五百四十部，爲文九千三百五十三，重文一千一百六十三，注十三萬三千三百四十字。推究六書之義，分部類從，至爲精密。所引詳參《説文解字》卷一下。

〔三〕《一切經音義》：世傳有二，其一爲唐釋玄應所撰，其二爲唐釋慧琳所撰。據卷首《徵引書目》，陳氏所引爲釋玄應《一切經音義》。所引詳參是書卷一〇。　關西：函谷關或潼關以西地區。《漢書·蕭何傳》："關中摇足，則關西非陛下有也。"　山東：戰國、秦、漢時稱崤山或華山以東地區，又稱關東。南朝宋鮑照《數詩》："一身仕關西，家族滿山東。"

原　　始

烟草之利，幾遍天下，而烟草之來，莫詳其始。案，吴偉業《綏寇紀畧》云：齊武帝永明十一年，先是魏地謡言：赤火南流喪南國〔一〕。是歲有沙門從北齎此火至，火赤於常火而微，以療疾多驗，都下名曰聖火〔二〕。此與今之烟草相類。《唐書・李德裕傳》：昔吴有聖水，宋齊有聖火，皆本妖祥〔三〕，古人所禁。趙翼《陔餘叢考》〔四〕云：唐詩"相思若烟草"，似唐時已有服之者。

方以智《物理小識》云：烟草，萬曆末有攜至漳、泉者，馬氏造之，曰淡肉果〔五〕。漸傳至九邊〔六〕，皆銜長管而點火吞吐之，有醉仆者，嚴禁之不止。王逋《蚓菴瑣語》云：予兒時尚不識烟爲何物，崇禎末我地遍處栽種，雖三尺童子莫不食烟〔七〕。《景岳全書》〔八〕云：自萬曆始出於閩廣間，向以征滇之役，師旅深入瘴地，無不染病，獨一營安然，問其故，則衆皆服烟，由是遍傳。《廿一史約編》"五行"條內：熹廟時童謡曰：天下兵起，遍地皆烟〔九〕。未幾，閩人有烟草，名曰烟，云可以已寒〔一〇〕療疾，亦火異也。

【注釋】

〔一〕《綏寇紀畧》：清吴偉業（1609—1671）撰。偉業字駿公，號梅村，太倉人。明崇禎四年（1631）進士，授翰林院編修，入清後官至國子監祭酒。是書專紀崇禎時農民起義，訖於明亡。分爲十二篇，每篇後加以論斷。其記事雖不及見者之確切，而終勝草野傳聞，可資采輯。所引詳參《綏寇紀畧》卷一二。　永明：南朝齊武帝蕭賾年號（483—493），永明十一年即 493 年。謡言：民間流傳的歌謡或諺語。

〔二〕沙門：梵語譯音，指佛教僧侣。　齎：音基，攜帶。

〔三〕妖祥：指顯示災異的兇兆。

〔四〕《陔餘叢考》：清趙翼（1727—1814）著。翼字云崧，號甌北，陽湖人。乾隆二十六年（1761）進士，官至貴西兵備道。旋辭官，主講安定書院。長於史學，考據精賅。是書爲其循陔（即奉養父母）時所輯，故名。全書凡三十四卷，不分門目，以類想從，時有精到之見。所引詳參《陔餘叢考》卷三四。

〔五〕《物理小識》：明方以智（1611—1671）撰。以智字密之，號曼公，桐城人。崇禎十三年（1640）進士，授翰林院檢討。明亡後爲僧，法名弘智，秘密組織反清復明活動。是書爲其子中通、中德、中發、中履所編。凡十二卷，首爲總論，中分十五門，細大兼收，可資博識、利民用。所引詳參《物理小識》卷九，方著

“嚴禁”前有“崇禎時”。　萬曆：原作“萬歷”，避清乾隆帝弘曆諱，今回改。明神宗朱翊鈞年號（1573—1620）。

〔六〕九邊：本謂明代設在北方的九個邊防重鎮，後爲邊境的泛稱。

〔七〕《蚓菴瑣語》：清王逋撰。逋字肱枕，嘉興人。是編記明末清初見聞，皆其鄉里中事。　崇禎：原作“崇正”，避清雍正帝胤禛諱，今回改。明思宗朱由檢年號（1627—1644）。

〔八〕《景岳全書》：明張介賓（1563—1640）撰。介賓字會卿，號景岳，山陰人。是書凡六十四卷，集中醫理論、臨床各科、方藥針灸之大成，全面精詳。

〔九〕《廿一史約編》：清鄭元慶（1660—?）撰。元慶字子餘，一字芷畦，歸安人。是書之作，以授其二子，作讀史之津筏。　熹廟：明熹宗朱由校，年號天啓（1621—1627）。

〔一〇〕已寒：治療寒疾。

原　　産

烟草出自邊塞外蕃[一]。張琳《本經逢原》云：烟草之火，方書不録，惟《朝鮮志》[二]見之。始自閩人吸以袪瘴，向後北人藉以辟寒，今則遍行寰宇。熊人霖《地緯》[三]云：其種得之大西洋。黎士弘[四]曰：始于日本，傳于漳州之石馬。厲鶚《樊榭集》云：烟草，《神農經》不載，出於明季[五]。自閩海外之吕宋國移種中土，名淡巴菰，又名金絲薰。全祖望《鮚埼亭集》云：烟草，姚旅以爲來自吕宋[六]。淡巴者，原屬吕宋旁近小國。予按，吕宋國在臺灣鳳山縣沙馬崎東南[七]。《續文獻通考》[八]云：淡巴國，在西南海中。自明洪武以來，二國俱來朝貢，其地且近閩海，故得傳種漳、泉。

劉廷璣《在園雜志》云：《露書》謂産于吕宋，關外人相傳本于高麗國[九]。其妃死，國王哭之慟，夜夢妃告曰：冢生一卉，名曰烟草。細言其狀，采之焙乾，以火燃之而吸其烟，則可止悲，亦忘憂之類也。王如言采得，遂傳其種。

【注釋】

〔一〕外蕃：謂屬國。

〔二〕張琳《本經逢原》：張琳：據《四庫全書總目》，當作“張璐”。清張璐（1617—1700），字路玉，號石頑，吴江人，著《本經逢原》。是書凡四卷，以《神農本經》爲主，而加以發明，兼及諸家治法。所引詳參《本經逢原》卷一。　方書：指史書，史册。唐劉知幾《史通·品藻》：“子曰：‘以貌取人，失之子羽；以言取人，失之宰我。’光武則受誤於龐萌，曹公則見欺於張邈。事列在方書。”　《朝鮮志》：不著撰人姓氏，成於明代。卷首略敘疆域沿革，而不標其目，以下分六大綱爲經，以所屬八道爲緯，皆如中國地志。其所述遺聞瑣事爲中國史書所未詳者，往往而在，頗足以資考證。

〔三〕《地緯》：明熊人霖（1604—1666）撰。人霖字伯甘，號南榮子，進賢人。崇禎十年（1637）進士，官至太常寺少卿。是書凡八十四篇，詳述世界歷史地理。所引詳參《地緯·回回志》。

〔四〕黎士弘（1618—1654）：原作“黎士宏”，避清乾隆帝弘曆諱，今回改。士弘字媿曾，長汀人。清順治十一年（1654）舉人，官至陕西布政司參政。所引詳參《仁恕堂筆記》。

〔五〕《樊榭集》：即《樊榭山房集》，清厲鶚（1692—1752）著。鶚字太鴻，號樊榭，錢塘人。幼孤家貧，賴其兄販烟草爲生。康熙五十九年（1720）舉人，後屢試不第。所引詳参《樊榭山房集》卷一〇。

《神農經》：即《神農本草經》，撰人不詳，托名"神農"。是書載藥三百六十五種，分上、中、下三品。原書早佚，現行本自歷代本草書中輯得。

〔六〕《鮚埼亭集》：清全祖望（1705—1755）著。祖望字紹衣，號謝山，鄞州人。乾隆元年（1736）薦舉博學鴻詞，同年中進士，選翰林院庶吉士。次年返里，後未出仕，專事著述。所引詳参《鮚埼亭集》卷三。

姚旅（？—1622）：號園客，莆田人。

〔七〕鳳山縣：據《（嘉慶）大清一統志》卷四三七，在臺灣府南八十里，東西距五十五里，南北距二百七十五里。東至淡水溪、大山番界二十五里，西至海三十里，南至沙馬磯頭海二百三十里，北至臺灣縣界四十五里。本東番地，順治十八年（1661）鄭成功據之，屬萬年州，康熙二十三年（1684）分置鳳山縣，屬臺灣府。

沙馬崎：據《（嘉慶）大清一統志》卷四三七，即沙馬磯頭山，在鳳山縣東南二百三十里海濱，今稱"鵝鑾鼻"。其南有仙人棋盤石，亦曰仙人山。山形如城，下可泊舟；水退時，有礁狀如馬。吕宋船往來，皆以此爲指南。

〔八〕《續文獻通考》：世傳有三，其一爲明王圻（1530—1615）所撰《續文獻通考》二百五十四卷；其二爲清嵇璜（1711—1794）、曹仁虎（1731—1787）等所撰《欽定續文獻通考》二百五十卷；其三爲近人劉錦藻（1862—1934）所撰《皇朝續文獻通考》四百卷。此處指第二種。

〔九〕《在園雜志》：清劉廷璣（1653—?）撰。廷璣字玉衡，號在園，漢軍鑲紅旗。由蔭生官江西按察使，後降補分巡淮徐道。是編凡四卷，雜記見聞，亦間有考證。所引詳參《在園雜志》卷三。　《露書》：明姚旅撰。是書凡十四卷，雜舉經傳，旁證俗説。撰者取東漢王充所謂“口務明言、筆務露文”之意，故名。

釋　名

烟草之名，紛紛不一，或以形色，或以地名，大率市肆賣儥[一]之稱，亦無一定。姚旅《露書》云：外國有蓋露、佘糖、髮絲等名。《地緯》云：粤中有仁草，一曰八角草，一曰金絲烟。《物理小識》云：金絲烟，北人呼爲淡把菰，或呼擔不歸。《杭州府志》云蕈菼，《地志》云相思草，汪師韓《談書録》云打姆巴古、大孖古、醺、金絲醺、芬草，而總名之曰烟[二]。

【注釋】

〔一〕賣儥：買賣，交易。儥：詎，買。《周禮·地官·司市》："凡會同師役，市司帥賈師而從，治其市政，掌其賣儥之事。"鄭玄注："儥，買也。"

〔二〕蕈菼：蕈：音談，草名。《玉篇·艸部》："蕈，草名。"菼：音坦，初生的荻，似葦而小，莖稈可以編席箔等。《詩·衛風·碩人》："鱣鮪發發，葭菼揭揭。"　《談書録》：是書不分卷，爲汪氏談書之筆録。孖：音媽，方言。成雙的；相連成對的。

淡巴菰

《露書》云：吕宋國有草，名淡巴菰，一名金絲醺。烟色從管中入喉，能令人醉，即今所嗜之烟草也。《清文鑑[一]·菰菜類》譯文：烟，淡巴菰。阮葵生《茶餘客話》[二]云：烟，滿文曰淡巴菰。田雯《鬲津草堂詩》[三]注云：淡巴菰，烟名，見佛經，又作淡巴菇。石杰[四]云：烟草，不見經傳。《宋史》載：吕宋國産淡芭菇，北人呼爲淡把姑。陳淏子《花鏡》[五]云：烟花，一名淡把姑。《柳厓外編》[六]又作淡巴姑。《義烏縣志》作淡芭菰。總之，淡巴，國名；菰，菜類也。蓋淡巴國所生之菰耳。

【注釋】

〔一〕《清文鑑》：滿語字典。初則專爲釐定清文而製，其後乃漸合各大族語言，至五體對照。

〔二〕《茶餘客話》：清阮葵生（1727—1789）撰。葵生字寶誠，號吾山，山陽人。乾隆二十六年（1761）會試以中正榜録用，以內閣中書入值軍機處，歷任監察御史、通政司參議、刑部右侍郎。是書涉及廣泛，內容豐富，新見迭出。所引詳參《茶餘客話》卷二〇。

〔三〕《鬲津草堂詩》：清田霢（1653—1730）著。霢字子益，號樂園，德州人。是書凡六卷，多山水田園之作。

〔四〕石杰：字裕昆，號虹村，桐鄉人。康熙五十四年（1715）進士，歷官四川按察使。著《柘枝集》、《虹村詩鈔》。

〔五〕《花鏡》：清陳淏子（1615—?）撰。淏子字扶摇，自號西湖花隱翁，婁縣人。是書凡六卷，先花、木而次及飛、走，具載藝植、馴飼之法。所引詳參《花鏡》卷五。

〔六〕《柳厓外編》：卷首徵引書目作“《柳崖外編》”。清徐昆（1715—?）撰。昆字後山，別號柳崖居士，臨汾人。乾隆四十六年（1781）進士，官內閣中書。是書凡十六卷，記載清代以來的奇聞軼事。

烟　酒

一曰烟酒，蓋多食之，以其能令人醉也。《廣羣芳譜》[一]云：烟草，一名烟酒。《怡曙堂集》云：烟酒，不知所自，或曰仙草療百疾，或曰能枯腸染疫，然鶩之如市，頃刻不去手[二]。顧絳《日知録》云：徐尚書石麒有云：酒禍烈于火，而其親人甚于水，有以夫，世盡妖于酒而不覺也[三]。《螢雪叢説》言：陳公大卿生平好飲，一日席上與同僚談，舉知命者不立乎巖牆之下，問之，其人曰，酒亦巖牆也[四]。陳因是終身不飲。頃者米醪不足，而烟酒興焉，則真變而爲火矣[五]。

楊慎《伐山集》云：南方有蘆酒，即烟草也。余按，蘆酒，以蘆爲筒，吸而飲之，今之咂酒也，又名鈎藤酒，似與烟草有别[六]。《金川瑣記》[七]云："番地無六酒，祇有咂酒一味，以細竹管吸之，似喫烟。"

【注釋】

〔一〕《廣羣芳譜》：清汪灝（1651—?）等編。灝字文漪，一字天泉，臨清人。康熙二十四年（1685）進士，官至貴州巡撫。是書凡一百卷，爲其奉敕領銜編纂。所引詳參《廣群芳譜》卷九二。

〔二〕《怡曙堂集》：疑應作“《怡曝堂集》”。趙吉士《寄園寄所寄》（康熙三十五年刻本）卷七亦録此文，其所引詳於陳氏，文末署“《怡曝堂集》”。又，《寄園寄所寄》卷九曾三引《怡曝堂集》。　騖：追求。

〔三〕《日知録》：清顧炎武（1613—1682）撰。炎武一名絳，字寧人，崑山人。炎武學有本原，博贍而能通貫。是書凡三十二卷，每一事必詳其始末，參以證佐而後筆之於書，引據浩繁而牴牾者少。所引詳參《日知録》卷二八。　徐尚書石麒：徐石麒（1577—1645），字寶摩，號虞求，嘉興人。天啓二年（1622）進士，官至吏部尚書。著《可經堂集》十二卷。所引詳參《可經堂集》卷六。　妖：通“夭”，短命，早死。

〔四〕《螢雪叢説》：宋俞成撰。成字元德，東陽人。是書凡二卷，多言揣摩科舉之學。　知命者不立乎巖牆之下：語見《孟子·盡心上》。知命：谓懂得事物生灭变化都由天命决定的道理。巖牆：将要倒塌的墙，借指危险之地。

〔五〕頃者：近來。　醪：音劳，汁渣混合的酒，又称浊酒，也称醪糟。

〔六〕楊慎（1488—1559）：字用修，號升庵，新都人。正德六年（1511）殿試第一，授翰林院修撰，以諫大禮謫戍滇中。明世記誦之博，著作之富，推慎爲第一。詩文外，雜著至一百餘種，並行於世。　鈎藤酒：當作“釣藤酒”。釣藤：古代用以吸酒的藤枝。宋朱輔《溪蠻叢笑》：“酒以火成，不醉不篘，兩缶西東，以藤吸取，名釣藤酒。”

〔七〕《金川瑣記》：清李心衡撰。心衡字巽廷，號湘帆，上海人。是書凡六卷，記録金川沿途之風土人情。

返魂香

《十洲記》：神鳥山多返魂樹，伐其木製爲丸，名反生香[一]。又《香譜》云：返魂香，烟直上可見先靈。則知烟草之亦可反生也[二]。陸煊《梅谷偶筆》云：淡巴國有公主死，棄之野，聞草香忽甦，乃共識之，即烟草也，故亦名返魂香[三]。汪穎《食物本草》[四]作返魂烟。

【注釋】

〔一〕《十洲記》：即《海内十洲記》，舊本題漢東方朔撰，實乃六朝人僞托。　反生香：《海内十洲記》："（聚窟）洲上有大山，形似人鳥之象，因名之爲'神鳥山'。山多大樹，與楓木相類，而花葉香聞數百里，名爲反魂樹。扣其樹，亦能自作聲，聲如群牛吼，聞之者皆心震神駭。伐其木根心，於玉釜中煮，取汁，更微火煎，如黑餳狀，令可丸之。名曰'驚精香'，或名之爲'震靈丸'，或名之爲'反生香'，或名之爲'震檀香'，或名之爲'人鳥精'，或名之爲'却死香'。"

〔二〕《香譜》：世傳有二，其一爲宋洪芻所撰二卷，其二爲宋陳敬所撰四卷。　返魂香：《（陳氏）香譜》卷一"返魂香"條："司天主簿徐肇，遇蘓氏子德哥者，自言善合返魂香。手持香爐，懷中取如白檀末，撮於爐中，烟氣裊裊直上，甚於龍腦。德哥微吟曰；'東海徐肇欲見先靈，願此香煙用爲導引。'盡見其父母曾高。德哥云：'但死八十年已前，則不可返矣。'"

〔三〕《梅谷偶筆》：清陸煊撰。煊字子章，一字梅谷，號巢云子，平湖人。是書記清初以來奇聞異事，兼及書畫裝裱技巧。　甦：音蘇，復活，蘇醒。

〔四〕《食物本草》：明汪穎撰。穎，江陵人，正德時官九江知府，本東陽盧和所著成書。

相　思　草

《茶餘客話》云：烟，一名相思草。江之蘭《文房約》云：烟之性味，《本草》所不載，不知昉于何年，今則遍海宇內，無人不嗜，名之曰相思草〔一〕。《食物本草》云：用以代酒代茗，刻不能少，終身不厭，故一名相思草。

【注釋】

〔一〕《文房約》：清江之蘭撰。之蘭字含徵，歙縣人。是書凡一卷，專言書房戒規。　《本草》：《神農本草經》的省稱，因所記各藥以草類爲多，故稱《本草》。　昉：天方明，引申爲開始。　遍海宇內：據《文房約》，當作"遍滿宇內"。

土　　產

烟草始自邊關，兹則隨處有之，漸成土產。種烟之地，半佔農田，賣烟之家，倍多米鋪。不獨閩省爲然也。衡烟出湖南，蒲城烟出江西，油絲烟出北京，青烟出山西，蘭花香烟出雲南，他如石馬、佘糖、浦城、濟寧等名皆是。《昌平州志》[一]云：先自浮山村產者良，後城中更勝。洪亮吉《卷施閣集》[二]云：菸草，則香山、浦城閩、粵二種，鬪水火之奇。總之，閩產者佳，燕產者次，湘江石門產者爲下。

【注釋】

〔一〕《昌平州志》：明嘉靖、隆慶間昌平人崔學履編，共八卷、十二分志。

〔二〕洪亮吉（1746—1809）：字君直，一字稚存，號北江，又號更生居士，陽湖人。乾隆四十五年（1780）順天鄉試中舉，乾隆五十五年（1790）一甲二名進士及第，授編修，任貴州學政。歷主旌德洋川書院、揚州梅花書院。性伉直，自謂不能容物，而生平篤好讀書，深於史學，尤精地理沿革。著有《左傳詁》、《公羊穀梁古義》、《六書轉注録》、《卷施閣集》、《更生齋集》等。　《卷施閣集》：包括文甲集十卷、乙集十卷、詩集二十卷、《附鮚軒詩》八卷，有乾隆六十年（1795）貴陽節署本。卷施：草名。又名“宿莽”。《爾雅·釋草》：“卷施草，拔心不死。”郭璞注：“宿莽也。”郝懿行《義疏》：“凡草通名莽，惟宿莽是卷施草之名也。……按施，《玉篇》作葹。”晉郭璞《卷施贊》：“卷施之草，拔心不死。屈平嘉之，諷詠以比。”

建　烟

閩中以百里所產，常供數省之用，非人力獨勤，種植獨饒，良由地氣使然也。《永春州志》云：烟草葉大如芋，種盛閩中。《漳州志》云：今各省皆尚之，外省亦有種者，然惟漳烟種稱最，聲價甲天下。漳又長泰最勝。《在園雜志》云：其在外國者名髮絲，在閩者名建烟，然建烟有真建、假建、頭黃、二黃之別。

浦　城　烟

浦城烟亦以地得名者，閩中嘗與武彝茶、建蘭等同入上方〔一〕，故名貢絲。

【注釋】

〔一〕上方：同“尚方”，泛指宫廷中主管膳食、方藥的官署。

金 絲 烟

《物理小識》云：烟草，暴乾以火酒[一]炒之，曰金絲烟。閻爾梅[二]《南昌雜詠》云：賣花人倚樓船醉，自吸金絲絕品烟。

方中履云：瀕湖載金絲草，或曰即烟[三]。余按，金絲草出慶陽，治諸血、惡瘡，凉血，不言作烟食，其性亦異，蓋以金絲烟、金絲醺之名而訛傳之耳[四]。

【注釋】

〔一〕火酒：即燒酒。

〔二〕閻爾梅（1603—1662）：字用卿，號古古，沛縣人。因耳大面白，又號白耷山人。明崇禎三年（1630）舉人，復社成員，與張溥、陳子龍齊名。抗清失敗後削髮爲僧，號蹈東和尚。著《白耷山人集》。

〔三〕方中履（1638—1686）：字素北，號合山，桐城人。以智少子，殫力著書。著《古今釋疑》、《汗青閣詩集》、《汗青閣文集》、《切字釋疑》等。　瀕湖：即李時珍（1518—1593）。時珍，字東璧，號瀕湖，晚年自號瀕湖山人，湖北蘄州人，著有《本草綱目》。　金絲草：多年生草本植物。葉條狀披針形，花乳白色，莖直立，叢生。全草入藥，有清熱、解毒、利尿等作用。

〔四〕諸血：包括吐血、衄血、咳血、尿血等，中醫以爲多因火病而起。　涼血：治療血熱熾盛的一種方法。

蓋　露

徐震修云：製烟始於漳泉馬氏，名蓋露品。《幾輔通志》云：草頂數葉，名曰“蓋露”。或曰：蓋露惟頂上三葉，色最青翠，味亦香洌，俗美其名曰醉仙桃，曰賽龍涎，曰擔不歸，曰胡椒紫，曰辣麝，曰黑於菟，皆是物也〔一〕。秦武域《聞見瓣香録》云：今湖南北菸鋪招牌，多書“蓋露名烟”。

【注釋】

〔一〕洌：清醇。　龍涎：即龍涎香，抹香鯨病胃的分泌物。類似結石，從鯨體內排出，漂浮海面或沖上海岸。爲黄、灰乃至黑色的蠟狀物質，香氣持久，是極名貴的香料。　於菟：音烏圖，虎的别稱。《左傳・宣公四年》：“楚人謂乳穀，謂虎於菟。”

香　絲

烟有乾絲、油絲之名，黄紫以色，生熟以製，半出人工造作。有以檀香屑糁〔一〕者，名香絲烟。

【注釋】

〔一〕糁：音傘，雜，混和。

蘭花烟

茶之欸，香之𩡗，各有一種風味〔一〕。以蘭花子作末拌入者，名蘭花烟。初吸一二口，亦有蘭麝氣。王昶〔二〕《琴畫樓詞》注云：吴中有蘭花烟、相思烟。《蘇州府志》云：烟草，向無此種，明季始種。知吴中種烟不後於閩省也。

【注釋】

〔一〕欸：音死，香美。《廣群芳譜》卷二一引《茶經》："其色縮也，其馨欸也。" 𩡗：同"䭲"，音使，優質香料。《廣韻·止韻》："䭲，香之美者。"

〔二〕王昶（1725—1806）：字德甫，號述庵，又號蘭泉，江蘇青浦人。乾隆十九年（1754）進士，歷任江西、陝西按察使、雲南布政使等。晚年主婁東、敷文等書院。論詞宗尚浙西，上繼朱彝尊、厲鶚，爲清代中期浙派著名詞家。有《琴畫樓詞》四卷，又編有《明詞綜》、《國朝詞綜》。

小　桃

建業[一]所食之烟，有小桃、紫建、黄建之類，烟葉多從泰州、廣德州來。乃自前朝宫殿，半爲瓦礫[二]之塲，居民已治爲圃，亦有種之者。《熙朝雅頌集》佟世恩《泛舟秦淮》詩云：傍水居人争放鴨，近年風俗喜栽烟。錢塘袁枚，時居金陵之清凉山，其《山居絶句》有"鎮日山腰劚白雲，栽量烟草日紛紛"之句[三]。

【注釋】

〔一〕建業：即“建鄴”，今江蘇南京。

〔二〕瓦礫：礫：小石，碎石。唐杜牧《阿房宫賦》：“鼎鐺玉石，金塊珠礫。”破碎的磚頭瓦片，亦以形容荒廢頽敗的景象。

〔三〕袁枚（1716—1798）：字子才，號倉山居士，又號隨園老人，浙江錢塘（今杭州市）人。乾隆元年（1736）薦試博學鴻詞科，報罷。乾隆三年（1738）舉順天鄉試，次年成進士，選庶吉士。歷任江蘇溧水、江浦、沭陽、江寧等地知縣。乾隆十四年（1749）辭官，卜築江寧小倉山，優遊池館者五十年。幼有異禀，以文章稱，及長，無意仕進，自居小倉山後，肆力於文辭歌詩。論詩主性靈，門生遍於海内。詩才縱放，與趙翼、蔣士銓稱“乾隆三大家”。著有《小倉山房詩文集》八十二卷。　清凉山：又稱“石頭山”。在江蘇省南京市西。戰國楚威王滅越，於此置金陵邑。三國吴築石頭城，故又稱石城山。山上有清凉寺、掃葉樓、翠微亭及六朝、南唐遺井等古跡。其支脈小倉山即袁枚隨園所在地。詳參清顧祖禹《讀史方輿紀要·江南二·江寧府》。　斸：音竹，古農具名，鋤屬，即斫斸。此處作動詞，以斸鬆土除草。

杭　　烟

《杭州府志》云：烟草，一名蔫葵，本産於閩，今土人多種此爲業。

烟葉子

《木草彙言》沈氏曰：烟草生江南浙閩諸處，今北地亦種植矣。然北方製烟，不切成絲，將原晒烟片揉成一塊，如普兒茶、磚茶之類〔一〕。用時拈碎作末，納烟袋中，謂之烟葉子，又名錠子烟。

閩人呼烟止謂之葉子，而不言烟，猶越人號柑爲果樹，吾松呼木棉爲花夫人而知之也〔二〕。

【注釋】

〔一〕普兒茶：即普洱茶。雲南西南部出産，多壓制成塊。因産地中的部分地區在清代屬於普洱府而得名。　磚茶：經過加工，壓成磚狀的茶葉，又稱茶磚。

〔二〕吾松：著者陳琮，青浦縣人，青浦舊屬松江府，故稱"吾松"。　木棉：即草棉。草本或灌木。花一般淡黄色，果實如桃，內有白色纖維和黑褐色的種子。纖維供紡織，子可榨油。通稱棉花。清趙翼《華嵓》詩："染衣刈藍草，織布種木棉。"

奇　品

奇品烟，江浙所産，一名香奇。近又有一種幻奇、白奇，綹子較奇品而麄。

黄　　烟

吾郡多食淡黄烟，亦産於閩中，俗名抖絲。最上者爲上印，至有千錢易烟半觔〔一〕者。其次，二印、三印，最下者爲四印，亦名箬〔二〕烟，然他處多不甚行。《明齋小識》云：黄烟，行于松郡，亦祇華、婁、青三邑行之。其味香而韻苦，不易燃，呼吸稍緩又即息，外郡人莫解其味。諺以紅、鬆、通三字爲食烟訣。

廣東黄煙産嘉應州，湯春生《花林竹枝詞〔三〕》有“泡來紅葉武彝茶，茶罷黄烟味更嘉”之句。妓家每以此餉客。

【注釋】

〔一〕觔：同“斤”。

〔二〕箬：音若，竹名。即箬竹，其葉及籜似蘆荻。箬烟，即以箬竹編織物包裝的黄烟。

〔三〕竹枝詞：同“竹枝”，樂府近代曲之一。本爲巴渝（今四川東部）一帶民歌，唐詩人劉禹錫據以改作新詞，歌詠三峽風光和男女戀情，盛行於世。後人所作也多詠當地風土或兒女柔情。其形式爲七言絶句，語言通俗，音調輕快。唐劉禹錫《洞庭秋月》詩：“盪槳巴童歌《竹枝》，連檣估客吹羌笛。”朱自清《中國歌謠》三：“《詞律》云：‘《竹枝》之音，起于巴蜀唐人所作，皆言蜀中風景。後人因效其體，於各地爲之。’這時《竹枝》已成了一種敍述風土的詩體了。”

蘭 花 香

吴太勲《滇南聞見録》云：滇省各郡無處不植蔫，而寧州八寨多而且佳。又曲靖五墻文昌宫前所産有蘭花香，最爲著名。

濟寧烟

《食物本草》云：烟草火，出山東邊塞外海島諸山。濟寧所出烟，色紫，吸之亦有蘭麝氣味，然久食之鼻中多出黄水。

土 切 烟

烟葉盛于閩，今則遍地皆是。吾松稻、麥、棉花之外，農家賴其利亦多種之，謂之土切烟，或謂之杜切。味不甚嘉，蓋亦地氣使然也。《奉賢縣志》云：烟草，一名淡巴菰，奉賢亦間有植之者。

水　烟

水烟出甘肅之五泉，一名西尖，從陝中來，烟色紫，結成塊者佳。近有以烟屑用火酒製者，俱不堪食。《瓣香録》云：用水烟袋吸之，烟從水過。其製有鶴形、象形、葫蘆形等式。《淞南樂府》注云：水烟出蘭州，範銅爲女鞢，腹貯水，面裝烟，跟引管，尺許，隔水呼烟〔一〕。無名氏有《水烟筒銘》：手口相應，水火既濟，異哉斯器，旨哉斯味，凛之哉，熏其心而灼其肺〔二〕。

《童山詩集》李調元〔三〕云：水烟壺，腹如壺，以銅爲之，柄如鵝脛長，其筒入口以嘘烟氣，其烟嵛横安背上，腹内受水，嘘畢則换。詩云：本係呵烟器，呼壺亦近之。鼻嘘龍虎彩，腹吐雨雲馳。既濟〔四〕占《周易》，司人缺禮儀。最宜微醉後，旁挈小童兒。又，成都學正〔五〕王儀亭喜用水烟壺，詩以戲之云：自從烟草來中國，截竹爲筒任吸呼。大抵皆將銅貯火，邇來更以水爲壺。趨炎世態今皆是，喜冷人情古所無。獨有儀亭清到底，終朝嘘盡置門盂。烟，起嘉慶初，吾鄉湯顯業、姚前樞、前機有聯句〔六〕詩云：巴菰蔓別種，嘘吸謝截竹。非烟游雲颸，得水躍金〔七〕伏。錘錬蜀嶺銅，劘切昆刀玉〔八〕。圓仿皁作鐘〔九〕，薄若虎鍥軸。宛轉歷鹿腸，空洞膨脝腹〔一〇〕。星鉤蟠蒼龍，乳穴〔一一〕掠白蝠。金斗琢麟首，銀鑰閃魚目〔一二〕。平底占景盤，淺注凝脂盝〔一三〕。此製殊玲瓏，就中貯漣淥。灌之聊潤枯，挹彼不盈掬〔一四〕。斟流響桔槹，蘸波影轆轤〔一五〕。厥産販蘭州，其臭分香谷。嗜痂梁劉邕，幻茶宋陶穀〔一六〕。瑣屑雜米鹽，供億先菽苜〔一七〕。嚴報宵更三，晷移日時六〔一八〕。童偷抱琴閒，客抵吹角〔一九〕續。故紙螢焰紅，散篆鳳烟緑。飛頭刼灰燼，歕口餘霞縟〔二〇〕。隆隆撼砥柱〔二一〕，汩汩倒奔瀑。斑粘指甲痕，光射眸子〔二二〕矚。登場引詩詞，解酲間醽醁〔二三〕。如螺紋則旋，非鯿項何縮〔二四〕。貧不礙譚諧，飽更快敏速。矯立鷺足翹，彎形象鼻曲。竅透碧藕靈，氣熾芳芸熟。情根激回瀾，肺葉饒清沃。長柄鸕鷀杓，小涌鸂〔二五〕鶒啄。既濟協水火，共賞壹雅俗。當世盛新譜，稽名尠舊録。挈壺水澂懷，欹器脅顛覆〔二六〕。

【注釋】

〔一〕範：指用模子澆鑄。　鞵：同“鞋”。

〔二〕旨：美，美好。　凛：可敬，畏懼。

〔三〕李調元（1734—1803）：字羹堂，號雨村、墨莊，四川羅江人。乾隆二十八年（1763）進士，選庶吉士，授吏部主事。四十二年（1777）督學廣東，擢直隸通永兵備道。四十七年（1782）以言事得罪，流伊犁，以母老得釋歸。好讀書，藏書名於西南，與袁枚、趙翼鼎立於時。著有《童山詩集》、《蠢翁詞》。

〔四〕既濟：《易》卦名。離下坎上。《易·既濟》：“既濟，亨，小利貞，初吉終亂。”孔穎達疏：“濟者，濟渡之名，既者，皆盡之稱。萬事皆濟，故以既濟爲名。”

〔五〕学正：地方學校學官。宋元路、州、縣學及書院設學正；明清州學設學正，掌教育所屬生員。

〔六〕聯句：作詩方式之一。由兩人或多人各成一句或幾句，合而成篇。舊傳始于漢武帝和諸臣合作的《柏梁詩》。

〔七〕游雲：浮雲，比喻烟霧。　躍金：像金光跳動閃爍。

〔八〕劘：音膜，磨礪，切磋。　昆刀：昆吾刀的省稱，即用昆吾石冶煉成鐵製作的刀。

〔九〕凫作鐘：凫：即凫氏，《周禮》官名，職掌作鐘之事。《周禮·考工記·凫氏》：“凫氏爲鐘。”

〔一〇〕歷鹿：象聲詞。車輪聲，亦以象類似之聲。

膨脝：音彭亨，腹部膨大貌。

〔一一〕乳穴：石鐘乳洞。

〔一二〕金斗：飲器。　銀鑰：鎖具。

〔一三〕占景盤：插花的盤子。宋陶穀《清異録·器物》："郭江州有巧思，多創物，見遺占景盤，銅爲之，花唇平底，深四寸許，底上出細筒殆數十。每用時，滿添清水，擇繁花插筒中，可留十餘日不衰。"凝脂盝：凝脂：凝固的油脂。常用以形容潔白柔潤的皮膚或器物。盝：音路，盝子，古代小型妝具。

〔一四〕挹：音亦，酌，以瓢舀取。　掬：音居，兩手相合捧物。

〔一五〕斞：音居，酌，舀取。　桔槹：槹：音高。同"桔槔"，汲水器。　轤轆：即轆轤，利用輪軸原理製成的井上汲水裝置。

〔一六〕嗜痂梁劉邕：《宋書·劉邕傳》："邕所至嗜食瘡痂，以爲味似鰒魚。嘗詣孟靈休，靈休先患炙瘡，瘡痂落牀上，因取食之。靈休大驚。答曰：'性之所嗜。'"後因稱怪僻的嗜好爲"嗜痂"。　幻茶宋陶穀：幻茶：古代一種沖茶的技術。宋陸樹聲《茶寮記·生成盞》："饌茶而幻出物象於湯面，茶匠通神之藝也。沙門福全生於茶海，能注湯幻茶成一句詩，並點四甌，共一絶句。"宋陶穀《清異録·茗荈門·茶百戲》："茶至唐始盛。近世有下湯運匕，别施妙訣，使湯紋水脈成物象者，禽獸蟲魚花草之屬，纖巧如畫，但須臾即就散滅，此茶之變也。時人謂之'茶百戲'。"

〔一七〕米鹽：喻繁雜瑣碎。　供億：按需要而供給。　菽：豆類的總稱。　苜：苜蓿的簡稱。可供飼料或作肥料，亦可食用。

〔一八〕嚴：古代戒夜曰“嚴”，轉指戒夜更鼓。　晷：音軌，指晷儀立表的投影。

〔一九〕吹角：吹號角。

〔二〇〕刼灰：本謂劫火的餘灰，後因謂戰亂或大火毀壞後的殘跡或灰燼，此處指烟灰。　歕：吹氣。《説文·欠部》：“歕，吹氣也。”　餘霞：殘霞。南朝齊謝朓《晚登三山還望京邑》：“餘霞散成綺，澄江静如練。”

〔二一〕砥柱：山名，在今河南省三門峽市，當黄河中流。一般比喻能負重任、支危局的人或力量，此處指水烟壺柄。

〔二二〕射眸子：語本唐李賀《金銅仙人辭漢歌》“魏官牽車指千里，東關酸風射眸子”。

〔二三〕解酲：醒酒。　醽醁：音零路，美酒名。

〔二四〕非鯿項何縮：鯿：亦稱魴，魚綱鯉科。身體側扁，頭小而尖，鱗較細。生活在淡水中，肉味鮮美。明屠本畯《閩中海錯疏·鱗上》：“魴，青鯿也，板身鋭口，縮項穹脊，博腹細鱗，色青白而味美，不減槎頭。”

〔二五〕鸏：今鳥綱鸏科鸏屬各種鳥的通稱。體大，灰色或白色，嘴强直而側扁，尾部有長羽毛。生活于熱帶海洋，吃魚類。

〔二六〕瀓懷：瀓：“澄”的古字，水清而静。清心，静心。　敧：音七，歪斜，倾斜。　昚：音慎，謹慎。

潮　　烟

潮烟始於潮州，其烟管長不盈尺，頭小於豆。近亦不用裝頭，納烟草少許，一口吸盡。氣盈胸臆〔一〕間，然後噴出，飲法與水烟相類。

潮烟可治肝氣〔二〕。《經驗良方》云：潮烟二兩，以米飯一盌拌和，槌百杵，分作四餅，濕草紙包，竈火煨存性，研末作四服〔三〕。肝氣發時，用砂糖調陳酒飲之。

【注釋】

〔一〕胸臆：胸部。

〔二〕肝氣：中醫指肝臟精氣不和的病，有脅痛、噯氣、嘔吐等症狀。

〔三〕《經驗良方》：明陳仕賢編。仕賢字邦憲，福清人。嘉靖四十一年（1562）進士，官至副都御史。自序稱與通州醫官孫宇考定而成。其書首載醫指脈訣藥性，別爲一卷。次爲通治諸病門，如太乙紫金丹、牛黄清心丸之類。次分雜證五十二門，皆抄録舊方，無所論説。　盌：通作“椀”，也作“碗”。

鴉　　片

金學詩《瑣記》云：鴉片産於西洋，康熙年間，始來自泉州之厦門。朱景英《海東札記》云：鴉片産外洋咬嚁吧、吕宋諸國，爲渡海禁物。臺地無賴人多和烟吸之，一名阿片。《東醫寶鑑》云：啞芙蓉，又名阿芙蓉。《醫學入門》云：阿芙蓉，即罌粟花，未開時用竹鍼刺十數孔，其津[一]自出。次日，以竹刀刮在磁器内，待積取多了，以紙封固，晒二七日即成爲片矣。李時珍《本草綱目》云：阿芙蓉，前代罕聞，近方有用者，云是罌粟花之津液也，故今市者猶有苞片在内。《醫林集要》云：天方國[二]種紅罌粟花，不令水淹頭。七八月花謝後，刺青皮取之，以水浸三宿，三易水，去渣存汁，以先後出者遞爲高下。微火煉之成膏，色微緑，分之，丸如粟粒。置燈檠于牀，持竹筒若洞簫者横臥而吸其烟[三]。必兩人並臥，傳筒互吸，則興致倍加。其烟入腹，能益神氣，徹夜不眠，無倦色。然越數日或經月偶吸之，無大害。若連朝不輟，至數月後則疾作，俗呼爲癮。癮至，其人涕淚交横，手足痿頓不能舉。藍鼎元[四]《鹿洲初集》云：鴉片不知始自何來，煮以銅鍋，烟筒如短棍。無賴惡少羣聚夜飲，遂成風俗。飲時以蜜糖諸品及鮮果十數碟佐之，誘後來者。初赴飲不用錢，久則不能自已，傾家赴之矣。能通宵不寐、助淫慾，始以爲樂，後遂不可復救。一日輟飲，則面皮頓縮，唇齒齞[五]露，脱神欲斃，復飲乃愈。然三年之後，無不死矣。聞此爲狡黠島夷誑傾唐人財命者[六]。愚夫不悟，傳入中國已十餘年。厦門多有，而臺灣特甚。蔣士銓《題臺灣賞番圖》有"手操蟒甲吸鴉片"之句，自注：鴉片，烟名。

俞蛟《夢厂雜著》云：鴉片烟，近日四民中惟農夫不嘗其味，即仕途中多有耽此者[七]。至于娼家，無不設此以餌[八]客。張崇鈞《珠江竹枝詞》云：雪藕冰梨沁齒寒，銀燈花穗落金盤。淫香媚寢開鴉片，今夜如何不合歡。飲時，謂之開烟。

【注釋】

〔一〕津：生物的體液。

〔二〕天方國：指阿拉伯国家。

〔三〕檠：音晴，燭臺。　洞簫：管樂器。古代的簫以竹管編排而成，稱爲排簫。排簫以蠟蜜封底，無封底者稱洞簫。後稱單管直吹、正面五孔、背面一孔者爲洞簫，發音清幽淒婉。

〔四〕藍鼎元（1680—1733）：字玉霖，號鹿洲，福建漳浦人。雍正元年（1723）拔貢，官至廣州知府。著有《鹿洲初集》，爲其友曠敏本所編。鼎元喜講學，尤喜講經濟，於時事最爲留心。集中如論閩、粤、黔諸省形勢及徵勦臺灣事宜，皆言之鑿鑿，得諸閲歷，非紙上空談。

〔五〕齞：音眼，張口露齒。

〔六〕島夷：泛稱外國侵略者，含有鄙視意。　唐人：指中國人。

〔七〕四民：舊稱士、農、工、商爲四民。　耽：沉湎。

〔八〕餌：引誘，誘惑。

朝　鮮　烟

朝鮮國土産烟草絶佳，而樌〔一〕枝三尤佳者。常人不恒得，國王用以餉客，亦不甚多，故土人争乞之。徐振《朝鮮竹枝詞》云："向客蹲身緣底事〔二〕，令監前乞樌枝三。"

【注釋】

〔一〕樌：木名，即椐，又名靈壽木。

〔二〕底事：何事。

高 麗 烟

劉廷璣曰：烟草，本出于高麗國。錢寶汾有《詠高麗烟》詞云："白嶽嵐濃〔一〕，綠江沙净，無端孕出有情枝葉。"案，白嶽、鴨綠江，皆近高句麗。

【注釋】

〔一〕白嶽：即長白山。 嵐：山林中的雾气。

日本烟

日本國者，《舊唐書》云倭之别種也。在會稽、閩川之東，亦與珠厓[一]、儋耳相近。其國所食烟草，細如貢絲，而色老黄，香似檳榔葉，味帶甘性，能平肝。其烟筒短者約長一尺，白竹爲之；長者皆兩截，或用籐，或用竹，頭與觜接處，以鐵鑲成，光白如銀，長一尺四五寸至二尺不等。頭大於豆，烟取一吸即盡也。

《廣輿記》云：日本國漆以製器，甚工緻。其烟匣以木爲胎，而表裏皆漆之。有紅、緑、黄、紫、黑五色，以泥金[二]畫花草、廬舍之屬，無不精巧。又有烟包，以紙爲之。有黄如黄牛皮而灑墨花者，有黑如騾皮者，有青如蟹殼者，有明如漆而洒金者，以紫銅爲鍵[三]，更有以絨爲之者，五色花紋，如漳絨，以銀爲鍵，有練可挂，極精細，其值銀十兩。

宋吟於鈞近日貽[四]余日本烟及烟匣，來札云：銅商出洋，多服此烟，係辦銅船帶進者。烟細如髮，姚旅所謂髮絲是也。有一種芳烈之氣，烟盒子作柿形，深緑色，用以藏烟，潤而不燥。

【注釋】

〔一〕珠厓：亦作“珠崖”。地名，在海南省海口市東南。漢武帝元鼎六年（前 111）定越地，以爲南海、蒼梧、郁林、合浦、交趾、九真、日南、珠厓、儋耳郡。後珠厓等郡數反叛，賈捐之上疏請棄珠厓，以恤關東，元帝從之，乃罷珠厓郡。

〔二〕泥金：用金箔和膠水製成的金色顏料，用於書畫、塗飾箋紙，或調和在油漆裏塗飾器物。

〔三〕鍵：包裝上類似門閂的裝置。

〔四〕貽：音宜，贈送，給予。

琉 球 烟

琉球國所産琉烟，張學禮《中山紀畧》云其烟亦來自日本國。客來相訪，烟、酒、茶、湯接踵而至。徐葆光《中山傳信録》云：康熙十年，琉球進貢，於常貢外加進絲烟等物。十三年，於常貢外加進絲烟等物。

烟架一，奩中火爐一，唾壺一，烟盆一，室中置數具，人前各置一具。王宫製用甚精餝，琉球人謂烟爲搭八孤，烟筒爲畝力〔一〕。

【注釋】

〔一〕餝：音是，裝飾，修飾。精餝即精緻的裝飾。搭八孤：音近淡巴菰。

鼻　烟

李調元《南越筆記》云：烟草，今在處有之。又有鼻烟，製烟爲末，研極細，色紅，入鼻孔中，氣倍辛辣。來自西域市舶[一]，今粤中亦造之。本名洋烟，出大西洋。以烟雜香物、花露，碾細末，嗅入鼻中，可以驅寒冷、治頭痃、開鼻塞，毋煩烟火，其品最爲高逸[二]。王士禛《香祖筆記》云：近京師又製爲鼻烟者，云可明目，尤有辟疫之功，以玻璨爲鉼貯之[三]。鉼之形象，種種不一。以象齒爲匙，就鼻嗅之，還納於鉼。《在園雜志》云：邇來更尚鼻烟，其裝鼻烟者，名曰鼻烟壺。有用玉、瑪瑙、水晶、珊瑚、玻璃、縷金、珐瑯、象牙、伽楠各種，雕鏤纖奇，款式各别[四]。洪亮吉《七招》云：蒸淫[五]不歇，薰炙于鼻，五官拉雜，黑塞竅穴。珠胎既凌刳[六]，玉孕復剖裂。自注云：菸草一種，百年來盛行，近復尚鼻烟，皆刳玉爲瓶，精者至穴大珠爲之。

王芑孫詩云：命名從鼻觸，義假淡菰詮。得味皆於氣，餐芳亦號烟。銖分經屢揣，燥潤必精權[七]。市滿東華路，來争南粤船[八]。蓋垂銀勺細，囊繫繡巾偏。薇露春濡握[九]，蘭熏夜裹牋。珍將丹樂重，傾出紫泥[一〇]鮮。不住千迴嗅，寧愁一竅填。沁心頻雪涕，染指或擎拳[一一]。忽笑吴儂嚏，先流燕客涎[一二]。倦時聞稍稍，参以息綿綿。誰作香嚴觀，壺中别證禪[一三]。辛從益有《鼻烟賦》，亦形容入妙。

【注釋】

〔一〕市舶：古代中國對中外互市商船的通稱，亦指海外貿易。

〔二〕花露：指酒。　痃：音玄，用同“眩”，頭暈。　高逸：高雅脱俗，俊逸跌宕。

〔三〕王士禛（1634—1711）：字子真，一字貽上，號阮亭，别號漁洋山人，山東新城人。順治十五年（1658）進士，選揚州推官，由禮部主事累遷少詹事，官至刑部尚書。著有《帶經堂集》、《池北偶談》、《古夫於亭雜録》、《香祖筆記》等。　玻瓈：即玻璃，古爲玉名，亦稱水玉，或以爲即水晶。

〔四〕縷金：金絲。　伽楠：伽南香的省稱，即沉香，多產於南洋，以東南亞古國占城者爲最著。　纖奇：纖巧精奇。

〔五〕淫：浸淫，浸漬。

〔六〕剞：音哭，剖開。

〔七〕銖分：銖：音朱，古代衡制中的重量單位，爲一兩的二十四分之一。分：一兩的百分之一。一銖一分，比喻微小的事物。　揣：量度，衡量。　權：稱量。

〔八〕東華：明清時中樞官署設在宮城東華門內，因以借稱中央官署。　南粤：古地名，今廣東、廣西一帶。

〔九〕濡握：即濡渥，濕潤。

〔一〇〕紫泥：古人以泥封書信，泥上蓋印。皇帝詔書則用紫泥，後即以指詔書。此處指以泥封烟。

〔一一〕沁心：即沁人心脾，此處指吸烟使人感到舒適。　雪涕：擦拭眼淚。　擎拳：拱手，致禮時的姿勢。

〔一二〕吴儂：吴地自稱曰我儂，稱人曰渠儂、個儂、他儂。因稱人多用儂字，故以“吴儂”指吴人。燕客：燕地之來客；客居燕地者。

〔一三〕香嚴：佛教語，香潔莊嚴。　證禪：參悟禪理。

卷二一譜

烟　地

漳泉之地，凡壤狹田少處，山麓皆治爲隴畮，所謂磳田也〔一〕。如浦城之漁梁山、漳州之天柱山、海澄之石馬鎮，以及龍巖州三都、登瀛，皆種烟草。《香祖筆記》：田家種之連畛〔二〕，頗獲厚利。始於閩中，今則遍地皆種之矣。

【注釋】

〔一〕漳泉：漳州、泉州。　壤：指耕地。

〔二〕連畛：滿田，連片。

種　烟

烟草每於春初下種，種前倒劚土一二遍，然後作畦畛，每溝約疏一二尺，每一尺作一穴，種烟一本，類如種菜法〔一〕。《滇南聞見録》云：種蔫之法，畦町〔二〕欲高，行勒欲疏，鬬深溝貯淺水，使得滋潤而不沾濕，則葉茂盛。

【注釋】

〔一〕畦畛：音其枕，田間的界道。宋黄庭堅《過家》詩："宰木鬱蒼蒼，田園變畦畛。"　疏：開浚，開通。　本：量詞，用於草木，猶棵、叢、捆。

〔二〕畦町：田壟，田界，亦泛指田園。南朝宋謝靈運《山居賦》："畦町所藝，含蘂藉芳。"

灌　溉

圃人每以豆汁、米泔灌之，或云烟性所宜。《本草彙言》云：種蒔〔一〕喜肥糞，其葉深青，大如手掌。

【注釋】

〔一〕蒔：音是，移栽，种植。

烟　　葉

《泉州府志》云：烟種來自海外，名淡巴菰，大如芋〔一〕葉，即烟也。《漳州志》云：煙，近多莳之者，莖葉皆如牡菊。《談書録》云：烟草，鋪芬畛畷，歷亂冬春，其葉與油菜、黄矮菜相類〔二〕。其本似春不老，長五六尺〔三〕。三四月間，枝葉紛敷平疇，如罫中一望，青翠可愛〔四〕。

【注釋】

〔一〕芋：薯類植物，如山芋、洋芋。

〔二〕畛畷：音枕綴，田間的小路。　歷亂：爛漫。南朝梁簡文帝《采桑》詩：“細萍重疊長，新花歷亂開。”

〔三〕本：草木的莖、幹。　春不老：芥菜的一種，多作醃菜。

〔四〕紛敷：猶紛披，盛多貌。　罫：音拐，圍棋盤上的方格。

烟　　花

烟花，澹白微紅，有若海棠，開極艷麗。《本草彙言》云：夏初作花，形如箸頭，四瓣合抱，微有辛烈氣，藕合[一]色，姿甚嬌嫩可愛。《花鏡》云：開紫白細花。非也，或别是一種。王昶《烟草花》詩云：曾吟烟草見烟花，淡白微紅數朵斜。誰料風霜蕉悴[二]後，絲絲還繞玉窗紗。郭麐[三]《國香慢》詞云：小朵娟娟。簇微黄淡白，點綴畦邊。呼龍種來瑶草，疑是藍田[四]。昔日游蜂稚蝶，幾曾見、如此芳妍[五]。無人解頻采，薑稜芋陂，一抹秋煙。

相思名字在，算移根海島，已幾多年。花花縱好，葉葉更動人憐。無分湘筠玉指[六]，倚熏鑪、噓暖吹寒。風前自開落，陌上時時，誤認花鈿[七]。

【注釋】

〔一〕藕合：亦作“藕荷”，淺紫而微紅的顔色。

〔二〕蕉悴：凋零，枯萎。

〔三〕郭麐（1767—1831）：字祥伯，號頻伽，因右眉全白，又號白眉生，江蘇吴江人。少有神童之譽，乾隆四十七年（1782）補諸生。六十年（1795）科舉不第，遂絶意仕進。遊姚鼐之門，爲阮元所賞識。著有《靈芬館詩集》、《蘅夢詞》、《浮眉樓詞》、《懺餘綺語》、《江行日記》、《唐文粹補遺》等。

〔四〕呼龍種來瑶草：瑶草：泛指珍美的草。語本唐李賀《天上謡》：“王子吹笙鵝管長，呼龍耕煙種瑶草。” 藍田：縣名，在陕西省渭河平原南緣、秦嶺北麓、渭河支流灞河上游，秦置縣，以産美玉聞名。此處借指藍田之玉。

〔五〕芳妍：指美麗的花卉。

〔六〕湘筠：筠：音匀，湘竹。 玉指：稱美人的手指。

〔七〕陌：泛指田間小路。 花鈿：用金翠珠寶製成的花形首飾。

烟　　子

烟子，其囊形如罂子粟〔一〕，極細。花謝後結成囊，俟囊焦黄乃收之，以爲來歲之種。

【注釋】

〔一〕罂子粟：即罂粟，其實狀如罂子，其米如粟。

摘　蕊

烟苗盛時抽條發蕊，視中莖之翹出者，既摘去頂穗，并除葉間傍枝，勿令交揉，則聚力於葉。惟留一二本，聽其開花收種。若留頂穗，則本不長；生傍枝，則葉不厚。

打　葉

烟葉已老，土人各提筐筥[一]採之，謂之打葉。以日中一二時打者良。

【注釋】

〔一〕筐筥：筥：音舉。方形爲筐，圓形爲筥，泛指竹器。

罨[一]　葉

《食物本草》云：烟草一本，其頂上數葉曰葢露，味最美。此後之葉遞下，味遞減。罨葉時須分别罨之，罨必令黄色，以三日爲期，擇其不黄者再罨。

【注釋】

〔一〕罨：音眼，捆，紮。

曬　葉

《廣羣芳譜》云：春種夏花，秋日取葉曝乾，以葉攤于竹簾上，夾縛平墊，向日晒之，翻騰數遍，以乾爲度。《梅谷偶筆》云：夾竹恐其卷也，其器若兩篩相合。

烟　梗

烟葉成熟後，其梗已枯。閩人取以錘軟，絞爲繩，夜則燃火，行風中不滅，可用以代燭。

鉋　烟〔一〕

烟葉晒乾，先剪去其蒂，葉上粗筋細細剔盡，然後用版兩片，將烟葉夾好，鉋落紛紛，形如細髮。外國故有髮絲之名。

【注釋】

〔一〕鉋烟：鉋：音爆。用鉋子或其他刨具將烟葉削成細絲。

焙　烟

烟有生、熟兩種，生者不用焙，熟者以火酒噴製，或用油炒。

烟　色

烟色淡黄者，如金絲、貢絲之類；老黄色者，賈人用姜黄末拌入，以爲飾觀〔一〕；紫色者，如八仙、小桃之類；又有一種黑色者，《梅谷偶筆》所謂黑於菟，言其性之猛烈也。柴杰《烟草詞》注云：烟惟紫黄色者，其味最佳。紫氣黄絲，烟中名品。

【注釋】

〔一〕姜黄：又稱黄薑，薑科薑黄屬植物。味辛、苦，性温，有行氣破瘀、通經止痛之效。　飾觀：裝飾外表。

封　烟

烟已焙乾，以紙包裹，各標名色[一]。《本草》云：每十六兩爲一封。今則輕重不一，或十兩，或八兩，疊置箱中，以待售者。高世鑛詩云：蘭佩一囊含潤貯，花牋[二]五采帶香封。

【注釋】

〔一〕名色：名目，名称。

〔二〕花牋：精致华美的笺紙。

販　　烟

陳鼎《滇黔土司婚禮記》序云：時國家初定，東南文武軍民俱盛吸烟，烟大行。伯可先生走閩粵販烟。今閩地於五六月間，新烟初出，遠商翕集〔一〕，肩摩踵錯。居積者列肆以斂之，懋遷者牽車以赴之〔二〕。村落趁墟〔三〕之人，莫不負挈紛如。或遇東南風，樓船什百，悉至江浙爲市，以收成之豐歉定價值之貴賤。《琴畫樓詞》注云：烟草到處有之，而由福建海舶來者爲多。

烟草，初漳州人自海外攜來，莆田亦種之，今不特反多于吕宋，而邊塞人每藉內地以爲交易者。《蚓菴瑣語》云：烟葉出自閩中，邊上人寒疾，非此不治，至以匹馬易烟一觔。張鵬翮《俄羅斯行程録》云：塞外最喜中國茶布，宜多帶以爲盤纏，烟、烟袋、荷包酌量隨帶，爲換物找數。

【注釋】

〔一〕翕集：翕：音西。聚集。

〔二〕居積：囤積。　懋遷：貿易。

〔三〕趁墟：趕集。

烘　烟

烟性易霉，霉則色變而味減。其法以烟置箬籠內，用盆火微烘之，以燥爲率〔一〕。每於四五月梅雨時，八月中俗謂本樨蒸〔二〕時候烘之，不宜見日。葢黄烟宜烘不宜晒，水烟宜晒不宜烘，性各别也。

【注釋】

〔一〕率：音律，標準，限度。

〔二〕本樨蒸：當作“木樨蒸”。木樨：常緑灌木或小喬木，葉橢圓形，花簇生於葉腋，黄色或黄白色，有極濃郁的香味，通稱桂花。吴地素有“火燒七月半，八月木樨蒸”之説，故稱八月天氣爲木樨蒸。

窨〔一〕烟

烟又不宜燥，燥則變爲細末。凡遇風日燥烈之時，食者將烟攤于濕土上，罯窨片時，取其滋潤爲佳。

【注釋】

〔一〕窨：同“熏”。多用於“窨茶葉”，把茉莉花等放在茶葉中，使茶葉染上花的香味。又，卷一“蘭花烟”條：以蘭花子作末拌入者，名蘭花烟。初吸一二口，亦有蘭麝氣。

食　　烟

《樊榭山房集》云：食之之法，細切如縷，灼以管而吸之，令人如醉。祛寒破寂，風味在麴生〔一〕之外。《本草》云：凡食烟者，將烟納入烟管大頭內，點火燒吸，滿口吞咽，頃刻而週一身，令人遍體俱快，仍噓出之。食物之最奇者，聞之閩人呼烟爲芬，呼烟管爲芬吹。田雯《黔書》云：方言以食烟爲呵應，又曰艮完。

【注釋】

〔一〕麴生：酒的别稱。唐鄭棨《開天傳信記》載：道士葉法善，居玄真觀，有朝客數十人來訪，解帶淹留，滿座思酒。突有一人傲睨直入，自稱曲秀才，抗聲談論，一座皆驚，良久暫起，如風旋轉。法善以爲是妖魅，俟其復至，密以小劍擊之，隨手墜於階下，化爲瓶榼，醲醖盈瓶。坐客大笑飲之，其味甚佳。坐客醉而揖其瓶曰："麴生風味，不可忘也。"

烟　　筒

吸烟之具，銅頭木身，名曰烟筒，又曰烟管、曰烟袋。有金、銀、銅、鐵四種，或用竹管，兩頭以玉石銅鐵鑲之。式様不同，短者七八寸，長者四五尺。《本草》云：烟管長者丈餘，好事者以吸管長遠則烟來舒徐爲美。近日有嘉定竹刻烟管，山水、人物、花卉及詩詞之類最爲奇勝。

張燮《東西洋攷》云：烟筒山，此交阯、占城分界處也，以狀似烟筒，故名。知海外行之久矣。烟初入内地時，食者將烟草置瓦盆中，點火燃之，各擕竹管向烟，羣聚而吸之，其管不用頭，今則人人隨身擕帶矣。佘錫純詩有"蜀錦連頭裹，常懸小史〔一〕身"之句。

有以梅枝、柘條爲烟筒者，磊砢錯節，亦甚可玩〔二〕。王昶有《劚梅枝爲烟筩》詞中云：差喜淡巴菰葉在，輕颺烟絲一翦。算偏少，碧筩堪玩。聽説蠻山冰雪裏，墮霜華〔三〕，尚有寒梅幹。唤康結〔四〕，此稀見。《淞南樂府》注云：暹羅國藤烟管，黄質黑章，嬫媥纖細，難至而易售，價值大昂〔五〕。

夏日取蓮蓬梗，摘去其房〔六〕，衹留蒂，挖空令與梗通。入烟草吸之，頗有清芬之氣。可配鄭公慤碧筩杯〔七〕、南方之鈎藤酒。

【注釋】

〔一〕小史：古小官名，《周禮》春官宗伯之屬，掌邦國之志、貴族世系以及禮儀等事。漢以後爲尚書令史或地方官一般屬吏之稱。

〔二〕柘：音浙，木名，桑科，落葉灌木或小喬木，葉子卵形或橢圓形，頭狀花序，果實球形。葉可喂蠶，木質密緻堅韌，是貴重的木料，木汁能染赤黄色。　磊砢：砢：音祼。形容植物多節。　錯節：指木中交錯連結之處。

〔三〕霜華：亦作“霜花”，皎潔的月光。

〔四〕康結：王昶《春融堂集》卷二七《金縷曲·碧夢劚梅枝爲飲煙筩屬賦》自注云：康結，番人稱梅之語。

〔五〕暹羅國：暹：音先。泰國的舊名。舊分暹與羅斛兩國，十四世紀中葉兩國合併，稱暹羅。　斒斕：色彩錯雜鮮明貌。　昂：價格升高。

〔六〕房：花的子房，亦指花朵、花果。

〔七〕慤：音雀，恭謹，樸實。　碧筩杯：一種用荷葉製成的飲酒器。唐段成式《酉陽雜俎·酒食》：“歷城北有使君林，魏正始中，鄭公慤三伏之際，每率賓僚避暑於此。取大蓮葉置硯格上，盛酒三升，以簪刺葉，令與柄通，屈莖上輪菌如象鼻，傳噏之，名爲碧筩杯。”

烟　　具

盛烟之器曰烟盒子，佩身者曰烟荷包、曰烟甃子，矜巧鬥奇，千式萬樣〔一〕。《瓣香聞見録》云：裝烟之物，名曰合包〔二〕，以京緞、洋呢爲之，多葫蘆形。《梅谷偶筆》云：近日日本國來縷金小盒，乃貯烟器也。

【注釋】

〔一〕甃：音瞥，古時盛茶、酒的器皿。　矜巧：炫耀工巧。

〔二〕合包：即荷包。

烟　桌

張岱《陶菴夢憶》云：余少時不識烟草爲何物。十年之内，老壯童稚，婦人女子，無不吃烟，大街小巷，盡擺烟桌，此草妖也。葢烟草初行時，市井間設小桌子，列烟具及清水一碗，凡來食者，吸烟畢，即以清水漱口，投錢桌上而去。

性　　味

《牘外餘言》云：烟草的是何味，而舉世趨之若狂？案，烟之功用與茶酒等。茶能止渴，酒可禦寒，烟則治風寒、辟瘴穢，吞吐間而一身殆遍。《怡曙堂集》云：功盛于茶，味逾于酒，未有識其故者。《本草彙言》云：味苦辛，氣熱有毒，通行手足陰陽一十三經〔一〕。《卷施閣集·七招》云：乃有吕宋所産一世瑞草，含茹則火入四肢，呼吸則烟騰百竅。其殆辛辣之氣，達于四肢，不以形化；芬芳之臭，融于百竅，不以味飫〔二〕者也。

宋羅景綸嘗謂檳榔之功有四：醒能使醉，醉能使醒，飢能使飽，飽能使飢。余謂烟草亦然。灼以管而吸之，食已氣令人醉，亦若飲酒，然蓋醒能使之醉也；酒後食之，則寬氣下痰，餘酲〔三〕頓解，蓋醉能使之醒也；飢而食之，則充然〔四〕氣盛，若有飽意，蓋飢能使之飽也；飯後食之，則飲食消化，不至停積，蓋飽能使之飢也。至其禀氣辛辣而多芬，賦性疏通而不滯，又在檳榔之上〔五〕。

【注釋】

〔一〕一十三經：當作“一十二經”。中醫謂手、足各有三陰三陽六經脈，表裏配合，成爲十二經脈。經脈，指人體內氣血運行的通路。

〔二〕飫：音玉，足，飽。

〔三〕酲：病酒，酒醉後神志不清。

〔四〕充然：滿足貌。

〔五〕稟氣：天賦的氣性。　賦性：天性，品性。

主　　治

《食物本草》云：烟草火，味辛温有毒，治風寒、濕痺、滯氣、停痰，利頭目，去百病，解山嵐氣，塞外邊瘴之地食此最宜〔一〕。《本草彙言》云：烟草，通利九竅之藥也，能禦霜露風雨之寒，辟山蠱鬼邪之氣，小兒食此能殺疳積，婦人食此能消癥痞，如氣滯、食滯、痰滯、飲滯，一切寒凝不通之病，吸此即通〔二〕。如陰虛、吐血、肺燥、勞瘵之人，勿胡用也〔三〕。《梅谷偶筆》云：其氣芳香辛辣，其功當能辟瘟疫、驅瘴癘、散寒邪，開氣化鬱，豁痰勝濕〔四〕。汪昂《本草備要》云：烟草，新嚏，宣，行氣，辟寒，閩産者佳〔五〕。《本經逢原》云：近日，目科内障丸中間有用之獲效者，取其辛温散冷積之翳也〔六〕。《東醫寶鑑》云：鴉片治久痢不止，每用小豆大一粒，空心〔七〕温水化下。《醫學入門》云：啞芙蓉性急，不可多用。

【注釋】

〔一〕溼痺：中醫學病名，痺症類型之一。因風寒溼三邪中以溼邪偏勝，溼性黏膩滯著所致，表現爲肌膚麻木，關節重著，腫痛處固定不移。　山嵐氣：山中的霧氣。

〔二〕疳積：疳：音甘。病名，指小兒面黄肌瘦，肚腹膨大，時發潮熱，心煩口渴，精神萎靡，尿如米泔，食欲減退或嗜異食的病症。多因斷奶後飲食失調，脾胃損傷或蟲積所致。　癥痞：音徵丕，腹中積聚而成的痞塊。

〔三〕肺燥：指燥邪傷肺、損傷肺津所致的徵候，症見鼻咽乾燥、乾咳少痰、咳引胸痛、聲嘶等。　勞瘵：瘵：音債。亦作"癆瘵"，即肺結核病，俗稱肺癆。

〔四〕瘴癘：感受瘴氣而生的疾病。亦泛指惡性瘧疾等病。　開氣化鬱：舒肝理氣，宣暢氣機，疏通鬱滯。

〔五〕新嗑：據《本草備要》，當作"新增"。汪昂重刊《本草備要》時增補備而可用者。　宣：疏導，疏通。　行氣：中醫指輸送精氣。

〔六〕內障：中醫學名詞，主要指發生於眼珠內部的疾病。　瞖：音易，目疾引起的障膜。

〔七〕空心：空腹。

辟　　蟲

乾烟葉置書帙、衣服中，辟蠹不減芸香也〔一〕。凡果樹、菜蔬葉上生青黑細蟲，以烟屑拌水洒之，亦可治。《香祖筆記》云：搗汁，可毒頭蝨〔二〕。《物理小識》云：膠棗包金絲烟焚之，壁蝨去〔三〕。《本草備要》云：烟筒中水能解蛇毒。

【注釋】

〔一〕書帙：亦作“書袠”，書卷的外套。　芸香：香草名。多年生草本植物，其下部爲木質，故又稱芸香樹。葉互生，羽狀深裂或全裂。夏季開黄花，花葉香氣濃郁，可入藥，有驅蟲、驅風、通經的作用。

〔二〕頭蝨：寄生在人的頭髮裏的一種蝨子。體長形，灰白色，有的帶黑色或黄色，脚短而粗，吸食血液。卵白色，有膠汁黏在頭髮上。能傳播斑疹傷寒等疾病。

〔三〕膠棗：蒸熟的棗。　壁蝨：臭蟲的别名。扁小，色褐，臭而齧人，爲床榻之害。

食　　忌

《本經逢原》云：毒草之氣，熏灼藏府，遊行經絡，能無壯火散氣之慮乎〔一〕？不可與冰片〔二〕同吸，以火濟火，多發烟毒。不可以藤點吸，恐有蛇虺〔三〕之毒。吸烟之後不得飲火酒，以其能引火氣〔四〕也。

【注釋】

〔一〕藏府：藏：通“臟”。中醫學名詞，人體內臟器官的總稱。　壯火：指機體類似火性特徵的機能亢進，能耗傷正氣。　散氣：耗散元氣。

〔二〕冰片：中藥名，即龍腦，可作香料。

〔三〕蛇虺：虺：音悔，泛稱小蛇。泛指蛇類。

〔四〕火氣：中醫指引起發炎、紅腫、煩躁等症狀的原因。

烟　　患

養生家謂嚥[一]津得長生，故活字从千口水。烟則因火而生，故烟字从因、从火。今之嗜烟草者，灼喉薰肺，頃刻不離，以毒火爲活計[二]，可乎？《物理小識》云：烟草久服則肺焦，諸藥多不效，其症忽吐黄水而死。《格致鏡原》云：多食烟損容。《本草從新》云：多食則火氣薰灼，耗血損年。人不自覺耳。今雖所在成熟，其毒似亦全減，要不可不慎。

【注釋】

〔一〕嚥：同“咽”，吞食。

〔二〕活計：生計；謀生的工作。

解　毒

久受烟毒而肺胃不清者，以砂糖湯解之。王夢蘭《秘方集驗》云：砂糖調水服。《梅谷偶筆》云：紅沙糖、甜瓜子仁可解其毒。

凡好吃烟者，烟渣誤犯入目，切勿將湯洗，愈洗愈痛，甚至眼瞎。《救急篇》云：用亂頭髮或綜纓緩緩揉之，即愈。

《古今秘苑》云：烟膏〔一〕污衣，用瓜子仁嚼碎洗之，即去。

【注釋】

〔一〕烟膏：烟油。

烟　禁

向來種烟有禁。《蚓菴瑣語》云：崇禎癸未下禁烟之令，民間私種者問徒。[一]法輕利重，民不奉詔，尋下令犯者斬。然不久因邊軍病寒不治，遂弛其禁。董含《三岡識畧》云：明季服烟有禁，惟閩人幼而習之，他處百無一二也。

國初時，方苞、陳宏謀俱有禁烟條奏及部議邸抄[二]。《椒園文集·方望溪傳》云：先生既在部，得與廷議，請禁燒酒、種烟，以裕民食。

《畿輔通志》云：名宦王隲，康熙二十五年任口北道[三]。旗丁利民，地可種烟，控部差員查丈[四]。隲力爲詳請，民不失業。

《欽定大清會典則例》雍正五年諭：米穀爲養命之寶，既賴之以生，則當加意愛惜。至於煙葉一種，於人生、日用毫無裨益，而種植必擇肥饒善地，尤爲妨農之甚者也。惟在良有司諄切勸諭，俾小民醒悟，知稼穡爲身命之所關，非此不能生活，而其他皆不足

恃，則羣情踴躍，皆盡力於南畝矣。[五]

乾隆八年，户部議準民間種煙一事：廢可耕之地，營無益以妨農功，向來原有例禁[六]。且種煙之地，多繫肥饒，自應通行禁止。惟城堡以內閑隙之地，可以聽其種植；城外則近城奇零[七]菜圃，願分種煙者，亦可不必示禁；其野外山隰[八]土田，阡陌相連，宜於蔬穀之處，一概不許種煙。凡向來種煙之地，應令改種蔬穀。

嘉慶四年，江蘇監生[九]周介奏請種烟地畝改種五穀，并諸色人食烟及商販開烟鋪、食烟器具一切禁止。部議：查民間食烟，習非一日，所種之地不過農田之一二，不足以傷農，且以不應禁之事瑣瑣[一〇]煩擾，徒屬無謂，所奏應無庸議。

嘉慶十八年，上諭：自鴉片烟流入內地，深爲風俗人心之害。從前市井無賴之徒私藏服食，乃近日侍衛官員等頗有食之者，甚屬可惡。沉湎荒淫，自趨死路，大有關係，深惑人心，不可不嚴行飭禁。《大清律例》載：興販鴉片烟，發邊衛充軍。如私開鴉片烟館、引誘良家子弟者，擬絞監候[一一]。

【注釋】

〔一〕崇禎癸未：原作“崇貞”，避清雍正帝胤禛諱，今回改。即崇禎十六年（1643）。　問徒：判處徒刑。

〔二〕邸抄：亦作“邸鈔”，即邸報。

〔三〕口北：泛指長城以北地區。也稱口外。主要指張家口以北的河北省北部和內蒙古自治區中部。因長城關隘多稱口，如古北口、喜峰口、張家口、殺虎口等，故名。　道：古代行政區劃名。清代在省級設有主管專職的道，並在省與州、府之間設分守道。道設道員。

〔四〕旗丁：旗兵。太平天國石達開《檄告招賢文》："綏我士子，驅彼旗丁。"　利民：古代指工商業者。　查丈：檢查丈量。

〔五〕有司：官吏。古代設官分職，各有專司，故稱。　稼穡：音架瑟，指農作物，莊稼。　南畝：謂農田。南坡向陽，利於農作物生長，古人田土多向南開闢，故稱。

〔六〕農功：農事。

〔七〕奇零：奇：音基。不滿整數的數，零星。

〔八〕隰：音習，低濕的地方。

〔九〕監生：在國子監肄業者統稱監生。初由學政考取，或由皇帝特許，後亦可由捐納取得其名。

〔一〇〕瑣瑣：形容事情細小、不重要。宋韓淲《澗泉日記》卷下："古人之史……經制述作二者是大，他瑣瑣不足記也。"

〔一一〕絞：舊時死刑的一種，縊死。　監候：明清兩代對判處死刑不立即執行者，暫行監禁，等候秋審、朝審復核的稱爲"監候"，有斬監候和絞監候二種。

烟　　税

烟草向於雜税内，各省完烟税銀若干。《大清會典則例》：乾隆五年，題準安徽等十三府州屬雜税項下花布、烟、油等項銀，或雜派於鋪家煙户，實爲擾累，悉準予豁免。

惡　　烟

凡食烟者，賓朋醼會，雲霧塞空，不特俛仰唾涕，惡態畢具，往往餘灰未爐，延燒物件〔一〕。錢忠介公肅樂最惡之，視烟草爲野葛〔二〕。吾鄉孫啟南先生惡子弟食烟，不能禁止，輒以火石投盆水中，謂石濕則不生火，無火則烟可絶矣，人咸笑其騃〔三〕。汪有堂先生一生不食烟，人問其故，曰：蘭蕙〔四〕至香，有烟而蘭蕙不香，是奪其香也；屎溺最臭，有烟而屎溺不臭，是臭甚於屎溺也。奈何以清潔腸腑藏彼臭草！

【注釋】

〔一〕醼：音彦，同“宴”。　不特：不僅，不但。　俛仰：俛：音俯。亦作“俛卬”，低頭抬頭。　唾涕：亦作“唾洟”，吐唾沫。

〔二〕野葛：即鉤吻。常緑灌木，纏繞莖，根、莖、葉有劇毒，也叫葫蔓藤、斷腸草、大茶藥。

〔三〕火石：即燧石，古代取火用具。　騃：音皚，愚，呆。

〔四〕蘭蕙：蘭和蕙，皆香草。

嗜　　烟

諺云開門七件事[一]，今則增烟而八矣。上自公卿大夫，下逮農工商賈、婦人女子，無人不嗜。汪价《噱旨》云：近日俗尚食烟，余每語人，奈何以火燒五臟？請觀筒中垢膩[二]，將何以堪！其人猛省，誓不再食。少焉憶之，便渝[三]戒矣。病酒之夫，狂飲不待明朝；難産之婦，好合何須滿月？嗜烟之酷，乃至同於酒色，何惑溺也！《夢厂雜著》云：柳州苗人嗜淡巴菇如命，雖三尺之童，烟管不去手。

客有嗜烟者，家貧不能常繼，輒拾包烟之閩紙揉碎，爇[四]火而吸之。詢其故，客曰：亦頗有烟味。《雨村詩話》云：人有"尚可不喫飯，不可不吃烟"之説。

【注釋】

〔一〕開門七件事：指柴、米、油、鹽、醬、醋、茶，日常需用之物。

〔二〕垢膩：猶污垢，指所黏附的不潔之物。

〔三〕渝：變更，改變，引申爲違背。

〔四〕爇：音弱，指燃點。

閨　中

吸烟之盛，昉于城市，已而沿及鄉村；始于男子，既而漸流閨閤[一]。《寄園寄所寄》云：閨閣佳麗，亦以此爲餐香茹[二]栢。《廣西通志》云：蠻女性喜吸烟，每以烟筒插髻。《茶餘客話》云：近日無人不用烟，雖青閨[三]稚女，銀管錦囊與鏡匳牙尺並陳矣。

王初桐《奩史》云：尤侗《和董文友美人吃烟》詩：玉唇含吐亦嫣然[四]。《廣新聞》云：閨閣中亦皆手執烟袋，呼吸無忌。一士人作詩詠之曰：寶奩數得買花錢，象管雕鎪[五]估十千。近日高唐[六]增妾夢，爲雲爲雨復爲烟。烏絲裊裊細于綿，點點微櫻紅欲燃。差擬海棠初雨後，凝脂和粉泣朝烟。廖景文《漱芳詩話》云：舅氏陳玉田句云：猩唇動處櫻桃綻，翠管拈時玉笋長[七]。陳華南《雜詠》詩曰：名士風流晶靉靆，佳人韻致淡巴姑[八]。盖鬟眉巾幗，嗜好約略相同矣。

【注釋】

〔一〕閨閤：閤：音閣，側門，小門。內室小門，借指婦女所居之处。

〔二〕茹：吃，吞咽。

〔三〕青閨：塗飾青漆的閨房，形容其豪華精緻。

〔四〕王初桐（1730—1821）：原名丕烈，字于陽，一字耿仲，號竹所，又號巏嵍山人，江蘇嘉定人。諸生。乾隆四十一年（1776）授四庫館謄録，歷署山東新城、淄川、平陰、壽光知縣，遷寧海州同知。著述甚富，撰《古香室叢書》、《北游日記》、《方泰志》等，又嘗輯《貓乘》、《奩史》。著有《巏嵍山人詞集》、《選聲集》。　尤侗（1618—1704）：字同人，更字展成，別字悔庵，號艮齋，晚號西堂老人，江蘇長洲人。康熙十八年（1679）應博學鴻詞，授翰林院檢討，纂修《明史》。二十一年（1682）告歸家居。四十二年（1703）康熙南巡，賜御書一幅，即家晉侍講。著有《西堂全集》。

〔五〕雕鎪：鎪：音搜。雕刻。

〔六〕高唐：戰國時楚國台觀名，在雲夢澤中。傳説楚襄王游高唐，夢見巫山神女，幸之而去。戰國楚宋玉《高唐賦》序："昔者楚襄王與宋玉遊於雲夢之臺，望高唐之觀。"後用爲巫山的代稱，借指男女幽會之所。

〔七〕猩：指鮮紅色。　櫻桃：喻指女子小而紅潤的嘴。　玉笋：喻女子手指。

〔八〕晶靉靆：晶：晶體。靉靆：音愛戴。飄拂貌，繚繞貌，此處指眼鏡。明張燮《東西洋考·西洋列國考·麻六甲》："靉靆，俗名眼鏡。《華夷考》曰：大如錢，質薄而透明，如琉璃，色如雲母。每目力昏倦，不辨細書，以此掩目，精神不散，筆劃倍明。出滿剌國。靉靆乃輕雲貌，如輕雲之籠日月，不掩其明也。若作曖睩睫睫亦可。"　韻致：氣韻情致。

烟　趣

烟之爲用，其利最溥[一]：辟瘴袪寒之外，坐雨閒窗，飯餘散步，可以遣寂除煩；揮麈[二]閒吟，篝鐙夜讀，可以遠辟睡魔；醉筵醒客，夜語篷窗，可以佐歡解渴；斗室之中，爇沉檀，飲岕片，而一枝斑管呼吸紆徐，未始非岑寂中之一助也[三]。

【注釋】

〔一〕溥：廣大，大。

〔二〕揮麈：麈：音主。揮動麈尾。晉人清談時，常揮動麈尾以爲談助，後因稱談論爲揮麈。

〔一〕沉檀：沉香、檀香。　岕片：即岕茶。　紆徐：紆：音迂。從容寬舒貌。　岑寂：寂寞，孤獨冷清。

烟　星

昔人謂酒既有星，茶寧獨無？今烟草盛行，亦當有星主之者。《天官書》：柳爲鳥注〔一〕，云主草木。張梁詩云：也占牛耕土，多聞鳥注星。錢孫鐘詩云：世爭甘〔二〕火味，天合置烟星。

【注釋】

〔一〕鳥注：鳥嘴，柳星的别稱，屬南方朱鳥七宿之一。

〔二〕甘：嗜好，愛好。

烟　草　詩

查爲仁《蓮坡詩話》云：烟草，前人無詠之者。韓慕廬宗伯掌翰林院事時，曾命門人賦淡巴菰，詩多不傳。惟慈溪鄭太守梁爲庶常時所作，存《玉堂集》中。《茶餘客話》云：韓慕廬出以課庶常，陳廣陵詩一時傳頌〔一〕。家笠亭詩云：味濃于酒思公瑾，氣吐成雲憶馬卿〔二〕。人推佳句。陸青來燿作《烟草歌》，形容盡致。袁枚《隨園詩話》云：吾鄉翟進士灝《詠烟草》五十韻，典雅出色，在韓慕廬先生烟草詩之上。

吾松曹錫端、王丕烈諸先生有九青韻烟草詩，一時和之者分牋鬬韻〔三〕。近日西湖紀氏聯句分韻詩，都下亦多屬和〔四〕。唐仲冕序而行之，謂此題近鮮佳作，乃妙句繽紛，出於一門，封胡羯末，更有詠絮才華，何其盛也，洵爲藝林嘉話〔五〕。

【注釋】

〔一〕課：評判等次，考試評定。　庶常：《書·立政》："太史、尹伯，庶常吉士。"周秉鈞《易解》："庶，衆也。常，祥也。吉，善也。庶常吉士，言上列各官皆祥善也。"明置庶吉士，取義於此，清因以"庶常"爲庶吉士的代稱。

〔二〕公瑾：周瑜字公瑾。《三國志·吴書·周瑜傳》裴松之注引《江表傳》："（程）普頗以年長，數陵侮瑜。瑜折節容下，終不與校。普後自敬服而親重之，乃告人曰：'與周公瑾交，若飲醇醪，不覺自醉。'"時人以其謙讓服人如此。故云"味濃于酒思公瑾"。　馬卿：司馬相如字長卿，後人遂稱之爲馬卿。《史記·司馬相如列傳》："相如既奏《大人》之頌，天子大説，飄飄有凌雲之氣，似游天地之閒意。"故云"氣吐成雲憶馬卿"。

〔三〕王丕烈：字述文，號東麓，華亭人。雍正五年（1727）進士，官至河南按察使。著有《春暉堂集》。鬬韻：謂聯句或賦詩填詞時以險韻競勝。

〔四〕分韻：數人相約賦詩，選擇若干字爲韻，各人分拈，依拈得之韻作詩，謂之分韻。　都下：京都。

〔五〕封胡羯末：羯：音結。《晋書·列女傳·王凝之妻謝氏》："（謝道韞）初適凝之，還，甚不樂。安曰：'王郎，逸少子，不惡，汝何恨也?'答曰：'一門叔父有阿大（謝尚）、中郎（謝據）；羣從兄弟復有封胡羯末，不意天壤之中乃有王郎！’封謂謝韶，胡謂謝朗，羯謂謝玄，末謂謝川，皆小字也。”南朝宋劉義慶《世説新語·賢媛》羯作“遏”。劉孝標注：“封胡爲謝韶小字，遏末爲謝淵小字。”與《晉書》説法小異。後用爲稱美兄弟子侄之辭。　詠絮：南朝宋劉義慶《世説新語·言語》：“謝太傅寒雪日內集，與兒女講論文義。俄而雪驟，公欣然曰：‘白雪紛紛何所似？’兄子胡兒曰：‘撒鹽空中差可擬。’兄女（謝道韞）曰：‘未若柳絮因風起。’”後因以爲女子有詩才之典。　洵：誠然，實在。

烟 草 詞

《樊榭山房集》云：今日偉男髫女[一]，無人不嗜，而予好之尤至。恨題詠者少，令異卉之湮鬱也[二]。暇日斐然[三]命筆，傳諸好事。因作《天香》詞一闋，同時譜此調者，不下數十人，余亦曾填此解：石火敲紅，爐香裊碧，非雲非雨非霧。�管輕擕，荷囊閒展，好倩玉纖拈取[四]。絳唇[五]小啟，看一縷、情絲微吐。最是未馴還颺，被風又穿簾去。嘉名向傳菸露。記蠻鄉、載來閩賈。艷説[六]玉魂曾返，淡巴宮主。一種相思寄與，想樊榭、當年留題句。添入羣芳，茶經酒譜[七]。

【注釋】

〔一〕髫女：據《樊榭山房集》，當作“髫女”。女孩。

〔二〕異卉：奇異的草。　湮鬱：埋没。

〔三〕斐然：猶翩然，輕快貌。

〔四〕荷囊：即荷包。　倩：音慶，請，懇求。玉纖：女子的纖纖玉指。

〔五〕絳唇：朱唇，紅唇。

〔六〕艷説：豔羨地評説。

〔七〕羣芳：明王象晉《二如亭羣芳譜》。　酒譜：宋竇苹《酒譜》。

烟 草 賦

全謝山先生《淡巴菰賦》，於恙無故實中人情物理體會入微，盖長于訓詁，不徒工于賦物者也[一]。《童山文集》云：余試粤惠州，日以烟賦題出試，有柳生賦頗佳，而多出韻[二]。問之，言藍本于楊孝廉觀潮而敷衍之[三]。因嫌瑕瑜半掩，效昌黎、玉川月蝕之例而删節之，以示多士[四]。

【注釋】

〔一〕羌無故實：羌：語首助詞，無實義；故實：出處，典故。指詩文不用典故或無出處。　訓詁：詁：音古。對字句（主要是對古書字句）作解釋，亦指對古書字句所作的解釋。　賦物：描寫物態。

〔二〕出韻：作韻文押韻時越出規定的韻部。

〔三〕藍本：著作所根據的底本。　楊孝廉觀潮：據李調元《童山集》文集卷一《烟賦（並序）》，當作“楊孝廉潮觀”。孝廉：孝，指孝悌者；廉，清廉之士。分别爲古代選拔人才的科目，始於漢代，在東漢尤爲求仕者必由之途，後往往合爲一科。明清兩代對舉人的稱呼。　敷衍：鋪陳發揮。

〔四〕昌黎：即唐韓愈。　玉川：即唐盧仝。本爲井名，在河南濟源縣瀧水北。盧仝喜飲茶，嘗汲井泉煎煮，因自號“玉川子”。　月蝕：即月食。唐盧仝《月蝕詩》：“或問玉川子，孔子修《春秋》。二百四十年，月蝕盡不收。……孔子父母魯，諱魯不諱周。書外書大惡，故月蝕不見收。”韓愈有《月蝕詩效玉川子作》。　多士：指衆多的賢士。

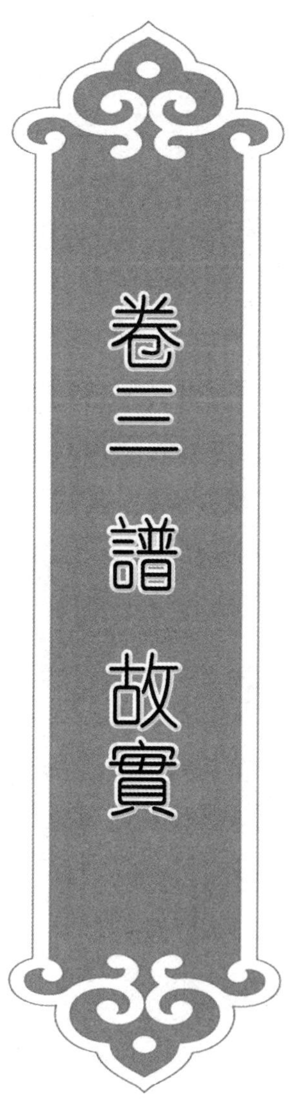

卷三 譜 故實

不吃烟應制詩

李調元《淡墨録》云：上南巡，駐蹕德州，命侍衛傳旨：朕平生不好酒，未能飲一觔，最可惡的是用烟〔一〕。諸臣在圍場〔二〕中，看我竟日曾用烟否？每見諸臣私行〔三〕在巡撫帳房偷吃，真可厭惡！且是耗氣的東西，不但我不吃烟，太祖、太宗、世祖以來，都不吃烟〔四〕。所以，我最惡吃烟的人。《鳳池集》載蔣陳錫《德水恭紀》詩曰：碧椀冰漿瀲灩開，肆筵先已戒深杯〔五〕。瑶池宴罷雲屏〔六〕敞，不許人間烟火來。皆紀實也。

【注釋】

〔一〕上：天子，皇帝。　駐蹕：蹕：音必。亦作“駐驆”，帝王出行，途中停留暫住。

〔二〕圍場：舊時圍起來專供皇帝、貴族打獵的場地。

〔三〕私行：任憑己意行事。

〔四〕太祖：清太祖努爾哈赤。　太宗：清太宗皇太極。　世祖：清世祖福臨。

〔五〕瀲灩：音練艷，水波蕩漾貌。　肆筵：設宴。

〔六〕雲屏：有雲形彩繪的屏風，或用雲母作裝飾的屏風。

污　吾　火

宗正菴先生性介特，或以淡巴菰就其爐中取火，咈然罵之曰：汝非學士大夫邪〔一〕？全謝山《擬薤露〔二〕詞·污吾火》云：三百年來士大夫，更誰曾啖淡巴菰，一星之火不可污。蓋指先生也。

【注釋】

〔一〕宗正菴：即宗誼。誼字在公，號正菴，原籍徽州，鄞縣人。　介特：孤高，不隨流俗。　咈然：咈：音扶，通"怫"。不悦貌。

〔二〕薤露：薤：音謝。樂府《相和曲》名，是古代的挽歌。

韓宗伯嗜烟

王士禛《分甘餘話》云：韓慕廬宗伯嗜烟草及酒。康熙戊午，與余同典順天武闈，酒杯、烟筒不離于手〔一〕。余戲問曰：二者乃公熊魚〔二〕之嗜，必不得已而去，二者何先？慕廬俯首思之良久，答曰：去酒。衆爲一笑。後余考姚旅《露書》：烟草，産吕宋，本名淡巴菰。以告慕廬，慕廬乃命其門人輩賦淡巴菰歌。

【注釋】

〔一〕康熙戊午：康熙十七年（1678）。　典：掌管，主持，任職。　武闈：指科舉制度中的武科。

〔二〕熊魚：《孟子·告子上》："魚，我所欲也；熊掌，亦我所欲也。二者不可得兼。"後因以"熊魚"比喻難以兼得的事物。

嗅烟返生

汪穎《食物本草》云：海外有鬼國，彼俗人病將死，即舁[一]置深山。昔有國王女病，革弃去之。昏憒中有芬馥之氣，見臥傍有草，乃就而嗅之，便覺遍體清凉，霍然而起，奔入宫中。人以爲異，因得是草，故一名返魂烟。案，《文獻通考》：鬼國，在駮馬國西。

【注釋】

〔一〕舁：音余，抬，扛。宋苏轼《砥畫苑记》："有客於京師而病者，輒舁置其家，親飲食之。"

番　人[一]　食　烟

《平陽縣志》云：康熙六十年六月，有番人乘小舶，爲颶風[二]飄至金鄉。其人長大，鬚髮皆卷，食烟。捲葉着火，即銜葉而喫。陳倫炯《海國見聞録》云：丁噶呶、胡椒甲諸番，檳榔夾烟而食。

和霽園《夜譚隨録》云：塞外喀爾喀，其俗無主客。客至張幙[三]，輒走乞烟食。坐而眙騁脯囟齏，與之乃去[四]。

【注釋】

〔一〕番人：指少數民族或外國人。

〔二〕颶風：中國古籍中明以前將颱風稱爲颶風，明以後按風情不同有颱風和颶風之分。

〔三〕張幙：幙：同“幕”。張設帷幕。

〔四〕眙騁：據《夜譚隨録》，當作“眙睥”。音赤僻，直視。　囟：據《夜譚隨録》，當作“醢”。音海，肉醬。　齏：音基，用醬醃漬的細切的韭菜。《太平御覽》卷八五五引漢服虔《通俗文》：“淹韭曰齏。”

西　僧　鼻　飲

烟草，亦有就鼻吸之者。《金川瑣記》云：一喇嘛僧路經綏靖時，與之食，必禮天地四方，身西向持咒，然後食〔一〕。又喜拾菸草口内咀齕〔二〕，不用菸管，時時手搓少許納鼻中，蓋夷俗素尚鼻飲也。

【注釋】

〔一〕喇嘛：喇嘛教對僧侶的尊稱，意爲“上師”。綏靖：安撫平定。此處指綏靖屯。　持咒：即持呪，念誦咒語。

〔二〕咀齕：齕：音何，咬嚼。嚼食，咬嚼。

烟 噴 人 面

江之蘭《文房約》云：文房雅地，喫烟噴人面亦不可也。紙煤四擲，則又熒熒不滅，炎炎奈何矣[一]。尤可駭異者，豪右之門，召集女客，不設簾箔，觀劇飛觴[二]。二八妖鬟，手擎烟具，先嘗後進，一如姣童之奉其主[三]。甚至含烟緩吐，視生旦之可意者而噴之，無所顧忌[四]。高世鏔詩云：鼻息吹虹驕舞伎，齒牙餘馥妮[五]歌伶。噫！澗達[六]大度，舉世幾同韓熙載矣。

【注釋】

〔一〕紙煤：用易於引火的紙搓成的細紙卷，點著後一吹即燃，多作點火、燃水烟之用。　熒熒：光閃爍貌。　炎炎：火光猛烈貌。

〔二〕駭異：亦作“駴異”。驚異。　豪右：舊時的富豪家族、世家大户。　簾箔：簾子，多以竹、葦編成。　飛觴：舉杯或行觴。

〔三〕鬟：音環，古代婦女的環形髮髻，代指婢女。　姣：音交，謂容貌美麗，體態健美。

〔四〕生：傳統戲曲角色行當，扮演男性人物。後根據所扮人物年齡、身分的不同，分爲老生、小生、武生等。　旦：戲曲中扮演女性的角色。女主角稱正旦，又有副旦、貼旦、外旦、小旦、大旦、老旦、花旦、色旦、搽旦等名目。

〔五〕妮：同“昵”，親近，親昵。

〔六〕濶達：猶豁達。氣量大，性格開朗。

閨房吸烟

《無所用心齋瑣語》云：蘇城風俗，婦女每耽安逸，搢紳之家尤甚，日高春猶有酣寢未起者〔一〕。簪花理髮，舉動需人。粧畢向午，始出閨房，吸烟草數筒，便銷晷刻〔二〕。鈕琇《觚賸》云：近日桐城方爾止有《京師竹枝詞》云：清晨旅舍降嬋娟，便脱紅裘上炕眠。傍晚起來無箇事，一回小曲一筒烟。亦可笑也〔三〕。

【注釋】

〔一〕蘇城：蘇州。　搢紳：搢：音晉，插。《儀禮·鄉射禮》："三耦皆執弓，搢三而挾一个。"鄭玄注："搢，插也。插於帶右。"紳，古代仕宦者和儒者圍於腰際的大帶。插笏於紳，後用爲官宦或儒者的代稱。

〔二〕晷刻：日晷與刻漏，古代的計時儀器。此處指時刻、時間。

〔三〕方爾止（1612—1669）：方文，字爾止，號嵞山，桐城人。明末諸生，入清不仕，與復社、幾社中人交遊，以氣節自勵。著有《嵞山集》。　嬋娟：指美人。　無箇：箇：語助詞。猶没有。

鴉片之美

《梦厂雜著》云：鴉片烟出外洋諸國，色黑而潤，凡遊粵者無不領其旨趣。友人姚春圃嘗爲余道鴉片之美，謂：其氣芬芳，其味清甜。值悶雨沉沉或愁懷渺渺，矮榻短檠，對臥遞吹，始則精神焕發、頭目清利，繼之胸膈頓開、興致倍佳，久之骨節欲酥、雙眸倦豁。維時拂枕高臥，萬念俱無，但覺梦境迷離、神魂駘宕，真極樂世界也〔一〕。余笑曰：其然〔二〕，豈其然乎？

【注釋】

〔一〕駘宕：駘：音帶。同“駘蕩”，無所局限、拘束。極樂世界：佛經中指阿彌陀佛所居住的國土，俗稱西天。佛教徒認爲居住在這裏，就可獲得一切歡樂，擺脱人間一切苦惱。《阿彌陀經》：“從是西方，過十萬億佛土，有世界名曰極樂。……其國衆生，無有衆苦，但受諸樂，故名極樂。”亦泛指幸福美好的境界。

〔二〕其然：猶言如此。

吃　烟　救　生

海上[一]張靈蒨曾語人曰：人不可以不吃烟，烟乃救生之具也。人問其故，曰：吾昔遊客館，愛一庭石，玲瓏聳秀，盤桓不忍去[二]。聞室中喚吃烟，纔走及階，孤峯倏[三]倒。苟非是，則渺身爲虀粉[四]矣。然此言戲耳。吾邑廟中一灌園叟，登樓失足，適口銜烟管，被貫其喉，此嗜烟所致也。蓋幸與不幸，亦有數存乎其間。

【注釋】

〔一〕海上：指上海，猶言滬上。

〔二〕聳秀：高聳秀麗。　盤桓：徘徊，逗留。

〔三〕倏：同“儵”，犬疾行貌。引申爲疾速，忽然。

〔四〕虀粉：粉末，碎屑。常用以喻粉身碎骨。

烟　毒

施閏章《矩齋雜記》云：一友酷嗜烟，日凡百餘吸，已得奇疾[一]。頭大如斗，牙齦潰膿升許，穢聞[二]列屋，死而復甦。又山陰張荀仲淑自言犯血下[三]，禁烟而止，後偶犯則血劇。

南鄉孟氏家蓄蜜，傍有種烟草者，蜜採其花，皆立死，蜜爲之壞。以是知烟之爲毒，不可向邇[四]。

【注釋】

〔一〕施閏章（1618—1683）：字尚白，號愚山，晚號矩齋，宣城人。順治六年（1649）進士，由刑部主事官湖西道。康熙十八年（1679）舉博學鴻儒，授侍講，轉侍讀。著有《施愚山先生全集》。　奇疾：猶怪病。

〔二〕穢聞：汙濁的味道。

〔三〕血下：糞便中帶血或無糞便而只排出血液。

〔四〕邇：接近。

鴉片殺人

鴉片烟投入酒中，飲之能殺人。《潮嘉風月》云：昔黄司馬[一]署梅州，有家人張和者，與一妓交最密。張後落魄，妓遭假母摧折[二]。妓謂張曰：不如仰藥[三]同死，結夫婦于九泉，不猶愈于生乎？張慨然許諾。妓拔釵付張，質錢沽酒，投鴉片于中，兩人對酌，各醺醉，抱持而臥[四]。迨母驚覺，多方灌救，妓蘇而張無及矣。

【注釋】

〔一〕司馬：後世稱府同知曰司馬。

〔二〕假母：指鴇（音保）母。　摧折：摧殘、折磨。

〔三〕仰藥：服毒藥。

〔四〕質錢：猶典錢。　醺醉：沉醉。

烟　牀

繆艮云：周謙三參軍友良淡於仕進，高臥丘園〔一〕。書室中製爲烟牀，左圖右書，風雨不出，致足樂也。曾著《烟牀賦》，其畧云：蟲飛聽處，何妨同夢終朝；鴉片吹時，疑是有情眷屬。牀仿紗幮〔二〕之式，聊以自娱；烟宜瘴癘之鄉，未能免俗。又云：一呼一吸，朝朝香霧空濛〔三〕；三起三眠，夜夜豪情疏縱〔四〕。觀此賦，可以想其幽致〔五〕。

【注釋】

〔一〕參軍：官名。東漢末始有“參某某軍事”的名義，謂參謀軍事，簡稱“參軍”。晉以後軍府和王國始置爲官員。沿至隋唐，兼爲郡官。明清稱經略爲參軍。丘園：原作“邱園”，避孔丘諱，今回改。家園，鄉村。

〔二〕紗幮：亦作“紗廚”。紗帳，室内張施用以隔層或避蚊。

〔三〕空濛：亦作“空蒙”，迷茫貌，縹緲貌。

〔四〕疏縱：放達，不受拘束。

〔五〕幽致：猶幽趣。

洋烟百詠

程香輪倬桂，廣寧名諸生[一]，工詩文，尤精於楷書。乃轡不得志，困守衡門[二]。性嗜烟，既而悔之，因作《洋烟百詠》。一寓欣羡，一寓勸懲，似欲現身説法者。句云：老子臥游興不淺，先生眠食樂何如。雲烟自繞傳香枕，燈火長懸不夜城。合眼恍親行雨[三]夢，典衣猶買返魂香。管引白雲歸臥榻，風吹花氣上衣寢。煙霞以外無他樂，牀笫之間老此生。不覺漸成長命債，豈知早授一燈傳[四]。胡爲[五]賢者亦樂此，翻怪鄉人皆好之。玉質鍊成黧面目，冰心染就黑肝腸[六]。金錢浪費知無益，煙火緣深拆不開。不過煙雲供眼底，何曾渣滓在胸中。早知雞肋[七]抛難得，誰肯猪肝累最多。明明繡榻生埋玉，隱隱寒燈送蓋棺[八]。詩皆吐屬雋永，能令讀者神移。王兆麟曾序《洋烟》詩，兼序香輪之嗜學嗜書，而烟之爲得爲失，亦復了然心目間。

【注釋】

〔一〕諸生：明清兩代稱已入學的生員。

〔二〕衡門：横木爲門，指簡陋的房屋。

〔三〕行雨：《文選·宋玉〈高唐賦序〉》："玉曰：昔者先王嘗遊高唐，怠而晝寢，夢見一婦人，曰：'妾巫山之女也，爲高唐之客。聞君遊高唐，願薦枕席。'王因幸之。去而辭曰：'妾在巫山之陽，高山之阻。旦爲朝雲，暮爲行雨；朝朝暮暮，陽臺之下。'"李善注："朝雲行雨，神女之美也。"因以"行雨"比喻美女。

〔四〕燈傳：即傳燈。指佛像前或人將死時腳後的長明燈。

〔五〕胡爲：何爲，爲什麼。

〔六〕玉質：形容姿貌肌膚之美。 黧：音離，色黑而黄。亦指使變黄黑色。 冰心：純浄高潔的心。

〔七〕雞肋：比喻無多大意味、但又不忍捨棄之事物。《三國志·魏志·武帝紀》"備因險拒守"裴松之注引晉司馬彪《九州春秋》："時王欲還，出令曰'雞肋'，官屬不知所謂。主簿楊脩便自嚴裝，人驚問脩：'何以知之?'脩曰：'夫雞肋，棄之如可惜，食之無所得，以比漢中，知王欲還也。'"

〔八〕埋玉：埋葬有才華的人。 蓋棺：指身故。

長烟筒詩

《秋坪新語》云：静海吕惟精妻某氏風雅，善吟詠。吾邑葉敬亭進士與吕交最善，頻聞誦其細君所作《戲咏長烟筒詩》一絶，云：者箇長烟袋，妝臺放不開〔一〕。伸時窗紙破，鈎進月光來。風趣盎然。

【注釋】

〔一〕細君：古稱諸侯之妻，後爲妻的通稱。　者箇：這個。

題鍾進士吃煙像贊

張榮《戲題鍾馗吃煙像贊》云：爾面何黑，遂使世人看不得；爾性何暴，遂使小鬼見之俱嚇倒。手持寶劒面向天，鬱鬱不得徒自憐。足高起舞誰與語，欲捉小鬼口流涎。勸君暫息雷霆怒，不如拋劒且吃煙。吃煙自有真妙處，宛若雲霧散布，一望總茫然。君聽我語弗多言，請進後門學要錢。閉門莫管門外事，任他鬼輩相周旋。不聽我言徒自苦，空令怒髮衝華顛〔一〕。況乎天下之鬼頭鬼腦者甚多，煩公之劒者不知其幾萬幾千。

【注釋】

〔一〕華顛：白頭。

紫竹[一]烟竿詩

黃定文仲友云：淡巴菰，清韻在茶香、酒味之間，而以晚出，賦者絶少。至菸具，如菸竿、菸帘、菸壺之比[二]。類及之，當此不下《茶録》[三]。世無蔡君謨，不能爲渠家一新譜牒[四]也。余京居，得紫竹一竿，以炷[五]菸，色香味俱勝絶，因賦詩一章：風味青於中聖賢，篆香細入紫雲鞭[六]。醉籠篔[七]谷千尋影，閒吸湘江萬里煙。冷焰[八]微通霜後節，死灰舊爲歲寒然。相思喚起空山夢，一縷白雲留遠天。

【注釋】

〔一〕紫竹：竹的一種，亦名黑竹。莖成長後爲紫黑色，故稱。可制笙、竽、簫、管、手杖、几架等。

〔二〕比：類。

〔三〕《茶録》：宋蔡襄（1012—1067）作。蔡襄，字君謨，福建仙遊人。蔡氏有感于唐陸羽《茶經》“不第建安之品”而特地向皇帝推薦北苑貢茶之作，計上下兩篇。上篇論茶，分色、香、味、藏茶、炙茶、碾茶、羅茶、候茶、熁盞、點茶十目，主要論述茶湯品質和烹飲方法。下篇論器，分茶焙、茶籠、砧椎、茶鈐、茶碾、茶羅、茶盞、茶匙、湯瓶九目。是繼陸羽《茶經》之後最有影響的論著。

〔四〕譜牒：亦作“譜諜”。記述氏族或宗族世系的書籍。

〔五〕炷：點，燒。

〔六〕中聖賢：語本《三國志·魏志·徐邈傳》：“時科禁酒，而邈私飲至於沉醉。校事趙達問以曹事，邈曰：‘中聖人。’達白之太祖，太祖甚怒。度遼將軍鮮于輔進曰：‘平日醉客謂酒清者爲聖人，濁者爲賢人，邈性修慎，偶醉言耳。’竟坐得免刑。”此處指醉酒。篆香：猶盤香。

〔七〕篔：音雲，篔簹，一種皮薄、節長而竿高的竹子。

〔八〕冷焰：將要熄滅的火焰。

烟畢詩成

雷琳[一]《漁磯漫鈔》云：松郡有韓曉童者，詩最速。客試之，甫喫烟，限烟畢詩成。請題，客指橘燈，應聲而就。時尚黄烟，一二吸可盡，洵七步[二]才也。李調元《雨村詩話》云：若時下繡袋銀筩，飽納黑烟，半時未灰者，可成《琵琶行》、《連昌宫辭》矣[三]。

余幼時在家塾[四]中偶戲喫烟，潘訒齋師輒呵止之。一日又飲，師即以食烟爲題，命賦之。時余讀唐人詩，因集成四絶句云：異國名香滿袖熏章孝標，温馨飄出麝臍薰皮日休[五]。終須買取名春草劉禹錫，撩亂芳情最是君元稹[六]。烟分頂上三層緑崔珏，心有靈犀一點通李商隱[七]。幾度篝燈相對處牟融，醉吟偏稱紫荷筒陸龜蒙[八]。有客新從絶塞回馬戴，换他竹葉十旬盃劉禹錫[九]。相思莫救燒心火釋齊己，一寸相思一寸灰李商隱[一〇]。緑靡蕪影又分將姚合，却有餘薰在繡囊陸龜蒙[一一]。從此不知蘭麝貴裴思謙，暖風吹過一團香花蕊夫人[一二]。今録曉童事，故附記之。

【注釋】

〔一〕雷琳：字曉峰，華亭人。乾隆四十五年（1780）舉人，由四庫館謄録選授河南扶溝縣知縣。著有《經餘必讀》、《漁磯漫鈔》、《賦鈔箋略》、《西行紀事》。

〔二〕七步：相傳三國魏曹植七步成詩，後常以“七步”形容才思敏捷。

〔三〕時：計時單位，時辰，一晝夜的十二分之一。《琵琶行》：唐白居易（772—846）所作，凡六百一十六言。詩中敘寫長安琵琶女卓越的演奏技藝和不幸身世，詩人聯繫自己的不幸遭遇，對琵琶女表示了深切的同情。《連昌宮辭》：唐元稹（779—831）所作，計七百二十字。詩中通過宮中老人回顧安史之亂前唐玄宗與楊貴妃以及貴族們驕奢淫逸的生活，訴説安史亂後連昌宮廢棄的荒涼景象，指出國家興衰的原因，希望改善現實政治，消弭兵禍。

〔四〕家塾：《禮記·學記》：“古之教者，家有塾，黨有庠，術有序，國有學。”相傳周代以二十五家一閭，閭有巷，巷首門邊設家塾，用以教授居民子弟。後指聘請教師來家教授自己子弟的私塾，有的兼收親友子弟。

〔五〕章孝標（791—873）：唐代詩人，字道正，八元之子。是句輯自《少年行》。　温馨：馨：香氣。温暖馨香。　麝臍：雄麝的臍，麝香腺所在。借指麝香。皮日休（834？—884？）：字逸少，後字襲美，襄陽人。早年隱居鹿門山，自號鹿門子、醉吟先生，著有

《皮子文藪》、《皮氏鹿門家抄》等。與陸龜蒙齊名，世稱“皮陸”。是句輯自《奉和魯望玩金鸂鶒戲贈》。

〔六〕劉禹錫（772—842）：字夢得，舊稱中山或彭城人，皆就郡望而言，實爲洛陽人。開成元年（836）秋，爲太子賓客分司東都，世稱“劉賓客”，著有《劉夢得文集》。是句輯自《寄贈小樊》。　芳情：美好的情懷。　元稹（779—831）：字微之，别字威明，洛陽人，北魏鮮卑族拓跋部後裔，著有《元氏長慶集》。其詩與白居易齊名，並稱“元白”。是句輯自《早春尋李校書》。

〔七〕崔珏：字夢之，嘗寄家荆州，登大中（847—860）進士第，由幕府拜秘書郎，爲淇縣令，有惠政，官至侍御。是句輯自《有贈》。　靈犀：舊説犀角中有白紋如線直通兩頭，感應靈敏，因用以比喻兩心相通。李商隱（812—858）：字義山，號玉溪生，祖籍懷州河內，祖父起遷居鄭州，開成二年（837）登進士第，著有《李義山詩集》、《樊南文集》。其詩與杜牧齊名，世稱“小李杜”，又與温庭筠並稱“温李”。是句輯自《無題》。

〔八〕篝燈：謂置燈於籠中。案，《全唐詩》作“篝簾”。　牟融：唐貞元元和間（785—820）人，有贈歐陽詹、張籍、韓翃諸人詩。是句輯自《过蠡湖》。　陸龜蒙（？—881）：字魯望，别號天隨子、江湖散人、甫里先生，吴江人。曾任湖州、蘇州刺史幕僚，後隱居松江甫里，著有《甫里集》等。是句輯自《以竹夾膝寄贈襲美》。

〔九〕絶塞：極遠的邊塞地區。　馬戴（799—869）：字虞臣，定州曲陽人。是句輯自《送友人游邊》。　十旬：酒名，亦代指酒。《文選·張衡〈南都賦〉》："酒則九醞甘醴，十旬兼清。"李善注："十旬，蓋清酒百日而成也。"是句輯自《和樂天以鏡換酒》。

〔一〇〕燒心：謂強烈地刺激人的精神。《法苑珠林》卷八："良由三毒猛火燒心，熾然不絶，故受斯苦。"　釋齊己：釋：釋迦牟尼的簡稱，亦泛指佛教或僧人。齊己（863—937）：俗名胡德生，晚年自號衡嶽沙門，湖南長沙人，晚唐詩僧。是句輯自《荆州寄貫微上人》。　一寸相思一寸灰：烟草又名相思草，故"一寸相思一寸灰"，語帶雙關。是句輯自《無題》。

〔一一〕蘼蕪：草名，芎藭的苗，葉有香氣。　姚合（779？—846?）：字大凝，祖籍吴興，陜州人，元和十一年（816）進士，著有《姚少監詩集》，另編有《極玄集》。與賈島友善，詩亦相近，世稱"姚賈"。是句輯自《欲别》。　餘薰：猶餘香。是句輯自《鄴宫詞》。

〔一二〕裴思謙：字自牧，開成三年（838）狀元及第。是句輯自《及第後宿平康里》。　花蕊夫人：姓徐，一説姓費，青城人。幼能文，尤長於宫詞，得幸蜀主孟昶，賜號花蕊夫人。是句輯自《宫詞》。

匡　烟

匡子駕小艇游湖上，以賣水烟爲生，有奇技。每自吸十數口不吐，移時冉冉[一]如線，漸引漸出，色純白，盤旋空際；復茸茸如髻[二]，色轉緑，微如遠山；風來勢變，隱隱如神仙、雞犬狀，鬚眉、衣服、皮革、羽毛，無不畢現；久之色深黑，作山雨欲來狀，忽然風生烟散。時人謂之匡烟，遂自榜其船曰烟艇。事載李艾塘[三]《揚州畫舫録》。

【注釋】

〔一〕冉冉：漸進貌，形容事物慢慢變化或移動。

〔二〕茸茸：柔細濃密貌。　髻：在頭頂或腦後盤成各種形狀的髮髻，喻指山峰。

〔三〕李艾塘：李斗（1750—1816），字北有，號艾塘，儀徵人。諸生。著有《永報堂集》，內含《揚州畫舫録》。

烟戲

余嘗讀《晉書·夏統傳》：女巫吞刀吐火，雲霧杳冥[一]。又《葛仙公傳》：與客談時，天寒，仙公因吐氣，火赫然從口中出[二]。《拾遺記》：扶婁之國，其人能吐雲噴火，此殆眩人幻術耳，未有如今之烟火之戲者[三]。張潮《虞初新志》云：皖城石天外曾爲余言：有某大僚[四]薦一人于某有司，數日未獻一技。忽一日辭去，主人餞[五]之。此人曰：某有薄技，願獻于公。悉召幕中客共觀之，可乎？主人始驚愕，隨衆賓客至，詢客何技。客曰：吾善喫烟。衆大笑，因詢：能喫幾何？曰：多多益善。于是置烟一觔，客吸之盡。初無所吐，衆已奇之矣。又問：仍可益[六]乎？曰：可。又益以烟若干，客又吸之盡：請衆客觀吾技。徐徐自口中噴前所吸烟，或爲山水樓閣，或爲人物，或爲花木禽獸，如蜃樓海市[七]，莫可名狀。衆客咸以爲得未曾有[八]，勸主人厚贈之。

董潮《東皐雜鈔》云：粤中一士，遊某公門，自詡其技曰善嗜烟，因請試之。先净埽一室，集諸公于中，四圍窗户俱緘封完密[九]。用好建烟二觔，食之至盡，烟氣不吐。食畢，然後隨口噴之，成雲鶴、仙神、龍鳳等像，不知何術也。又《夜航船》云：錢香吏客揚州鹽運使幕中，會有江寧府某公遣送善戲法者詣署[一〇]。因問：客何戲法？曰：小人無法，衹會吃烟。曰：請試之。吃烟者於青布袋中取出烟筒頭，狀類熨斗，大小如之。又取出梗子[一一]，狀類扛棒，長短如之。以頭套梗，索高黄烟四五斤，裝實頭内，燃火狂呼：急請垂簾墐户[一二]。客皆從，對照[一三]隔簾觀之。見雲氣滃然，奇態層出，樓臺城郭，人物橋梁，隱然蓬萊海市也[一四]；琪花瑶草，異獸珍禽，宛然蕊珠閬苑也[一五]；魚龍鮫鰐，噴濤噀霧，恍然重洋絶島也[一六]。俄而炮焰怒發，千軍萬馬砍陣而至，玉山銀海，顛倒迷離，座客大駭[一七]。主人喝住，始徐徐收縮拍熸，幾許而歇，眾爲之粲然。

【注釋】

〔一〕女巫：古代以歌舞迎神、掌占卜祈禱的女官，後指以裝神弄鬼，搞迷信活動爲職業的女人。　杳冥：謂奥秘莫測。

〔二〕吐氣：散發元氣。《淮南子·天文訓》："天道曰圓，地道曰方，方者主幽，圓者主明。明者，吐氣者也，是故火曰外景；幽者，含氣者也，是故水曰内景。"赫然：醒目貌。

〔三〕扶婁：神話傳説中的國名。晉王嘉《拾遺記·周》："南陲之南，有扶婁之國。其人善能機巧變化……或化爲犀、象、師子、龍、蛇、犬、馬之狀。或變爲虎、兕，口中生人，備百戲之樂，宛轉屈曲於指掌間。人形或長數分，或復數寸，神怪欻忽，衒麗於時。樂府皆傳此伎。至末代猶學焉，得粗亡精，代代不絶，故俗謂之婆候伎。則'扶婁'之音，訛替至今。"　眩人：眩：音幻。魔術師。《漢書·張騫傳》："而大宛諸國發使隨漢使來……以大鳥卵及犛靬眩人獻於漢。"顔師古注："眩，讀與幻同。即今吞刀、吐火、植瓜、種樹、屠人、截馬之術皆是也。"　幻術：方士、術士用來眩惑人的法術，此處指魔術。

〔四〕大僚：大官職，此處指大官。

〔五〕餞：設酒食送行，古代一種禮儀。

〔六〕益：增加。

〔七〕蜃樓海市：即海市蜃樓。光線經過不同密度的空氣層，發生顯著折射或全反射時，把遠處景物顯示在空中或地面而形成的各種奇異景象，常發生在海上或沙漠地區。古人誤認爲蜃吐氣而成，故稱。語本《史記·天官書》："海旁蜄（蜃）氣象樓臺；廣野氣成宫闕然。雲氣各象其山川人民所聚積。"

〔八〕得未曾有：謂前所未有，今始得之。

〔九〕埽：同"掃"。　緘封：封閉，封口。　完密：周密。

〔一〇〕客：門客，寄食于貴族豪門的人。此處作動詞。　鹽運使："都轉鹽運使司鹽運使"的簡稱，爲主要産鹽區主管鹽務之官。　詣：晉謁，造訪。

〔一一〕梗子：植物的枝或莖，此處指烟筒桿。

〔一二〕墐户：墐：音晉。塗塞門窗孔隙。《詩·豳風·七月》："穹窒熏鼠，塞向墐户。"孔穎達疏："墐户，明是用泥塗之，故以墐爲塗也。"

〔一三〕對照：相對，照面。

〔一四〕滃然：滃：音嗡。雲氣騰湧、煙霧瀰漫貌。隱然：隱約，彷彿。　蓬萊：蓬萊山，古代傳説中的神山名，常泛指仙境。

〔一五〕琪花：仙境中玉樹之花。　瑶草：傳説中的香草。漢東方朔《與友人書》："相期拾瑶草，吞日月之光華，共輕舉耳。"後泛指珍美的草。　蕊珠：即蕊珠宫，道教經典中所説的仙宫。　閬苑：閬風之苑，傳説中仙人的住處。

〔一六〕鮫：音交，海中鯊魚。　噀：音訊，含在口中而噴出。

〔一七〕砍陣：襲擊陣營。　玉山銀海：形容千軍萬馬席捲而來的場面。　顛倒：形容因愛慕、敬佩而入迷。　大駭：十分驚詫。

烟 兒 炮

吴長元《宸垣識畧》：魏之琇詠物詩《烟兒炮》云：巴菰嘘吸氣如蘭，驀地輕雷隔指彈。烟滅灰飛供一笑，休將戲事等閒看。

烟筒喇叭

《燕蘭小譜》云：楊四兒嘗演《吉星臺》，作髽髻[一]妝，吸淡巴菰，頗饒姿趣。今有伶人[二]吹烟筒以爲戲者。《笥隱閑談》云：家君性豪邁，四方遊客挾薄技造門者無虚日[三]。一人自言能吹烟筒喇叭，令試之。盤跚而入，云係徽[四]伶，以演劇傷足，改習此戲。出其筒，長三尺餘，纖上豐下，兩頭皆鑲紫銅。吸烟竟，拍去其燼，乃徐徐吹之。初如雁唳聲，繼如鸞嘯[五]聲，最後如牛鳴聲，咿咿啞啞，較樂工所用，尤覺動聽。易以他筒，則弗能爲矣。其法中欲空，根欲粗，上竅宜小，下竅宜大，雖名烟筒，實一竹喇叭耳。

【注釋】

〔一〕髮鬌：音我躲，亦作“鬌鬌”，頭髮美好貌。

〔二〕伶人：古代樂人之稱，舊時亦用以稱演員。

〔三〕造門：上門。　虛日：間斷的日子。

〔四〕徽：徽州的省稱。

〔五〕鸞嘯：鸞：鸞鳥，傳説中鳳凰一類的鳥。嘯：鳥獸長聲鳴叫。鸞鳥的長鳴。又，《晉書·阮籍傳》：“籍嘗於蘇門山遇孫登，與商略終古及棲神導氣之術，登皆不應，籍因長嘯而退。至半嶺，聞有聲若鸞鳳之音，響乎巖谷，乃登之嘯也。”後遂以“鸞嘯”爲胸懷志趣更高的典故。

烟酒較勝負

《明齋續志》云：予性愛烟，烟管不離手，輒以量自詡。時顧竹村咸謂其酒興豪。一日，集友人齋。予謂顧曰：人皆以烟酒稱我兩人，未知雌雄誰決，今試一角之〔一〕。自此刻始，君以酒，我以烟，盃不得停，火不得熄，徐徐畏縮者謂負。顧曰：諾。遂一吸一酌，自午達酉，顧徑陶然醉矣，而予猶言笑自若〔二〕。

【注釋】

〔一〕雌雄：比喻勝負、強弱、高下。　決：較量，決定勝負。　角：音決，較量，競爭。

〔二〕自午達酉：午：十二時辰之一，十一時至十三時爲午時。午時日正中，因亦稱日中爲午。酉：十二時辰之一，即十七時至十九時。從午時到酉時。　徑：即，就。　陶然：醉樂貌。

烟管決休咎[一]

紀昀《槐西雜志》云：甘肅李參將，名璇，精康節觀梅之術[二]。其占[三]人終身，則使隨手拈一物，或同拈一物，而所斷又不同。至京師時，一翰林拈烟筒，曰：貯火而其烟呼吸通於內，公非冷局官也[四]。然位不甚通顯，尚待人吹噓也[五]。問：歷官[六]當幾年？曰：公毋怪直言。火本無多，一熄則爲灰燼，熱不久也。問：壽幾何？摇首曰：銅器原可經久，然未見百年烟筒也。其人愠[七]去。後歲餘，竟如所言。又一郎官[八]同在座，亦拈此烟筒，觀其復何所云。曰：烟筒火已息，公必冷官也。已置於牀，是曾經停頓也。然再拈於手，是又遇攜後起矣。將來尚有熱時，但熱後又占，與前同耳。袁枚《新齊諧》云：甘肅參將李璇，自稱李半仙，能視人一物，便知休咎。雲南同知[九]某來占卜，取烟管問之。曰：管有三截，鑲合而成，居官亦三起三倒。又曰：君此後亦須改過，蓋烟管最勢利之物，用得着渾身火熱，用不着頃刻冰冷。其人乃慚沮而去。

《柳崖外編》又作：陝西都司[一〇]李坌云：有一大老，事在危急，遣人問之。手持烟袋斷之，曰：兩頭皆金，中爲木，重重受尅，危極矣。其人曰：性命憂乎？曰：無妨。中喜通氣，須轉彎，天明日出無事矣。曰：何故？曰：日屬大火，灼則通達無礙也。抵曉，果如其言。

【注釋】

〔一〕休咎：吉凶，善惡。

〔二〕參將：武官名。明置，位次於總兵、副總兵。清因之，位次於副將。凡參將之爲提督及巡撫統理營務的，稱提標中軍參將、撫標中軍參將。　康節：即邵雍（1011—1077）。雍字堯夫，自號安樂先生、伊川翁。先世范陽人，幼隨父遷共城。仁宗嘉祐及神宗熙寧中，先後被召授官，皆不赴。著有《皇極經世》、《觀物內外篇》、《先天圖》、《漁樵問對》、《伊川擊壤集》等。宋哲宗元祐中賜謚康節。　觀梅：古占法，指宋代邵雍所作的梅花數。其法任取一字劃數，以八減之，餘數得卦；再取一字，以六減之，餘數得爻，然後依《易》理，附會人事，以斷吉凶。

〔三〕占：音瞻，用龜甲、蓍草占卜，預測吉凶。《易·繫辭上》："以制器者尚其象，以卜筮者尚其占。"後泛指用各種方式占卜吉凶。

〔四〕翰林：官名，指清代翰林院屬官，如侍讀學士、侍講學士、侍讀、侍講、修撰、編修、檢討等。　冷局：冷落的衙門。

〔五〕通顯：謂官位高、名聲大。　吹嘘：比喻獎掖，汲引。《宋書·沈攸之傳》："卵翼吹嘘，得升官秩。"

〔六〕歷官：先後連任官職。

〔七〕慍：音運，含怒。

〔八〕郎官：謂侍郎、郎中等職。

〔九〕同知：官名，稱副職。宋代中央有同知閤門事、同知樞密院事，府州軍亦有同知府事、同知州軍事。元明因之。清代唯府州及鹽運使置同知，府同知即以同知爲官稱，州同知稱州同，鹽同知稱鹽同。

〔一〇〕都司：官名，都指揮使司的簡稱。明代首設，位階約爲今中級軍官。清代因之，一般爲緑營武官，正四品，位於參將、遊擊之下，守備之上，任協將或副將。

烟筒禦盗

余少時遇一異鄉人，手持烟管，以鐵爲之。其頭大於盃，裝烟盈把，吸之，一二刻〔一〕始盡。云：有不測，即可以禦侮〔二〕。紀昀《如是我聞》云：醫者胡宫山，或曰本姓金，實吴三桂之間諜。三桂敗，乃變易姓名。年八十餘，輕捷如猿猱，技擊絶倫〔三〕。嘗舟行，夜遇盗，手無寸刃，惟倒持一烟筒。揮霍如風，七八人竝刺中鼻孔而仆〔四〕。

【注釋】

〔一〕刻：計時單位。古代以漏壺計時，一晝夜分爲百刻。漢哀帝建平二年分晝夜爲百二十刻。梁武帝天監年間，以八刻爲一辰，晝夜十二辰共得九十六刻。《漢書·哀帝紀》："漏刻以百二十爲度。"顔師古注："舊漏晝夜共百刻，今增其二十。"宋趙與時《賓退録》卷一："至梁武帝天監六年，始以晝夜百刻布之十二辰，每時八刻，仍有餘分。故今世歷家，百刻舉成數爾，實九十六刻也。"清代始有以鐘錶計時，十五分鐘爲一刻，四刻爲一小時。

〔二〕禦侮：謂抵禦外侮。

〔三〕猿猱：猱：音撓，猿類，身體便捷，善攀援。泛指猿猴。　技擊：戰鬭的技巧；搏鬭的武藝。

〔四〕揮霍：迅疾貌。　竝："並"的古字，皆是，都是。　仆：音撲，向前跌倒，泛指倒下。

火 神 吃 烟

《夢厂雜著》云：丁亥二月，紹郡大火，武林尤甚〔一〕。火起時，人見赤面朱髯者往來屋上，若指麾狀〔二〕。一日，夜分〔三〕人静，有潛窺者，見赤面人鎚石取火，出烟管吸之。烏有回禄神嗜淡巴菇者，羣起執之〔四〕。蓋無藉亡命，假此劫人財物，一訊而服〔五〕。

【注釋】

〔一〕紹郡：即紹興。　武林：舊時杭州的别稱，以武林山得名。

〔二〕髯：頰毛，亦泛指鬍鬚。　指麾：即“指揮”，發令調遣。

〔三〕夜分：夜半。

〔四〕烏：疑問副詞，何，哪里。　回禄神：即回禄神君，火神。　執：拘捕。

〔五〕無藉：無所顧忌。　訊：審問。　服：招認。《後漢書·班超傳》：“侍胡惶恐，具服其狀。”

鬼嗜烟

《夜潭隨録》云：京都花户子譚九，探親于烟郊[一]。策衛出門，日已向夕[二]。道遇一媪，跨白蜀[三]馬，左右相追隨。問：小郎何往？譚以所之告。媪曰：此去烟郊尚數十里，茆舍[四]在邇，盍留一宿以行？譚因隨至媪家。室中空無所有，唯篝燈懸壁，一少婦臥炕頭哺兒。譚相與坐談：敢問邦族[五]？媪曰：身本鳳陽侯氏，因歲凶再醮此間村民郝氏，近三十年，今成翁矣[六]。翁以衰耄，傭于野肆，爲人提壺滌器[七]。小郎明日當過其處，見雞皮白髭[八]、耳後有瘤者即是也。譚坐久頗倦，又不便偃息[九]，乃出具就燈吸烟。婦頻睃[一〇]，有欲烟之色。媪察知其意，曰：媳婦垂涎喫烟矣，小郎肯見賜否？譚以烟囊付之。媪曰：近以窘迫，不有此物已半年矣，那得有烟具？譚乃並具奉之。婦吸之甚適，眉顰頓舒。媪視之，點首曰：老身在世六十餘年，不識此味，不解嗜痂者，何故好之如此？譚曰：亦自不解，第[一一]不會則已，學會輒一刻不能離，尚可食無飯，不可吸無烟也。媪大笑，譚曰：娘子嗜此，予遲日當市具與烟來，作野人芹敬〔一二〕。媪頷之。時約畧四更〔一三〕，月西斜矣，因各就枕。既而夢回，則身臥松栢間。回視，茆舍烏有，媪與婦並失所在。急捉驢乘之，天已向曙〔一四〕。抵烟郊，事畢，復遵故道，小憩旗亭〔一五〕。有滌器老人，酷肖侯媪所述，詢之，果郝四也。告以前夜所遇，郝泫然曰：據郎所見，真先妻與亡媳並殀孫也，詎意尚聚首于地下哉〔一六〕？譚感嘆久之。歸後，不欲食言于鬼，亟備紙烟具二枚、烟一封，重至其墓，祝而焚之。

《六合內外瑣言》宛鄉先生云：滇中采礦人，夜半運錐，往往有人手出腰際，若有所索者，以烟授之而去，峒民〔一七〕呼爲乾雞子。《續新齊諧記》云：凡開礦人遇乾麂子，麂子喜甚，向人説冷，求烟吃。與之烟，噓吸立盡。

【注釋】

〔一〕京都：京師，國都。　花户子：以賣花爲業的人家。　烟郊：月色朦朧或煙霧彌漫的郊野。

〔二〕策衛：策：用鞭棒驅趕騾馬役畜等，引申爲駕馭。衛：驢的别名。《爾雅翼·釋獸》："（驢）一名爲衛。或曰，晉衛玠好乘之，故以爲名。"即騎驢。　向夕：傍晚，薄暮。

〔三〕白蜀：據《夜潭隨録》，當作"白顛"。額有白毛。《詩·秦風·車鄰》："有車鄰鄰，有馬白顛。"孔穎達疏："額有白毛，今之戴星馬也。"

〔四〕茆舍：茆：同"茅"。茅屋。宋辛棄疾《念奴嬌·西湖和人韻》詞："茆舍疎籬今在否，松竹已非疇昔。"又用以謙稱自己的住宅。

〔五〕邦族：籍貫姓氏。

〔六〕身：代詞，第一人稱，相當於"我"。　再醮：醮：音叫，古代行婚禮時，父母給子女酌酒的儀式稱"醮"。因稱男子再娶或女子再嫁爲"再醮"。元代以後專指婦女再嫁。

〔七〕衰耄：耄：音貌，古稱大約七十至九十歲的年紀。衰老。　傭：被雇用。　野肆：郊外的店鋪。

〔八〕雞皮：比喻老年人起皺的皮膚。　髭：音茲，嘴唇上邊的鬍子，後泛指鬍鬚。

〔九〕偃息：偃：音眼，仰卧，安卧。睡卧止息。

〔一〇〕睃：音梭，斜視。

〔一一〕第：副詞，但是，表示轉折。

〔一二〕遲日：遲：音質，等待。待後幾天，過幾天。　野人芹敬：野人：泛指村野之人，農夫。芹敬：猶芹獻。《列子·楊朱》："宋國有田夫，……謂其妻曰：'負日之暄，人莫知者，以獻吾君，將有重賞。'里之富室告之曰：'昔人有美戎菽、甘枲莖芹萍子者，對鄉豪稱之。鄉豪取而嘗之，蜇於口，慘於腹，衆哂而怨之，其人大慙。'"三國魏嵇康《與山巨源絶交書》："野人有快炙背而美芹子者，欲獻之至尊，雖有區區之意，亦已疏矣。"本謂農夫以水芹爲美味，欲獻於他人，後喻以微物獻給别人。

〔一三〕四更：指晨一時至三時。

〔一四〕向曙：拂曉。

〔一五〕遵：順著，沿著。《詩·豳風·七月》："女執懿筐，遵彼微行。"朱熹集傳："遵，循也。"　旗亭：酒樓。懸旗爲酒招，故稱。

〔一六〕泫然：泫：音炫，水下滴，指淚水、露水等。流淚貌，亦指流淚。　殀：短命而死。　詎：音巨，副詞，表示反詰，相當於"豈"。

〔一七〕峒民：峒：音洞，舊時對我國西南地區部分少數民族聚居地方的泛稱，如苗族的苗峒、侗族的十峒、壯族的黄峒等，後來逐漸演變爲今侗族。舊時稱西南地區聚居於山區的少數民族爲峒民。

卷四 賦序傳制文戒説啓贊

賦

全　祖　望謝山

今淡巴菰之行遍天下，而莫能攷其自出。以其興之勃也，則亦無故實可稽。姚旅以爲來自吕宋。按，“淡巴”者，原屬吕宋旁近小國名。王圻言其明初曾入貢，有城郭、宫室、市易，君臣有禮。但淡巴之種入上國〔一〕，其始事者亦莫知爲誰。黎士弘曰：“始于日本，傳于漳州之石馬。”石馬屬海澄。然亦不能得其詳。爰作賦以志之，或有博雅君子，補予闕〔二〕焉。

將以解憂則有酒，將以消渴則有茶。鼎足〔三〕者誰？菰材最嘉。酒最早成，茶稍晚出；至于是菰，實始近日。凡百材之所成，必報功于千古。酒户則祖杜康，茶仙則宗陸羽〔四〕。吾欲攷先菰以議禮，蓋茫然未悉其何人。笑文獻之有闕，將氾祭〔五〕其何因。原夫雕菰之始，載在《曲禮》〔六〕。受種爲茭〔七〕，結穗爲米；紫籜爲裹，緑節爲圜[八]；于焉作飯，絶世所希。其在《爾雅》[九]，更名水蔣。蘆中之族，斯稱雄長。是菰實非其種也。或曰是即《説文》之所謂“菸”，抑《廣韻》[一〇]之所謂“蔫”。古嘗志之，今廣其傳。譬之屈騷[一一]之蘭，于今不振；其争芳者，崛起之允。迢迢淡巴，非我域中；僻居荒海，曠世來同[一二]。何其嘉植，不脛而趨[一三]；普天之下，靡往不俱。彼夫河西之焉支，夜郎之邛竹[一四]；當其傾國以相争，良以易地而弗育[一五]。而是菰則五沃之土，隨在而生[一六]；滿篝以穫，有作必成[一七]。不以形化，而以氣融[一八]；不以味饜，而以臭通。當夫始至，尚多所怪；其習嘗者，半在塞外。是以皇皇厲禁，頒自思陵[一九]；市司[二〇]所至，有犯必懲。而且琅琦督相，視爲野葛[二一]；吾鄉錢忠介公最惡之。梁溪明府，指爲旱魃[二二]；見《南北畧》。黄山徵君，明火勿汙[二三]；歙人宗誼事。賞心尚少，知己尚孤。豈知金絲之薰，足供清歡；神效所在，莫如辟寒。若夫蠲煩滌悶，則靈謖之流[二四]；通神導氣，則仙茅其儔[二五]。檳榔消瘴，橄欖祛毒；其用之廣，較菰不足。而且達人畸士，以寫情愫[二六]；翰林墨卿，以資冥助[二七]。于是或采湘君之竹，或資貝子之銅[二八]；各製器而尚象，且盡態以極工。時則吐雲如龍，吐霧如豹；呼吸之間，清空香妙。更有出别裁于舊製，構巧思以獨宣[二九]；詆火攻爲下策，夸鯨吸于共川[三〇]。厥壺以玉，厥匙以金；比之佩鑴[三一]，足慰我心。是以茂苑尚書，雅傳三嗜[三二]；必不得已，去一去二。獨愛是菰，長陪研席〔三三〕；王馬和錢〔三四〕，更增一癖。風流可即，顧物興思；誰修菰祭，以公爲尸〔三五〕。長洲韓慕廬尚書嗜酒及棋，與此而三。或問之以必不得已之説，初云去棋，繼云去酒，時人傳爲佳話。且夫醒可醉，醉可醒，是固酒户之所宜也。飢可飽，飽可飢，是又胃神之所依也。閑可忙，忙可閑，是又日用之所交資也。而或者懼其竭地力、耗土膏，欲長加夫屏絶，遂投畀于不毛〔三六〕。斯非不爲三農〔三七〕之長慮，而無如衆好之難回；觀于“仁草”之稱，而知其行世之未衰也。我聞淡巴，頗稱樂土；寇盜潛踪，威儀楚楚；獨于史傳，紀載闕然；聊憑蓋露，以補殘編。

【注釋】

〔一〕上國：外藩對帝室或朝廷的稱呼。

〔二〕爰：音元，助詞，無義。用在句首或句中，起調節語氣的作用。　志：通“識（誌）”，記載。

〔三〕鼎足：鼎有三足，比喻三方並峙之勢，引申爲匹敵。

〔四〕酒户：唐宋時經官方許可的私營酒坊。這種酒坊，必須向官方買曲，然後自釀自銷。後泛指酒坊。　茶仙：茶神，指唐陸羽，後泛指善於飲茶者。

〔五〕氾祭：氾：音泛，同“汎”。古人祭食之禮，祭品各置其處。如果不按規定分置，而是遠散祭品，即謂“汎祭”。《左傳·襄公二十八年》：“叔孫穆子食慶封，慶封氾祭，穆子不説，使工爲之誦《茅鴟》。”杜預

注：“禮，食有祭，示有所先也。氾祭，遠散所祭，不共。”孔穎達疏：“祭食之禮，各有其處，……故知汎祭爲遠散所祭，言其不共也。”

〔六〕原：推究，考察。　雕菰：同“彫菰”，菰米。宋蔡夢弼《草堂詩話》卷二：“滑憶彫菰飯，香聞錦帶羹。”　《曲禮》：《禮記》篇名，以其委曲説吉、凶、賓、軍、嘉五禮之事，故名《曲禮》。

〔七〕茭：即茭白。蔬菜，菰的花莖經黑穗菌侵入後，刺激其細胞增生而形成的肥大嫩莖，可食用。見明李時珍《本草綱目·草八·菰》。

〔八〕紫籜：籜：音唾，竹筍皮。紫色筍殼。　緑節：菰的别名，俗稱茭白。《西京雜記》卷一：“太液池邊皆是彫胡、紫籜、緑節之類。菰之有米者，長安人謂爲彫胡；葭蘆之未解葉者，謂之紫籜；菰之有首者，謂之緑節。”

〔九〕《爾雅》：書名，我國最早解釋詞義的專著。由秦漢間學者綴輯周漢諸書舊文，遞相增益而成，爲考證詞義和古代名物的重要資料。

〔一〇〕《廣韻》：全稱《大宋重修廣韻》，宋真宗大中祥符元年（1008）由陳彭年、丘雍等奉旨在《切韻》、《唐韻》等前代韻書的基礎上增廣編修而成。

〔一一〕《屈騷》：屈原所作之《離騷》。

〔一二〕來同：猶言來朝。

〔一三〕嘉植：美樹。　不脛而趨：形容事物傳佈迅速，風行一時。

〔一四〕河西：春秋戰國時指今山西、陝西兩省間黄河南段之西。漢唐時指今甘肅、青海兩省黄河以西，即河西走廊與湟水流域。　焉支：亦作“胭脂”。一種紅色的顔料，多用以塗臉頰或嘴唇。　夜郎：漢時我國西南地區古國名。在今貴州省西北部及雲南、四川二省部分地區。　邛竹：竹名，因産於西漢邛都縣（今四川西昌東南）境，故名。

〔一五〕良：副詞，確實。　易地：改變所處的地域。

〔一六〕五沃：沃土，土質肥沃的上等土壤。《管子·地員》：“粟土之次曰五沃。五沃之物，或赤、或青、或黄、或白、或黑。五沃五物，各有異則。五沃之狀，剽忞橐土，蟲易全處，忞剽不白，下乃以澤。”　隨在：猶隨處、隨地。

〔一七〕篝：上大下小而長，可以盛物的竹籠。　作：耕作。　成：成熟，收穫。

〔一八〕形：形體，外在。　化：改變習性。　氣：指人、物的屬性或一地的天然特點。　融：通。

〔一九〕皇皇：莊肅貌。　厲禁：嚴禁，禁令。　思陵：即明思宗朱由檢，年號崇禎（1627—1644）。

〔二〇〕市司：即司市，古代管理市場的官員，又稱市師。

〔二一〕琅琦：即錢肅樂，肅樂曾居琅琦山。事詳卷二“惡烟”條。　督相：督理軍務的統帥。

〔二二〕明府：漢魏以來對郡守牧尹的尊稱，又稱明府君。　旱魃：魃：音拔，神話傳説中的旱神。傳説中引起旱災的怪物。

〔二三〕黄山徵君：徵君：徵士的尊稱，指不接受朝廷徵聘的隱士。黄山徵君即宗誼。誼原籍徽州，故稱。事詳卷三“污吾火”條。　汙：亦作“污”，污垢，髒東西。引申爲玷污、玷辱。事詳卷三“污吾火”條。

〔二四〕蠲：音捐，除去。　諼：通“萱”。《詩·衛風·淇奥》：“有匪君子，終不可諼兮。”毛傳：“諼，忘也。”馬瑞辰通釋：“《説文》：‘藼，令人忘憂之草也。或從煖作蕿，或從宣作萱。’……是知凡《詩》作諼、訓忘者，皆當爲藼及蕿、萱之假借。若諼之本義，自爲詐耳。”萱草。古人以爲萱草可以使人忘憂，故又稱忘憂草。

〔二五〕仙茅：植物名，原生西域，粗細有筋，或如筆管，有節文理。唐開元元年（713）婆羅門僧進此藥，因又名婆羅門參。分佈于我國東南至西南部。根、莖可入藥。　儔：音綢，輩，同類。

〔二六〕畸士：猶畸人，獨行拔俗之人。　寫：傾吐，發抒。

〔二七〕墨卿：文人的别稱。　冥助：謂神佛的佑助。

〔二八〕湘君之竹：即湘妃竹，又名斑竹。《初學記》卷二八引晉張華《博物志》：“舜死，二妃淚下，染竹即斑。妃死爲湘水神，故曰湘妃竹。”　貝子之銅：即銅貝，中國古代的一種銅質貨幣，起於西周。

〔二九〕獨宣：獨樹一幟地展示。

〔三〇〕詆火攻爲下策：事詳《晉書·周顗傳》：“顗性寬裕而友愛過人，弟嵩嘗因酒瞋目謂顗曰：‘君才不及弟，何乃橫得重名！'以所燃蠟燭投之。顗神色無忤，徐曰：'阿奴火攻，固出下策耳。'" 鯨吸：唐杜甫《飲中八仙歌》："飲如長鯨吸百川，銜盃樂聖稱世賢。"後因以"鯨吸"喻狂飲。 共川：古駱越族的習俗，父子同川而浴，以鼻飲水。《漢書·賈捐之傳》："駱越之人父子同川而浴，相習以鼻飲。"

〔三一〕鐫：音捐，泛指鐫刻之物。

〔三二〕茂苑尚書：茂苑：古苑名，又名長洲苑，後也作蘇州的代稱。即韓菼，事詳卷三"韓宗伯嗜烟"條。 雅：副詞，甚，頗。

〔三三〕研席：研：通"硯"，硯臺。硯臺與坐席。

〔三四〕王馬和錢：《晉書·杜預傳》："時王濟解相馬，又甚愛之，而和嶠頗聚斂，預常稱'濟有馬癖，嶠有錢癖'。"

〔三五〕尸：古代祭祀時代死者受祭的人。《公羊傳·宣公八年》"祭之明日也"漢何休注："祭必有尸者，節神也。禮，天子以卿爲尸，諸侯以大夫爲尸，卿大夫以下以孫爲尸。"

〔三六〕屏絶：屏：音丙，放逐，擯棄。斷絶，拒絶。 投畀：畀：音必，給予，付與。抛棄，放逐。 不毛：不生植物，指荒瘠。

〔三七〕三農：古謂居住在平地、山區、水澤三類地區的農民，後泛稱農民。

陳鼎銘

爾其秀萎同族，雋味偏含[一]；製沿明季，飲類朝酣。《山經》、《爾雅》遺其狀，《露書》、《雜志》發其譚[二]。結愁夢于高麗[三]，夜半則香魂冉冉；茁芳荄于吕宋，島間則翠影鬖鬖[四]。分將欒土之苗，淡巴可溯；竊得沉雲之號，黑米同參[五]。服食誰貽，曾説軍營無恙[六]；移栽有法，争傳閩嶠先譜。或藝平陂，或蒔深峽。露液潛滋，上膏渥洽[七]。春深而漸坼花英，日暖而還舒菜甲[八]。畦分秋奕之枰，葉比堯廚之蓮[九]。呼羣共采，每自趾[一〇]以及顛；計畹通疇，亦喜豐而恨乏[一一]。蒸却絲絲霉雨[一二]，幾間之茆屋深藏；曝當杲杲之秋陽，千片之竹簾匀夾[一三]。購從村舍，攜倩賈帆[一四]。可苞苴以挈，還筐篚以緘[一五]。劈葉而枯梗頻抛，棼[一六]如絲亂；向風而筠籃[一七]屢簸，雜恐沙醎。疊以版合，整以刀劖。縛以鹿盧密密，鎮以龍骨巉巉[一八]。嗤爲屜之許[一九]，行捆猶未固；等滴槽之劉，墮壓已綦嚴[二〇]。器持初礪之鋒，坐踞不馳之騎[二一]。

落殊玉屑輕霏，碎訝金絲齊墜[二二]。裹藤紙[二三]以稱量，糁蘭花而香膩。繡街錦市，罄便排簷；竹塢桑村，賣曾列肆。但分生熟，强標錯出之名[二四]；不假烹調，殊得同然之嗜。於是囊縫文綺，筩削�竿；貯非羞澀，拈却團圞[二五]。戛雲根之星火，燃銀孔之金丸[二六]。嘘噏兮微生烟翠，氤氲兮長繞唇丹[二七]。看竹[二八]人來，也添逸興；敲棊[二九]客至，儘助清歡。供給無難，不怯座賓之滿；咄嗟可辦，免嘲寒士之酸[三〇]。是性借忘憂，雅同萲草；而氣分融麝，真壓沉檀。則有粉署仙郎，衡門野叟，白屋書生，紅閨繡婦[三一]。鑾坡退後，輒事咀含[三二]；犁雨[三三]閒時，只愁無有。彩毫乍閣，濃噴吟詠之喉；金剪初停，香入嬋娟之口。給豈並于饔飧，愛若逾乎脯糗[三四]。無片時可輟之煙霞，有何地能捐之烟酒[三五]？達肝肺，沁齒牙，凈塵慮[三六]，辟羣邪。較五辛而氣原不俗，有一薰而蕕莫能加[三七]。蠻村蜑户之間，賴消炎瘴[三八]；雪沍冰堅之候，好伴流霞[三九]。紅豆幾枝，種堪相匹；清簫一曲，塘直稱佘[四〇]。食譜如添，不讓黄粱紫筍[四一]；平心擬去，先教竹葉梨花[四二]。他如紅嚼檳榔，紫餐桑椹。輕團鴉片，芙蓉[四三]之瓣同芬；小貯鼻烟，玻瓈之缾似錦。曷若消磨日昃，撚髭抽軋軋之思[四四]；含吐宵分，剪燭解酣酣之寢[四五]。爲農帝[四六]未嘗之靈根，乃神州遍嗜之佳品也哉。

【注釋】

〔一〕爾其：連詞，表承接，辭賦中常用作更端之詞，猶言至於，至如。　葽：音腰，草名。《詩·豳風·七月》："四月秀葽。"毛傳："不榮而實曰秀。葽，葽草也。"高亨注："舊説：葽，藥草名，即遠志。"　雋味：美味。

〔二〕《山經》：即《山海經》，我國古代地理名著，作者不詳。大約成書于戰國時期，西漢初又有所增删。內容主要爲民間傳説中的地理知識，包括山川、道里、部族、物產、草木、鳥獸、祭祀、醫巫、風俗等，內容多怪異，保存了不少古代神話傳説和史地材料，爲世界上最早的有關文獻。　《雜志》：即劉廷璣《在園雜志》，事詳卷一"原産"條。

〔三〕高麗：高麗産烟，事詳卷一"高麗烟"條。

〔四〕荄：音該，草根。《漢書·禮樂志》："青陽開動，根荄以遂。"顔師古注："草根曰荄。"　鬖鬖：鬖：音三，毛髮下垂貌。植物枝葉下垂貌。

〔五〕沉雲：陰雲，濃雲。晉陸機《行思賦》："託飄風之習習，冒沉雲之藹藹。"　黑米：即菰米，茭白所結子，可煮食。南朝梁庾肩吾《奉和太子納涼梧下應令詩》："黑米生菰葉，青花出稻田。"

〔六〕服食：服用丹藥，道家養生術之一，此處泛指服用。　軍營無恙：事詳卷一"原始"條所引《景岳全書》：自萬曆始出於閩廣間，向以征滇之役，師旅深入瘴地，無不染病，獨一營安然，問其故，則衆皆服烟，由是遍傳。

〔七〕上膏：指物之精華。　渥洽：深厚的恩澤。

〔八〕坼：音撤，裂開，分裂，特指植物的種子或花芽綻開。　花英：花朵。　菜甲：菜初生的葉芽。

〔九〕奕：通“弈”，圍棋。《廣雅·釋言》：“圍棊，奕也。”　枰：音平，古代的博局，此處指棋盤。　堯廚：帝堯的宴席，比喻盛饌。　萐：音霎，傳説中的瑞草名。唐張九齡《謝賜御書喜雪篇狀》：“雖廚萐每摇，而野芹徒獻，豈云堯禹之膳，冀達臣子之情。”

〔一〇〕趾：脚指頭，指底部。

〔一一〕畹：古代地積單位，或以三十畝爲一畹，或以十二畝爲一畹，或以三十步爲一畹，説法不一。後泛指園圃。　疇：田間的分界。　乏：缺少，不夠，此處指歉收。

〔一二〕霉雨：梅雨，黄梅季節下的雨。明李時珍《本草綱目·水一·雨水》：“梅雨或作霉雨，言其沾衣及物，皆生黑霉也。”事詳卷二“烘烟”條。

〔一三〕杲杲：杲：音搞，日出明，光明。明亮貌。　秋陽：烈日。《孟子·滕文公上》：“江漢以濯之，秋陽以暴之，皜皜乎不可尚已。”趙岐注：“秋陽，周之秋，夏之五、六月，盛陽也。”　千片之竹簾匀夾：事詳卷二“曬葉”條。

〔一四〕賈帆：指商船。

〔一五〕苞苴：苞：通“包”。苴：音居，包裹。

《禮記·内則》："編萑以苴之。"鄭玄注："苴，苞裹也。"即蒲包。用葦或茅編織成的包裹物品的用具。《禮記·少儀》："笏、書、脩、苞苴……其執之，皆尚左手。"鄭玄注："謂編束萑葦以裹魚肉也。" 筐簏：簏：音鹿，竹編的盛器。盛物的竹器。方爲筐，高爲簏。緘：閉藏，封閉。

〔一六〕棼：音焚，紛亂，紊亂。

〔一七〕筠籃：竹籃。

〔一八〕鹿盧：機械上的絞盤。 鎮：用重物壓在上面。 巉巉：形容山石突兀重疊。

〔一九〕嗤爲屨之許：事詳《孟子·滕文公上》："有爲神農之言者許行，自楚之滕，……其徒數十人，皆衣褐，捆屨織席以爲食。……（孟子）曰：'夫物之不齊，物之情也。或相倍蓰，或相什百，或相千萬。子比而同之，是亂天下也。巨屨小屨同賈，人豈爲之哉？從許子之道，相率而爲僞者也，惡能治國家！'"

〔二〇〕等滴槽之劉：滴槽：榨酒時用來承酒的容器，此處代指酒。事詳南朝宋劉義慶《世説新語·任誕》："劉伶病酒，渴甚，從婦求酒。婦捐酒毀器，涕泣諫曰：'君飲太過，非攝生之道，必宜斷之。'伶曰：'甚善，我不能自禁，唯當祝鬼神自誓斷之耳！便可具酒肉。'婦曰：'敬聞命。'供酒肉於神前，請伶祝誓。伶跪而祝曰：'天生劉伶，以酒爲名，一飲一斛，五斗解酲。婦人之言，慎不可聽！'便引酒進肉，隗然已醉矣。" 綦：音其，極，很。

〔二一〕坐：座席，座位。　踞：音巨，坐。《左傳·襄公二十四年》："既免，復踞轉而鼓琴。"孔穎達疏："踞，謂坐其上也。"　不馳之騎：馳：車馬疾行，泛指疾走。騎：指車馬。此處指椅子、凳子或其他支援身體的物體。

〔二二〕殊：超過。　玉屑：此處指鉋落的烟絲。事詳卷二"鉋烟"條。

〔二三〕藤紙：古時用藤皮造的紙，産於浙江剡溪、餘杭等地。

〔二四〕生熟：烟有生、熟兩種，事詳卷二"焙烟"條。　錯出：錯開。

〔二五〕羞澀：難爲情，情態不自然，比喻所貯數量不多。　團圞：圓貌。

〔二六〕戛：音夾，敲擊。　雲根：深山雲起之處，一般指山石，此處指火石。　金丸：金製的彈丸，比喻裝在烟筒頭部的烟絲。

〔二七〕嘘噏：吐納，呼吸。　烟翠：青濛濛的雲霧。　氤氲：古代指陰陽二氣交會和合之狀，後指迷茫貌、彌漫貌。

〔二八〕看竹：晉王徽之愛竹，曾過吴中，見一士大夫家有好竹，肩輿徑造竹下，諷嘯良久，遂欲出門。主人令左右閉門不聽出，乃留坐，盡歡而去。事見《世説新語·簡傲》。後因以"看竹"爲名士不拘禮法的典故。

〔二九〕敲棊：指圍棋。以每一舉棋必斟酌推敲之，故云。

〔三〇〕咄嗟：猶呼吸之間，謂時間迅速。　寒士：魏、晉、南北朝時稱出身寒微的讀書人，後多指貧苦的讀書人。　酸：寒酸，迂腐。

〔三一〕粉署：即粉省，尚書省的別稱。　仙郎：唐人對尚書省各部郎中、員外郎的慣稱。　白屋：指不施彩色、露出本材的房屋。一説，指以白茅覆蓋的房屋，爲古代平民所居。　紅閨：猶紅樓，泛指女子所居之處。

〔三二〕鑾坡：唐德宗時，嘗移學士院于金鑾殿旁的金鑾坡上，後遂以鑾坡爲翰林院的別稱。　咀含：咀：含味，品味。含：置物於口中，既不咽下，也不吐出。此處指吸烟。

〔三三〕犁雨：語本宋蘇舜欽《田家詞》（一説，張耒《有感》）："山邊夜半一犁雨，田父高歌待收穫。"謂雨水及時、適量，恰宜犁地春耕。此處泛指耕種。

〔三四〕給：泛指供應。　饔飧：饔：音雍，早餐。飧：音孫，晚飯。泛指飯食。　脯糗：脯：乾肉。糗：炒熟的米麥，亦泛指乾糧。乾肉和乾糧。

〔三五〕捐：放棄，捨棄。　烟酒：謂烟多食之能令人醉。事詳卷一"烟酒"條。

〔三六〕塵慮：猶俗念。

〔三七〕五辛：五種辛味的蔬菜，也稱五葷。佛教僧侶按戒律不許吃五辛。《翻譯名義集·什物》："葷而非辛，阿魏是也；辛而非葷，薑芥是也；是葷復是辛，五辛是也。《梵綱》云：不得食五辛。言五辛者，一葱，二薤，三韮，四蒜，五興蕖。” 蕕：音猶，草名，似細蘆，蔓生水邊，有惡臭。

〔三八〕蠻村：蠻人的村庄，亦泛指荒村。 蜑户：蜑：音但，舊時南方的水上居民。蜑人散居在廣東、福建等沿海地帶，向受封建統治者的歧視和迫害，不許陸居，不列户籍。他們以船爲家，從事捕魚、採珠等勞動，計丁納税於官。明洪武初，始編户，立里長，由河泊司管轄，歲收漁課，名曰“蜑户”。清雍正初，明令削除舊籍，與編氓同列；辛亥革命後，臨時政府通令解放賤民，蜑户也在其内。 炎瘴：南方濕熱致病的瘴氣。

〔三九〕沍：音互，凍結，凝聚。 流霞：泛指美酒。

〔四〇〕塘直稱佘：即佘塘，烟草産地。事詳卷一“土産”條。

〔四一〕黄粱：原作“黄梁”。粟米名，即黄小米。 紫筍：名茶名。唐白居易《題周皓大夫新亭子二十二韻》：“茶香飄紫筍，膾縷落紅鱗。”

〔四二〕竹葉：即竹葉青，古代酒名。今指由汾酒加多種名貴藥品配製而成的酒，含酒精少，酒味醇美。亦指不經焦糖着色的一種紹興原酒。 梨花：即梨花春，因以梨花開時釀成，故名。唐白居易《杭州春望》詩：“紅袖織綾誇柿蔕，青旗沽酒趁梨花。”自注：“其（杭州）俗釀酒，趁梨花時熟，號爲‘梨花春’。”

〔四三〕芙蓉：鴉片又名阿芙蓉、啞芙蓉。事詳卷一“鴉片”條。

〔四四〕日昃：昃：音仄，指日西斜。太陽偏西，約下午二時左右。　撚髭：撚：音碾，執，持取。撚弄髭須，多形容沉思吟哦之狀。　抽軋軋之思：抽思：抒發情思。軋軋：難出貌。語本《文選·陸機〈文賦〉》："理翳翳而愈伏，思軋軋其若抽。"吕延濟注："軋軋，難進也。"

〔四五〕宵分：夜半。　剪燭：語本唐李商隱《夜雨寄北》詩："何當共剪西窗燭，卻話巴山夜雨時。"後以"剪燭"爲促膝夜談之典。　解酣酣之寢：解寢：消除睡意。酣酣：形容睡眠深沉甜蜜。

〔四六〕農帝：神農氏的别稱。傳説中的太古帝王名，始教民爲耒耜，務農業，故稱神農氏。又傳他曾嘗百草，發現藥材，教人治病。

楊潮觀[一]

原夫赭鞭鳴地，陽燧窺天，火化伊始，嘗草何年[二]？不酒而得醉，不茹[三]而流涎。蜃無氛而噴霧，獅非吼而含煙[四]。恍虛氣以成雲，既非龍窟；忽出潛而吹沫，豈是魚淵？無貴賤以同嗜，竟寢食之難捐。當其種來洋島，産自海涯。皤皤似菜，翼翼分陂[五]。槁葉乍振，陳荄去滋[六]。引[七]之則金絲裊縷，揉之而玉屑紛披。性似同乎薑桂，味實反乎甘飴。茗椀罷嘗，肘後之清風[八]乍歇；金樽頻倒，掌中之香氣初離。於是幾聲碎玉，數點流光，逗出一星榆火，引來半炷沉香[九]。含以華池，藐若土囊之滃鬱；入乎修吭，杳如香逕之迷藏[一〇]。其始出而聚也，桑蠶春浴而蠕動；其少遲而散也，柳絲風骨而飛揚。小炷則颺起青蘋之末，滿引而香浮寶鼎之旁[一一]。况夫采艾蘄陽，雜以三年之葉[一二]；紉蘭濃浦，挹茲九畹之芳[一三]。惟見風雲吐納、烟靄翺翔者乎？爾其嘗餐日久，製器精多，貯以鞶帶，盛來紫荷[一四]。或繡囊共茝蘭而同佩，或玉壺與觿礪相摩〔一五〕。或湘管一枝，窈嬝蒼梧之修節〔一六〕；或滇金數寸，精瑩烏欒之文柯〔一七〕。既洪纖之中度，亦長短之殊科〔一八〕。偕鐵如意〔一九〕而堪爲指畫，代卭竹杖而亦可婆娑。直吹不孔之簫，處處仙人握管〔二〇〕；倒把無綸之竹〔二一〕，人人漁父臨波。則有紗窗掩冉，净几清幽，文魔俊士，詩癖清流〔二二〕。含毫未吐，擷藻將抽〔二三〕。步閒階而岑寂，繞芳砌以搜求。對客談來，一絲微颺；呼童至止，半晌輕浮。則可謂思入風雲之候，神來飛舞之秋也已。乃至閨中風暖，樓上春深；金爐欲燼，繡線無心；粉頤斜托，朱檻頻臨；情隨望遠，梦帶愁尋；猩脣半吐，瓠齒微歆〔二四〕。順薰風而藉草，襲芳靄之盈襟。立疑霧障，望杳雲林。其氣微，是心香〔二五〕初透；其紋細，是思藕纔紝〔二六〕。則又不覺對影而神魂入定〔二七〕，不言而齒頰俱侵也已。至于殘更孤館，攲枕清宵，人聲兮乍悄，月色兮纔邀，燈花兮共落，香篆兮初銷〔二八〕。撥寒灰而如失，撫清簟兮無聊〔二九〕。謦欬一聲，唾壺欲碎，絪縕幾縷，沉水先焦〔三〇〕。遂使栩栩迷香，潛引香中之粉蝶；悠悠迴頰，微熏頰上之紅潮。俄而雙眸乍展，一夢方驚。漱齒少回甘之味，調脣留隔宿之醒。不有榾柮〔三一〕之火、蘭蕙之莖，何以使魂遽甦、神遽清？夫是以如飢呼癸，如渴呼庚〔三二〕。入市閒遊憩處，俱堪乞火留賓。初獻座閒，時傍殘檠。下至孩童走卒、負販老兵，具有公好，莫能忘情。嗟乎！腸非布而火浣幾似，口非突而墨黔時形〔三三〕。嘗之者，衹覺瞢瞢〔三四〕；嗜之者，不解惺惺〔三五〕。洵煎膏兮足鑒，固焚齒兮可銘。漫趨炎而欲附，若逐熱而未停。常昏昏兮墮雲霧，每烈烈兮炊香罄。念托契〔三六〕兮備嘗辛苦，欲絶交而深費丁寧。是用媲酒而作誥，爰且配茶而爲經〔三七〕。

【注釋】

〔一〕楊潮觀：按，此賦即李調元《童山集》文集卷一《烟賦（並序）》。其序云："烟，草名，即淡巴菰也。乾其葉而吸之有烟，故曰烟。余試粤惠州，日以此題出試。有柳生，賦頗佳，而多出韻。問之，言藍本于楊孝廉潮觀而敷衍之。因嫌瑕瑜半掩，效昌黎、玉川月蝕之例而删節之，以示多士。"故該賦原爲柳生依楊潮觀賦而作，後經李調元删節而成。

〔二〕赭鞭：赭：音者，紅土，引申指赤褐色。相傳爲神農氏用以檢驗百草性味的赤色鞭子。晉干寶《搜神記》卷一："神農以赭鞭鞭百草，盡知其平毒寒温之性，臭味所主，以播百穀。" 陽燧：古代利用日光取火的凹面銅鏡。《周禮·秋官·司烜氏》"司烜氏掌以夫遂取明火於日，以鑒"，漢鄭玄注："夫遂，陽遂也。"賈公彦疏："以其日者，太陽之精，取火於日，故名陽遂。"孫詒讓正義："古陽遂蓋用窐鏡，故《梟氏》注云：'隧在鼓中，窐而生光，有似夫隧。'" 火化：以火熟物。《禮記·禮運》："昔者先王未有宫室，冬則居營窟，夏則居橧巢；未有火化，食草木之實，鳥獸之肉，飲其血，茹其毛。"

〔三〕荈：音喘，晚採的老茶，此處泛指茶。

〔四〕蜃無氛：蜃氛，猶蜃氣，一種大氣光學現象。光線經過不同密度的空氣層後發生顯著折射，使遠處景物顯現在半空中或地面上的奇異幻象。常發生在海上或沙漠地區。古人誤以爲蜃吐氣而成，故稱。　獅非吼：獅吼：即獅子吼，佛教語。比喻佛說法時震懾一切外道邪說的神威。

〔五〕幡幡：幡：通"翻"，變動，反覆。翻動貌。《詩·小雅·瓠葉》："幡幡瓠葉，采之亨之。"　翼翼：蕃盛貌，隆盛貌。《詩·小雅·楚茨》："我黍與與，我稷翼翼。"鄭玄箋："蕃廡貌。"

〔六〕槁葉乍振：槁：音搞，枯槁，乾枯。語本《荀子·王霸》："及以燕趙起而攻之，若振槁然。"楊倞注："槁，枯葉也。"　滋：水，汁液。

〔七〕引：點燃。

〔八〕肘後之清風：語本唐盧仝《走筆謝孟諫議寄新茶》詩："一椀喉吻潤；兩椀破孤悶；三椀搜枯腸，唯有文字五千卷；四椀發輕汗，平生不平事，盡向毛孔散；五椀肌骨清；六椀通仙靈；七椀喫不得也，唯覺兩腋習習清風生。"

〔九〕碎玉：指火石。　榆火：《周禮·夏官·司爟》"四時變國火"，漢鄭玄注："鄭司農說以鄹子曰：'春取榆柳之火。'"本謂春天鑽榆、柳之木以取火種，後因以"榆火"爲典，表示春景。

〔一〇〕華池：口的舌下部位，泛指口。《太平御覽》卷三六七引《養生經》："口爲華池。" 土囊：洞穴。 滃鬱：雲煙彌漫。 修吭：修：長。吭：音杭，喉嚨，咽喉。此處泛指喉嚨。 香逕：花間小路，或指落花滿地的小徑。

〔一一〕颸：音思，疾風。 青蘋之末：青蘋：一種生於淺水中的草本植物。語本《文選·宋玉〈風賦〉》："夫風生於地，起於青蘋之末。" 寶鼎：香爐。因作鼎形，故稱。

〔一二〕采艾：採摘艾草。古有採艾療疾禳毒之俗。 三年：語本《孟子·離婁上》："今之欲王者，猶七年之病，求三年之艾也。"趙岐注："艾可以爲灸人病，乾久益善，故以爲喻。"後因以"三年艾"指良藥。

〔一三〕紉蘭：語本《楚辭·離騷》："扈江離與辟芷兮，紉秋蘭以爲佩。"後以"紉蘭"比喻人品高潔。 九畹：語本《楚辭·離騷》："余既滋蘭之九畹兮，又樹蕙之百畝。"後即以"九畹"爲蘭花的典實。

〔一四〕鞶帶：鞶：音盤，古代男子束衣的腰帶，革製，常用佩玉飾。後也指一般腰帶。皮製的大帶，爲古代官員的服飾。 紫荷：古時尚書令、僕射、尚書等高官朝服外負于左肩上的紫色囊。

〔一五〕茝：音止，香草名，即白芷。 玉壺：美玉製成的壺。 觿礪：觿：音西，古代解結的用具，形如錐，用象骨製成，也用作佩飾。《國語·楚語上》："若金，用女作礪。若津水，用女作舟。"解結錐與礪石。泛指古代童子所佩飾物。

〔一六〕湘管：本意指毛筆，以湘竹製作，故名。此處指烟桿。湘竹，即湘妃竹，一種莖上有紫褐色斑點的竹子。晉張華《博物志》卷八："堯之二女，舜之二妃，曰湘夫人。舜崩，二妃啼，以涕揮竹，竹盡斑。" 窈嬝：柔軟細長貌。 蒼梧：漢劉向《列女傳·有虞二妃》："舜陟方死於蒼梧，號曰重華。二妃死於江湘之間，俗謂之湘君。"

〔一七〕滇金：指雲南産的一種莖色金黄的竹子。 文柯：竹枝的美稱。

〔一八〕洪纖：大小，巨細。 中度：合乎標準、法度，引申爲恰到好處。 殊科：不同。

〔一九〕鐵如意：如意：器物名，梵語"阿那律"的意譯，古之爪杖。用骨、角、竹、木、玉、石、銅、鐵等製成，長三尺許，前端作手指形。脊背有癢，手所不到，用以搔抓，可如人意，因而得名。或作指劃和防身用。又，和尚宣講佛經時，也持如意，記經文於上，以備遺忘。

〔二〇〕直吹不孔之簫：古代的簫用許多竹管編成，有底；後代的簫只用一根竹管做成，不封底，直吹，也叫洞簫。此處指用烟桿吸烟。 握管：執筆，謂書寫或作文。此處指手持烟管。

〔二一〕無綸之竹：綸：釣絲。與"不孔之簫"同義，均喻指烟桿。

〔二二〕掩冉：摇曳貌。 文魔：嗜書着魔，書癡。 清流：喻指德行高潔負有名望的士大夫。

〔二三〕含毫：含筆於口中，比喻構思爲文或作畫。 撷：喻指文人構思。

〔二四〕瓠齒：瓠：音互，蔬類名，即瓠瓜，其子白色，對稱排列。形容潔白整齊的牙齒。 歆：動。

〔二五〕心香：佛教語，謂中心虔誠，如供佛之焚香。

〔二六〕紝：音任，織布帛的絲縷。

〔二七〕入定：佛教語，謂安心一處而不昏沉，了了分明而無雜念，多取趺坐式。謂佛教徒閉目静坐，不起雜念，使心定於一處。

〔二八〕殘更：舊時將一夜分爲五更，第五更時稱殘更。 攲：通"倚"，斜倚，斜靠。 香篆：香名，形似篆文。宋洪芻《香譜·香篆》："（香篆）鏤木以爲之，以範香塵爲篆文，然於飲席或佛像前，往往有至二三尺徑者。"

〔二九〕寒灰：猶死灰，物質完全燃燒後留剩的灰燼。 清簟：簟：音店，供坐臥鋪墊用的葦蓆或竹蓆。竹編涼蓆。

〔三〇〕謦欬：謦：音請，咳嗽聲。欬：音慨，咳嗽。亦作"謦咳"，咳嗽。 唾壺：舊時一種小口巨腹的吐痰器皿。 絪緼：形容雲煙彌漫、氣氛濃盛的景象。 沉水：晉嵇含《南方草木狀·蜜香沉香》："此八物同出於一樹也，……木心與節堅黑，沉水者爲沉香，與水面平者爲雞骨香。"後因以"沉水"借指沉香。

〔三一〕榾柮：榾：音骨，指砍掉樹幹所剩下的連著根的部分。柮：音墮，木柴塊，樹根疙瘩，可代炭用。

〔三二〕呼癸、呼庚：即呼庚癸，乞糧的隱語。語本《左傳·哀公十三年》："吴申叔儀乞糧於公孫有山氏，……對曰：'粱則無矣，麤則有之。若登首山以呼曰：'庚癸乎！'則諾。'"杜預注："軍中不得出糧，故爲私隱。庚，西方，主穀；癸，北方，主水。"故稱"如飢呼癸，如渴呼庚"。

〔三三〕突：烟囱。《漢書·霍光傳》："臣聞客有過主人者，見其竈直突，傍有積薪，客謂主人，更爲曲突，遠徙其薪，不者且有火患。" 黔：熏黑。

〔三四〕瞢瞢：瞢：音盟，迷糊不清。亦作"矒矒"，昏昧，糊塗。

〔三五〕惺惺：惺：音星，清醒。清醒貌。

〔三六〕托契：寄託交情，彼此信賴投合。

〔三七〕嬔酒而作誥：即《酒誥》。《尚書》中的一篇，是周公針對殷人尚酒、總結殷亡經驗而發佈的誥辭。

賈　漢蘭皋

空齋小憩，幽室高眠；支頤檻畔，抱膝窗前。花落而重簾不卷，香沉而古鼎頻然。鐵篴横來度曲，聽松間之雪〔一〕；筠筒〔二〕攜去尋詩，留草際之烟。繄〔三〕夫淡巴菰之爲物也？吕宋相傳，漳泉並造。訪佳種於山河，分靈莖於海島。藝根乘春雨之滋，晒葉趁秋陽之燥。芬芳撲鼻，錯疑五味匀調；馥郁清心，渾訝百香合擣。悵解語兮無花，悟相思之有草〔四〕。爾其竹檐長夏，花砌三春，疏簾棋罷，棐几書新〔五〕。呼茶則爐煨榾柮，對客則管解吟呻〔六〕。收烟中之烟，吐納而時當亭午〔七〕；得味外之味，吹嘘而舌品甘辛〔八〕。至若香濃雪聚，風捲雲奔，金猊火爇，牙獸烟存〔九〕。沁脾兮無迹，出口兮有痕。看來餘滓未消，任華池之津液；吮去一絲漸透，倩龍腦〔一〇〕之香温。則有中酒情懷，忘形爾我，拋卷閒行，拈毫兀坐〔一一〕。多而益辨，吻端頻溢芳蘭；虚以受人，石畔徐敲活火。嗜好在酸鹹之外，想入非非〔一二〕；英華存含茹之間，韻流瑣瑣。探梅而解渴偏宜，看竹而消閒亦可。況乃嘯侶命儔，聯羣結隊，艾納薰殘，皇盧品逮[一三]。或破寂而散愁，或消煩而滌穢。幾分珠玉，咳吐落於九天[一四]；一片冰心，呼吸成夫三昧[一五]。詢謀餐於烟火，禄不須千[一六]；豈拾慧於齒牙，庖非可代[一七]。亦或影罩紅欄，暈噴緑綬[一八]；韻並梅兄，香分蘭友。襲雲氣於亭臺，裊篆紋於窗牖。如使早朝待漏，破寒隨翡翠之鞭[一九]；若教夜讀攤書，耐冷代葡萄之酒。斯真《爾雅》未釋其名稱，葩經莫詳其差等[二〇]。供列座之賓朋，解連宵之酩酊。風晨露夕，雲護詩牌[二一]，山館幽亭，雪飛丹鼎。正是挑燈讀畫，俄驚滿紙濃烟；恰當對月評花，聊佐一甌春茗。

【注釋】

〔一〕鐵篴：鐵製的笛管。相傳隱者、高士善吹此笛，笛音響亮非凡。　度曲：作曲。

〔二〕筠筒：竹筒，此處指烟筒。

〔三〕繄：音醫，語氣助詞。

〔四〕解語兮無花：語本五代王仁裕《開元天寶遺事·解語花》："明皇秋八月，太液池有千葉白蓮數枝盛開，帝與貴戚宴賞焉。左右皆歎羨，久之，帝指貴妃示於左右曰：'爭如我解語花?'"　相思之有草：即相思草，詳參卷一"相思草"條。

〔五〕長夏：指夏日。　三春：春季三個月，農曆正月稱孟春，二月稱仲春，三月稱季春。　棐几：棐：通"榧"，木名，即香榧，其木可製几桌，因亦代稱几桌。用棐木做的几桌，亦泛指几桌。

〔六〕煨：焚燒。　吟呻：吟詠，推敲詩句。

〔七〕亭午：正午。

〔八〕甘辛：甜而微辣，多指酒味醇正，此處借指烟味。

〔九〕金猊：香爐的一種，爐蓋作狻猊形，空腹。焚香時，烟從口出。　爇：音弱，燒，焚燒。　牙獸：傳説中的獸名，即騶虞，亦名騶牙。此處指香爐的形製。

〔一〇〕龍腦：即龍腦香，龍腦香樹樹幹中所含油脂的結晶。味香，其純粹者，無色透明，俗稱冰片。

〔一一〕中酒：醉酒。　忘形：謂朋友相處不拘形跡。拈毫：拿筆，借指寫作或繪畫。兀坐：獨自端坐。

〔一二〕酸鹹：酸味和鹹味，比喻人不同的愛好、興趣。唐韓愈《酬司門盧四兄雲夫院長望秋作》詩：“雲夫吾兄有狂氣，嗜好與俗殊酸鹹。” 想入非非：語本《楞嚴經》卷九：“於無盡中發宣盡性，如存不存，若盡非盡，如是一類，名爲非想非非想處。”非想非非想處，指無色界四空天之一。後以“想入非非”指意念進入玄妙境界。

〔一三〕嘯侶命儔：儔：音愁，輩，同類。呼喚同伴。 艾納：亦作“艾蒳”，也稱大艾。菊科，木質草本植物，葉互生，春末開花，我國產於廣東、廣西和臺灣等省、自治區。將其葉片蒸餾後所得艾粉，精煉成艾片（也稱冰片或艾腦香），可供藥用，有解熱、驅風、止痛、鎮静之效。 皇盧：當作“皋盧”，同卷郭淳有“皋盧品後”之句。木名，葉狀如茶而大，味苦澀，可作飲料。

〔一四〕珠玉：比喻妙語或美好的詩文。《晉書·夏侯湛傳》：“（湛）作《抵疑》以自廣，其辭曰：‘……咳唾成珠玉，揮袂出風雲。’” 咳吐：謂談吐、言論，此處指吸烟。 九天：謂天空最高處。

〔一五〕三昧：佛教語，梵文音譯，又譯“三摩地”，意譯爲“正定”。謂屏除雜念，心不散亂，專注一境。《大智度論》卷七：“何等爲三昧？善心一處住不動，是名三昧。”

〔一六〕詢：副詞，猶確實。 禄不須千：秦漢官品的高低，常以俸禄的多少計算，從二千石遞減至百石止。古代年俸一千石以上的官員品級較高，因以“千石”指高官。

〔一七〕庖非可代：語本《淮南子·主術訓》：“不正本而反自然，則人主逾勞，人臣逾逸，是猶代庖宰剥牲而爲大匠斵也。”後多以“代庖”比喻代人行事或代理他人職務。

〔一八〕緑綬：即緑綟綬。綟：音力，用草染成的一種黑黄而近緑的顏色。一種黑黄而近緑色的絲帶，古代三公以上用緑綟色綬帶。

〔一九〕早朝：早上朝會或朝参。　待漏：百官清晨入朝，等待朝拜天子，謂之“待漏”。

〔二〇〕葩經：語本唐韓愈《進學解》：“《詩》正而葩。”後因稱《詩經》爲“葩經”。　差等：差：音疵，次第，等級。等級，區别。

〔二一〕詩牌：指題上詩的木板。清厲鶚《王蒻林司勳邀遊惠山訪愚公谷》詩之一：“二泉亭下看詩牌，轉入蕭森秀嶂街。”

郭　淳[一]

皋盧品後，商陸添時[二]。玉麈[三]之談已久，花堵之景方遲。響息風亭之軫[四]，敲停竹院之棋。覓句微吟而擁鼻[五]，看山悦性以支頤。酒及酣而正渴，書待借而嫌癡[六]。情寡營兮罔泊，思虛佇兮奚宜[七]。盻爐薰兮細細，憶金縷兮絲絲[八]。惟玆烟草，名淡巴菰。自吕宋之種布，有高麗之夢符。姚旅《露書》攸載，廷璣《雜志》非誣[九]。穎[一〇]依春以玉茁，花入夏而雲敷。香掇風戾，陽曝秋蕪[一一]。薄莖縷切，細髮縈紆[一二]。蓋露、絲醺之號，佘糖、烟酒之殊。分標品目，散播岩區。判仙苗以曼衍[一三]，獨閩産爲莫逾。爾乃碧繞翠屏[一四]，緑延青峙。梅花塢畔分香[一五]，荔支樓邊映紫。環霞浦以紛披，帶螺江而旖旎[一六]。太姥轉丹[一七]之區，武夷化虹之里。風色悠颺，露華清泚[一八]。焙雲試烘，切玉奏技[一九]。折璚葉以散薰，截芳絨而擘理[二〇]。稱名斯異，得氣惟清。致醉則欒酒噀火，常醒則瓠魚聽聲[二一]。飽飫彫胡之炊熟，飢美穱秀而穗生[二二]。和巴[二三]總宜時俗，思菰獨引高情。呼童開晷[二四]，乞火微明。川流篆裊，茭膩香輕[二五]。喻清太素，辨味淡成，於焉寶榼[二六]方盛，荷囊並燦。截蒼筤以製筩，琢瑶象以飾幹[二七]。屑桂初匀，炷蘭輕按[二八]。通妙吸於吻間，參微息於鼻觀[二九]。渺入虚以相深，覺潛轉而罔散。時一痕之薄露，若纖雲之帶漢。麝氣迎人，蕙風[三〇]浮案。醖花露以吐吞，疊仙霞而凌亂。愛消白日之閒，幾惜紅爐之炭。當夫徵歌[三一]酒畔，結思花前。數舊遊於春雁，驚落葉於秋蟬。素心延佇，宵鐘未眠。悵鬱伊以無那，欲傾寫而誰憐[三二]。以及桂嶺黑雲之度，金谷香棗之緣，莫不珍同雞舌、貴等龍涎[三三]。興慶草無醒醉好，廬山花失瑞香妍。地榆得而明珠安用，合歡種而愁忿都蠲[三四]。別有名高蘭，郡品著洋墟。銅壺注水以瀍瀍，神池引息以徐徐[三五]。吸餘芳燼，細甚瓷儲，詎若此髮絲清妙，酒茗相於[三六]？寄靈通於中直[三七]，揚芳馥而外舒。止悲洵可樂，相思渺離居[三八]。去斯須而未忍，隨吐納而有餘。寧獨侈技巧之變幻，搆樓閣於空虚[三九]？蓋惟味道之不厭，故能同氣[四〇]於淡如。

【注釋】

〔一〕郭淳：字曉泉，吴縣人。乾隆五十五年(1790)進士，選庶吉士，授編修。爲人敦學行，無貪競心。官編修數年，告歸，仍以課徒自給。

〔二〕皐盧：亦作“皋盧”。木名，葉狀如茶而大，味苦澀，可作飲料。唐皮日休《吴中苦雨因書一百韻寄魯望》：“十分煎皋盧，半榼挽醽醁。” 商陸：多年生草本，全株光滑無毛。根粗壯，圓錐形，可入藥。味苦，性寒，有毒。可用以逐水消腫，通利二便，解毒散結。

〔三〕玉麈：玉柄麈尾，東晉士大夫清談時常執之。宋姜夔《湘月》詞：“玉麈談玄，嘆坐客、多少風流名勝。”

〔四〕風亭：亭子。唐朱慶餘《秋宵宴別盧侍御》詩：“風亭弦管絶，玉漏一聲新。” 軫：指琴。宋李昴英《蘭陵王》詞：“便彩局誰伙，寶軫慵學。”

〔五〕覓句：指詩人構思、尋覓詩句。 擁鼻：語本《晉書·謝安傳》：“安本能爲洛下書生詠，有鼻疾，故其音濁，名流愛其詠而弗能及，或手掩鼻以效之。”後指用雅音曼聲吟詠。

〔六〕酒及酣而正渴：即酒渴，指酒後口渴。唐李群玉《答友人寄新茗》詩：“愧君千里分滋味，寄與春風酒渴人。” 書待借而嫌癡：語本《舊唐書·竇威傳》：“威家世勳貴，諸昆弟並尚武藝，而威耽翫文史，介然自守。諸兄哂之，謂爲‘書癡’。”

〔七〕寡營：欲望少，不爲個人營謀打算。唐韋應物《與韓庫部會王祠曹宅作》詩：“守默共無吝，抱沖俱寡營。” 虚佇：語本《世説新語·假譎》：“范雖實投桓，而恐以趨時損名，乃曰：‘雖懷朝宗，會有亡兒瘞在此，故來省視。’桓悵然失望，向之虚佇，一時都盡。”指虚心期待。

〔八〕爐薰：香爐中的烟。 金縷：金絲，喻指細烟。

〔九〕非誣：不妄，不假。

〔一〇〕穎：嫩芽，芽尖。宋蘇軾《雲龍山觀燒得雲字》詩：“行觀農事起，畦壠如纈紋。細雨發春穎，嚴霜倒秋蕡。”

〔一一〕風戾：風吹乾。《禮記·祭義》：“桑于公桑，風戾以食之。”鄭玄注：“風戾之者，及早凉脆採之，風戾之使露氣燥，乃以食蠶。”孔穎達疏：“戾，乾也。凌早采桑，必帶露而濕，蠶性惡濕，故乾而食之。” 秋蕪：秋草。

〔一二〕縷切：細切。 縈紆：盤旋環繞。

〔一三〕判：區别。 曼衍：分布，傳播。

〔一四〕爾乃：更端發語詞，無義。 翠屏：形容峰巒排列的緑色山巖。

〔一五〕分香：東漢末，曹操造銅雀臺，臨終時吩咐諸妾：“汝等時時登銅雀臺，望吾西陵墓田。”又云：“餘香可分與諸夫人。諸舍中無爲，學作履組賣也。”見晉陸機《弔魏武帝文》序。後以“分香”喻臨死不忘妻妾，此處取字面義。

〔一六〕螺江：水名，也稱螺女江，在福建省福州市西北。　旖旎：盛多貌。

〔一七〕轉丹：轉：量詞，道家煉丹的次數叫轉。道教謂丹的煉製有一至九轉之别，而以九轉爲貴。晉葛洪《抱朴子·金丹》："其一轉至九轉，遲速各有日數，多少以此知之耳。其轉數少，其藥力不足，故服之用日多，得仙遲也。"

〔一八〕清泚：泚：音此，清澈。清澈。

〔一九〕焙雲：即烘烟。　切玉：割玉，形容刀劍鋒利。此處指鉋烟。

〔二〇〕璚葉：璚：同"瓊"。美稱花木的葉子。　芳絨：烟葉的美稱。　擘理：喻切割精細。

〔二一〕欒酒噀火：噀：含在口中而噴出。語本晉葛洪《神仙傳·欒巴》："正旦大會，巴後到，有酒容，賜百官酒，又不飲，而西南向噀之。有司奏不敬。詔問巴，巴曰：'臣適見成都市上火，臣故漱酒，爲爾救之。'乃發驛書問成都，已奏言：'正旦食後失火，須臾有大雨三陣，從東北來，火乃止，雨著人皆作酒氣。'"

瓠魚聽聲：語本《荀子·勸學》："昔者瓠巴鼓瑟，而沉魚出聽。"

〔二二〕飫：飽食。　彫胡：菰米。戰國楚宋玉《諷賦》："爲臣炊彫胡之飯，烹露葵之羹，來勸臣食。"

穱秀：穱：音桌，早熟的稻麥等穀物。秀：禾類植物開花抽穗。早熟的稻麥開花抽穗。

〔二三〕和巴：烟絲製作工藝，詳參卷一"香絲"、

“蘭花烟”條。

〔二四〕閒晷：指空閒的時日。

〔二五〕川流：喻層見疊出，盛行不衰。 篆裊：煙霧繚繞。 茇：即茇白，又名菰筍。此處指淡巴菰，即烟草。

〔二六〕寶榼：榼：音科，古代盛酒或貯水的器具，泛指盒類容器。寶盒。

〔二七〕蒼筤：筤：音郎，幼竹。青色，多指竹。《易・説卦》：“爲蒼筤竹。”孔穎達疏：“竹初生之時，色蒼筤，取其春生之美也。” 瑶象：美玉和象牙。

〔二八〕屑桂：用桂製的熏香，燃燒時香氣四溢，此處指烟絲。 炷蘭：線香的美稱，此處指烟絲。

〔二九〕微息：息：呼吸。輕微的呼吸。 鼻觀：鼻孔。

〔三〇〕蕙風：和暖的春風，此處指帶烟之風。

〔三一〕徵歌：謂徵招歌伎。

〔三二〕鬱伊：抑鬱憂悶。清王繼香《小螺庵病榻憶語書後》：“古人如昌黎志女挐之壙，樂天哀金鑾之辭。有此鬱伊，無此悱惻也。” 無那：無奈，無可奈何。 傾寫：即“傾瀉”，傾吐，傾訴。

〔三三〕桂嶺黑雲之度：語本唐柳宗元《別舍弟宗一》：“桂嶺瘴來雲似墨，洞庭春盡水如天。”此處指烟可辟瘴，詳參卷一“性味”條。 金谷香棗之緣：金谷：指晉石崇所築的金谷園。語本唐李商隱《藥轉》：“長籌未必輸孫皓，香棗何勞問石崇。”清朱鶴齡注：

“《白帖》：石崇廁中，嘗令婢數十人，曳羅縠置漆箱中，盛乾棗，奉以塞鼻。大將軍王敦至，取箱棗食，羣婢笑之。愚按，《世説》：石崇廁嘗有十餘婢侍列，皆麗服藻飾，置甲煎粉、沈香汁之屬。又與新衣，著令出，客多羞，不能如廁。王敦往，脱故衣，著新衣，神色傲然。羣婢相謂曰：此客必能作賊。又曰：王敦初尚舞陽公主，如廁，見漆箱盛乾棗，本以塞鼻，王謂廁上亦下果食，遂至盡，羣婢莫不掩口。《白帖》合之爲一，義山詩亦如此用。”此處指烟可辟穢，詳參卷一“性味”條。 雞舌：即雞舌香，丁香。古代尚書上殿奏事，口含此香。

〔三四〕地榆：藥用植物。中醫以根入藥，性微寒，功能涼血、止血，主治便血、血痢和婦女帶下、血崩等。 明珠：光澤晶瑩的珍珠。珍珠味甘鹹，性寒，無毒，具有安神定驚、明目去翳、解毒生肌等功效。 合歡種而愁忿都蠲：語本三國魏嵇康《養生論》：“合歡蠲忿，萱草忘憂。”合歡：植物名，一名馬纓花。落葉喬木，羽狀復葉，小葉對生，夜間成對相合，故俗稱“夜合花”。夏季開花，頭狀花序，合瓣花冠，雄蕊多條，淡紅色。古人以之贈人，謂能去嫌合好。

〔三五〕銅壺：古代銅製壺形的計時器。以銅爲壺，底穿孔，壺中立一有刻度的箭形浮標，壺中水滴漏漸少，箭上度數即漸次顯露，視之可知時刻。此處指水烟壺，詳參卷一“水烟”條。 灩灩：水浮動貌。唐張籍《朱鷺》詩：“避人引子入深塹，動處水紋開灩灩。”

神池：對帝王居處池沼的美稱。

〔三六〕髮絲：烟草之名，詳參卷一“釋名”條。　相於：相厚，相親近。

〔三七〕靈通：人與神靈之間感應相通。　中直：正直。《易·同人》：“象曰：同人之先，以中直也。”孔穎達疏：“以其用中正剛直之道。”

〔三八〕離居：離群索居。

〔三九〕侈：誇耀，炫示。　搆：架屋，營造。

〔四〇〕同氣：氣質相同，氣類相同。

李 綸 恩

李子晨坐，展讀[一]未已。客有子虚，冠服綺靡，雅嗜吃烟，攜筒甚美[二]。客笑指曰："此其費不知凡幾，庶不貽主人恥也。君能賦之乎?"李子曰："諾。"濡筆[三]伸紙，沈吟而作，曰："邊陲之地，卑濕之墟，農有園圃，種煙如蔬。摘葉取嫩，曬日待枯，不分小大，盡去根株。千叠萬叠，切細切麤。香入芳蘭，味甚苦荼[四]。非有藉于飽暖，直以待乎吹噓。爰製小筒，圓而不方。丈有所短，尺有所長。爾腹則堅，我鐵則剛。再鑽而入，一孔有光。長嘴上嵌，曲斗下鑲。於是弄烟如丸，按指而藏；就燈取火，入口聞香；呵成雲霧，直繞肺腸。飄飄乎似欲鶴化而丁，蘧蘧然似欲蝶夢而莊[五]。遂令炙輠者隱其辯，譚天者斂其狂[六]。才人之筆暫擱，武士之弓不張；公子瑶琴罷操，美人玉尺[七]停量。"賦未終，客乃請曰："君豈賦斯筒耶?而亦知其有異於人耶?"李子熟視[八]之，誠當世所謂至珍也。因手持離座，涎出思唾，亟命小鬟，灼煙來前。始細意[九]以吸取，繼努力於喉咽。面勃勃而變赤，眼睁睁而欲圓。竟一竅之未達，徒七尺以昂然[一〇]。猶是黄金其末，翠玉其巔。絡繡囊而寶嵌，綰銀線而珠穿[一一]。榦非竹而非木，巧更雕而更鐫。惑庸耳與俗目[一二]，令鍾愛而取憐。不適於用，何值一錢？棄而擲之，吾無取焉。客曰："嘻！君迂哉！何所見之不大耶？夫天下名存實亡，污中炫外，得近人情，便逢時會，凡物類然。於煙筒乎何害也？彼夫折足覆餗，何金鉉黄耳之陸離[一三]；斷軸脱輻，何龍旗翠羽之交垂乎[一四]！使必求諸實用，則登車調鼎[一五]者奚爲？故物惡其陋，人侈其豐。苟可致飾於外，何必有美在中？以之視我則貴，以之媚人則工。不觀夫扇宜輕而綴玉，鏡惡重而鑄銅；築雕欄而易折，修瓊砌以無功[一六]。乃不兹之爲怪，而徒咎夫煙筒？"李子聞言，謂客辯士，大言欺世，强詞奪理。客笑而退，成賦如此。塞煙筒賦

【注釋】

〔一〕展讀：猶閲讀。

〔二〕子虚：漢司馬相如作《子虚賦》，假託子虚、烏有先生、亡是公三人互相問答。後因稱虚構或不真實的事爲"子虚"。《漢書·司馬相如傳上》："相如以'子虚'，虚言也，爲楚稱；'烏有先生'者，烏有此事也，爲齊難；'亡是公'者，亡是人也，欲明天子之義。"綺靡：侈麗，浮華。唐玄奘《大唐西域記·設多圖盧國》："服用鮮素，裳衣綺靡。"

〔三〕濡筆：濡：音儒，浸漬，沾濕。謂蘸筆書寫或繪畫。

〔四〕苦荼：指茶。《爾雅·釋木》："檟，苦荼。"郭璞注："今呼早采者爲荼，晚取者爲茗，一名荈，蜀人名之苦荼。"郝懿行義疏："今'荼'字古作'荼'……至唐陸羽著《茶經》，始減一畫作'茶'，今則知茶不復知荼矣。"

〔五〕飄飄乎似欲鶴化而丁：語本晉陶潛《搜神後記》卷一："丁令威，本遼東人，學道於靈虚山。後化鶴歸遼，集城門華表柱。時有少年，舉弓欲射之。鶴乃飛，徘徊空中而言曰：'有鳥有鳥丁令威，去家千歲今來歸，城郭如是人民非，何不學仙冢壘壘。'遂高上沖天。今遼東諸丁云其先世有升仙者。"飄飄：飛翔貌。《文選·潘岳〈秋興賦〉》："蟬嘒嘒而寒吟兮，雁飄飄而南飛。"李善注："飄飄，飛貌。" 蘧蘧然似欲蝶夢而莊：語本《莊子·齊物論》："昔者莊周夢爲蝴蝶，栩栩然蝴蝶也。自喻適志與！不知周也。俄然覺，則蘧蘧然周也。不知周之夢爲蝴蝶與？蝴蝶之夢爲周與？"蘧蘧：音渠渠，悠然自得貌。

〔六〕炙輠：本作"炙轂過"，"過"爲"輠"的假借字。輠：音果，古時車上盛貯油膏的器具。輠烘熱後流油，潤滑車軸，比喻言語流暢風趣。《史記·孟子荀卿列傳》："故齊人頌曰：'談天衍，雕龍奭，炙轂過髡。'"司馬貞索隱："劉向《别録》'過'字作'輠'。輠，車之盛膏器也。炙之雖盡，猶有餘津，言髡智不盡如炙輠也。” 譚天：譚：同“談”。裴駰集解引劉向《别録》：“騶衍之所言，五德終始，天地廣大，盡言天事，故曰‘談天’。”

〔七〕玉尺：尺的美稱。宋王珪《宫詞》：“金針玉尺裁縫處，一對盤龍落剪刀。”

〔八〕熟視：注目細看。

〔九〕細意：猶細心。

〔一〇〕七尺：指身軀。人身長約當古尺七尺，故稱。 昂然：高傲貌。

〔一一〕絡：纏繞，捆縛。 綰：音晚，繫結。

〔一二〕庸耳與俗目：借指見識淺陋、眼光平庸的人。

〔一三〕折足覆餗：《易·繫辭下》：“《易》曰：‘鼎折足，覆公餗，其形渥，凶。’言不勝其任也。”餗：音速，鼎中的食物，亦泛指美味佳餚。後比喻力不能勝任，必至敗事。 金鉉：舉鼎具。貫穿鼎上兩耳的横杆，金屬製，用以提鼎。《易·鼎》：“六五，鼎黄耳金鉉，利貞。” 黄耳：用黄金或黄銅所製的器物之耳。

〔一四〕斷軸脱輻：軸：輪軸，即貫於轂中持輪旋轉的圓柱形長杆。輻：車輪中湊集於中心轂上的直木。代指車輛損毁。 龍旗：畫有兩龍蟠結的旗幟，天子儀仗之一。 翠羽：翠鳥的羽毛，古代多用作飾物。

〔一五〕調鼎：烹調食物。

〔一六〕雕欄：雕花彩飾的欄杆，指華美的欄杆。 瓊砌：用玉石砌的臺階，亦用爲臺階的美稱。

序

柴　杰[一] 臨川

天生異卉，邊塞移傳；人愛奇芬，中華種遍。嫩緑層層鋪繡陌[二]，惟葉而不惟花；輕黄片片掛金牌，取味而先取色。粗裁匠手，辛和補炎帝之經[三]；細潤碧油，法製埒雷公之術[四]。自是薄切細切，切成萬縷柔絲；因之淺嘗深嘗，嘗出百般妙品。涵雲兮吐霧，齒頬間盎若春生[五]；屏息兮吞香，肺腑中煦然趣溢[六]。朱櫻劈破，青靄留餘[七]。風嫋嫋而霏微[八]，疑聞馥郁；氣融融而綿渺，恍坐氤氲。漫道流涎，香同沉水；何期入口，醉並瓊漿[九]。笑梅嶺[一〇]之檳榔，嚼去多其渣滓；陋漢宫之雞舌，含來少此温馨。是以幽室脩文，才子含咀而入妙[一一]；華堂設宴，嘉賓呼吸以通微[一二]。欹枕夢魂侵愁，破三更燈火；梯山嵐氣重瘴，消一桿荷筩[一三]。於今髫女童男，到處灼將銀管；且看歌臺舞殿，盡人貯以錦囊。興寐不離，食而成癖；紫黄並絶，號以爲魁。豈大塊之靈芝，詢人間之瑶草。淡巴菰稱名而外，玉檢[一四]無聞；金絲醺記事之餘，《露書》僅見。自忘固陋，勉掇駢言[一五]；用表芬芳，敢搜陳句。

【注釋】

〔一〕柴杰（1717—?）：字臨川，才子，錢塘人。乾隆五十一年（1786）舉人，賜國子監助教。著有《百一草堂集》。

〔二〕繡陌：風景美麗的郊野道路。

〔三〕炎帝之經：此處指《神農本草經》。

〔四〕埒：音烈，等同，比並。　雷公之術：《素問》：黄帝坐明堂，召雷公而問之曰："子知醫之道乎?"雷公對曰："誦而頗能解，解而未能别，别而未能明，明而未能彰，足以治群僚，不足治侯王。願得受樹天之度，四時陰陽合之，别星辰與日月光，以彰經術，後世益明。"此處指醫術。

〔五〕盎若春生：盎：洋溢。春生：猶言春天到來。此處喻指吸烟時的感受。

〔六〕煦然趣溢：煦：温暖。此處喻指吸烟時的情趣。

〔七〕朱櫻：櫻桃之一種，成熟時呈深紅色，故稱。此處喻美女之口。　青靄：指雲氣，因其色紫，故稱。此處喻吞吐之烟。

〔八〕蝺蝺：吹拂貌。　霏微：飄灑，飄溢。

〔九〕瓊漿：仙人的飲料，喻美酒。

〔一〇〕梅嶺：山名，即大庾嶺，五嶺之一，在江西、廣東交界處。古時嶺上多植梅，故名。

〔一一〕脩文：興修文德。　含咀：銜在口中咀嚼，比喻品味。

〔一二〕通微：通曉、洞察細微的事物。

〔一三〕梯山：攀登高山，亦泛指遠涉險阻。　荷筩：亦作“荷筒”，即荷葉杯，此處指裝在烟桿一頭的金屬碗狀物。

〔一四〕玉檢：玉製的封篋，泛指典册、史籍。

〔一五〕固陋：閉塞、淺陋。　駢言：即駢文，指用駢體寫成的文章，別於散文而言。起源于漢魏，以偶句爲主，講究對仗和聲律，易於諷誦。迨南北朝，專尚駢儷，以藻繪相飾，文格遂趨卑靡。唐代以來，有以四字六字相間定句者，稱四六文，即駢文的一種。

高世鐄瓚阿

蓋自吕宋沙頭，分將小草；漁梁山外，種得奇芬。翠葉籠烟，占麥塍而葱蒨〔一〕；金絲滴露，著桃紙〔二〕以鮮新。乃有彤管〔三〕斜擕，活火漫爇。香生九竅，紅燈緑酒之旁；美動七情〔四〕，月夜花晨之下。似王郎之呵氣，匹練衝霄〔五〕；擬張老之吹空，層雲滿座。藏之硯北〔六〕，何可一日無君；握向窗南，時于此間得趣。爰操枯穎〔七〕，用譜新題。上下平〔八〕分韻吟來，漫道文章馥郁；三十篇信手拈出，無非烟霧迷離。

【注釋】

〔一〕塍：音成，田埂，畦田。　葱蒨：草木青翠茂盛貌。

〔二〕桃紙：即桃花紙，紙質薄而韌，可糊風箏或作窗紙等用。

〔三〕彤管：桿身漆朱的筆，古代女史記事用。《詩·邶風·静女》："静女其孌，貽我彤管。"毛傳："古者后夫人必有女史彤管之法，史不記過，其罪殺之。"此處指烟桿。

〔四〕七情：人的七種感情或情緒。有兩種説法。《禮記·禮運》："何謂七情？喜、怒、哀、懼、愛、惡、欲，七者弗學而能。"《醫宗金鑒·外科心法要訣·癰疽總論歌》："外因六淫八風感，內因六欲共七情。"注："喜過傷心，怒過傷肝，思過傷脾，悲過傷肺，恐過傷腎，憂久則氣結，卒驚則氣縮，凡此七情爲病，亦屬內因。"

〔五〕王郎之呵氣，匹練衝霄：《太平廣記》卷二二三：王鍔爲辛杲下偏裨。杲時帥長沙，一旦擊球，馳騁既酣，鍔向天呵氣，氣高數丈，若匹練上沖。杲謂其妻曰："此極貴相。"遂以女妻之，鍔終爲將相。出《獨異志》。

〔六〕硯北：謂几案面南，人坐硯北。

〔七〕枯穎：猶禿筆，多用爲謙詞。

〔八〕上下平：《切韻》、《廣韻》、《集韻》等韻書按平、上、去、入四聲編排，上、去、入各爲一卷，平聲因字多，又分爲上平聲和下平聲兩卷，簡稱"上下平"。

汪師韓韓門

烟草之名，若石馬、浦城、衡易[一]之繫以地，黄紫以色，生熟以製。大率市暨賣儥之名，傳於牛童馬走之口[二]。以余所聞，曰打姆巴古，曰淡巴菰，曰淡把姑，曰大孖古，曰淡肉果，曰擔不歸，曰醺，曰金絲醺，曰金絲烟，曰芬草，曰烟酒，而總名曰烟。世未悉其名，莫究所始，遂疑起自近百年來者。暇日採諸舊聞，附以詞流[三]題詠，彙爲《金絲録》。凡四卷，曰原起，曰劇談，曰品題，曰烔戒，引書三十餘種[四]。昔東皋子述大樂署史焦革酒法，桑苧翁備言茶之原、之法、之具，並尊以爲經[五]。以烟草鋪芬畛畷，歷亂冬春，浮食籍之百甕，凖禺筴之萬口，茶鎗[六]酒榼，時交進焉。著於録，或者不爲文士所鄙笑耶。

【注釋】

〔一〕衡易：或當作“衡陽”。卷一“土産”條：衡烟出湖南，蒲城烟出江西，油絲烟出北京，青烟出山西，蘭花香烟出雲南，他如石馬、佘糖、浦城、濟寧等名皆是。

〔二〕市曁：市鎮停泊處，碼頭。　賣儥：買賣，交易。儥：音玉，買。《周禮・地官・司市》：“凡會同師役，市司帥賈師而從，治其市政，掌其賣儥之事。”鄭玄注：“儥，買也。”　牛童：牧童。　馬走：馬夫，馬卒。

〔三〕詞流：詞人。

〔四〕劇談：猶暢談。　品題：一般指對詩文書畫等的評論，亦指詩文書畫上的題跋或評語，此處指對烟草的品評。　炯戒：明顯的鑒戒或警戒。

〔五〕東皋子：唐代詩人王績的號。《新唐書・隱逸傳・王績》：“遊北山東皋，著書自號東皋子。”　大樂：秦漢奉常（太常）屬官有大樂令，東漢永平三年（公元60年）改大樂爲大予樂，凡國祭祀掌其奏樂及大饗之樂舞，歷代因之。　焦革酒法：語本《新唐書・隱逸傳・王績》：“高祖武德初，以前官待詔門下省。故事，官給酒日三升，或問：‘待詔何樂邪?’答曰：‘良醞可戀耳!’……貞觀初，以疾罷。復調有司，時太樂署史焦革家善釀，績求爲丞，吏部以非流不許，績固請曰：‘有深意。’竟除之。革死，妻送酒不絶，歲餘，又死。

績曰：‘天不使我酣美酒邪?’棄官去。自是太樂丞爲清職。追述革酒法爲經，又采杜康、儀狄以來善酒者爲譜。”　桑苧翁：唐陸羽的别號。唐李肇《唐國史補》卷中：“羽有文學，多意思，恥一物不盡其妙，茶術尤著。……羽於江湖稱竟陵子，于南越稱桑苧翁。”

〔六〕茶鎗：鎗：音槍。指茶葉的嫩尖，其形似鎗。《説郛》卷六十引宋熊蕃《宣和北宛貢茶録》：“凡茶芽數品最上曰小芽……次曰中芽，乃一芽帶一葉者，號一鎗一旗，次曰中芽，乃一芽帶兩葉者，號一鎗兩旗。”

錢　大　昕[一]曉徵

淡巴菰出於近代，今則無人不嗜之矣，而吟詠絶少。頃見紀氏昆仲及吟房女史聯句分韻詩，體物名雋，異曲同工[二]。塤篪之響胥諧，椒茗之詞特秀，洵一時嘉話也[三]。

【注釋】

〔一〕錢大昕（1728—1804）：字曉徵，一字辛楣，號竹汀，晚號潛研老人，江蘇嘉定人。清乾隆十九年（1754）進士，改庶吉士，授編修。二十八年大考一等三名，遷侍讀學士，充日講起居注官，入直上書房，授皇十二子書。三十七年擢詹事府少詹事。三十九年充河南鄉試主考，提督廣東學政。四十年丁父憂歸，遂不復出。歸田三十年，潛心著述課士，歷主江蘇鍾山、婁東、紫陽三書院。其學博贍精詣，後世推之爲一代儒宗。著有《潛研堂集》。

〔二〕女史：對知識婦女的美稱。　體物：描述事物，摹狀事物。　名儁：謂俊秀出衆。

〔三〕塤篪：即壎篪。壎、篪皆古代樂器，二者合奏時聲音相應和。因常以“壎篪”比喻兄弟親密和睦。《詩·小雅·何人斯》：“伯氏吹壎，仲氏吹篪。”毛傳：“土曰壎，竹曰篪。”鄭玄箋：“伯仲，喻兄弟也。我與女恩如兄弟，其相應和如壎篪，以言俱爲王臣，宜相親愛。”孔穎達疏：“其恩亦當如伯仲之爲兄弟，其情志亦當如壎篪之相應和。”　胥諧：胥：相互。相諧。　椒茗：對才女的美稱。

傳

王　露蘭皋

淡巴菰産自吕宋，前明始入中國。初惟戍邊軍士用以辟瘴驅寒，繼而流傳漸廣，近則名之爲烟，或作菸。截竹鏤銅以通噂噏〔一〕，號曰烟筒，用代香茗。沚溪居士酷嗜之，爰戲作《菸先生傳》云：先生系出竹氏，湘川〔二〕望族也。父娶滇南銅氏女，相配甚得。既而生先生，名之曰筩，别號虚中〔三〕。先生賦性明通，且圓融不露圭角，然能持勁節〔四〕，不屑拳曲隨俗，故爲時所珍重。前明嘉靖間，有菸生者，本粤東夷産，以醫術遊中華，善治瘴癘、驅寒疾、消膈脹，屢試輒效，中土人争延致之〔五〕。然非先生爲介紹不能遽達，故先生與菸生交最密，遂襲其姓，自稱爲菸筩云。先生既知名，蒙上召對，條貫覼縷〔六〕，大稱意旨。嘗留置禁中，自公卿以迨士庶，人無不樂與晉接〔七〕。其時呼吸通上下，彩焰生須臾，族大寵多，居然世家矣。及行年既髦，性漸辣，胸亦窒滯，無復如往時通敏〔八〕。上眷日替，將别遣倭人子木氏代其職〔九〕。先生懼，乃造海陬茅處士〔一〇〕之廬而告以故。處士多方爲之開導，始得豁然以通，仍復舊職如故。厥後益衰朽，形容傴僂，度不可復用，因乞骸骨歸〔一一〕。今其子姓〔一二〕蕃衍，流播諸郡邑，森森卓立，皆通材也。菸氏之昌，其未有艾〔一三〕歟?

贊曰：虚乃心，砥乃節；性温存，氣芳烈。藹五色〔一四〕之流霞，侣靈仙以吞咽。

【注釋】

〔一〕噂噏：噂：同“呼”，呼出氣體。噏：吸。呼吸。

〔二〕湘川：即湘江。唐李群玉《黄陵廟》詩：“猶似含嚬望巡狩，九疑如黛隔湘川。”唐李商隱《淚》詩：“湘江竹上痕無限，峴首碑前灑幾多。”又，卷三“紫竹烟竿詩”條：醉籠篔谷千尋影，間吸湘江萬里煙。

〔三〕虚中：没有雜念，心神專注。《禮記·祭義》：“孝子將祭，慮事不可以不豫，比時，具物不可以不備，虚中以治之。”鄭玄注：“虚中，言不兼念餘事。”

〔四〕明通：明白通達。 圓融：佛教語，破除偏執，圓滿融通。《楞嚴經》卷十七：“如來觀地、水、火、風，本性圓融，周徧法界，湛然常住。” 圭角：圭的棱角，泛指棱角，比喻鋒芒。《禮記·儒行》“毁方而瓦合”，漢鄭玄注：“去己之大圭角，下與衆人小合也。”孔穎達疏：“圭角謂圭之鋒鋩有楞角，言儒者身恒方正，若物有圭角。” 勁節：竹木枝幹分杈處稱節，以其質地堅實，故稱勁節。比喻堅貞的節操。

〔五〕粤東：廣東的别稱。 膈脹：氣滯不舒，胸膈脹滿。

〔六〕覼縷：詳述。隋無名氏《齊故員外郎馬少敏墓誌》："編之史籍，無煩覼縷。"

〔七〕昬接：接觸。

〔八〕行年：經歷的年歲，指當時年齡。　髦：通"耄"，年老。　通敏：通達聰慧。

〔九〕上眷：皇帝的恩遇、恩寵。　佞人：佞：同"佞"。善於花言巧語、阿諛奉承的人。

〔一〇〕海陬：陬：音鄒，隅，角落。海隅，海角，亦泛指沿海地帶。　茅處士：處士：本指有才德而隱居不仕的人，後亦泛指未做過官的士人。此處指茅草之類，可疏通烟管。卷一"黄烟"條：諺以"紅、鬆、通"三字爲食烟訣。

〔一一〕傴僂：傴：音雨，曲背，彎腰。僂：音旅，駝背，佝僂。特指脊梁彎曲，駝背。　乞骸骨：古代官吏自請退職，意謂使骸骨得歸葬故鄉。

〔一二〕子姓：泛指子孫、後輩。

〔一三〕未有艾：艾：盡，停止。《詩·小雅·庭燎》："夜如何其，夜未艾。"朱熹集傳："艾，盡也。"未盡，未止。

〔一四〕藹：籠罩，布滿。　五色：青、赤、白、黑、黄五種顏色。古代以此五者爲正色。《書·益稷》："以五采彰施於五色，作服，汝明。"孫星衍疏："五色，東方謂之青，南方謂之赤，西方謂之白，北方謂之黑，天謂之玄，地謂之黄，玄出於黑，故六者有黄無玄爲五也。"後泛指各種顏色。

制

戲册淡巴菰制〔一〕

佚　名

册制孤竹大夫品香伯〔二〕兼掌火部事。以爾宿傳榮葉，特秀奇姿；種出浦城，名馳吴俗。占其香色，儼同蘭蕙之芳；加以品題，卓有雲霞之瑞。本崛起于草茅〔三〕，乃頒分以郡縣。滌煩之效既彰，力同酒伯；釋滯之功懋著〔四〕，爵埒花侯。玉樓宴罷，協臭味于三清〔五〕；白馬賓來，薦馨香而四達。汝唯苦口，我實甘心。用典喉舌之司〔六〕，爰藉吹噓之力。黄衣〔七〕初試，載賜荷筒；白紙斜封，并圖硃印。餐芳腴則温和氣備，佩幽韻則呼吸風生。霞未散以流虹，雲無心而出岫。生從土德，王屬火攻〔八〕。聽松風之謖謖，影混茶煙〔九〕；覩玉色〔一〇〕之霏霏，香分菊影。吹入清虚之府〔一一〕，描成鏡裏煙霞；散歸縹緲之鄉，撰出空中樓閣〔一二〕。疑是瑶池芳草，何殊月府瓊漿。以此激濁而揚清，罔不饜膏而飫德[一三]。予昔沈湎麴車，誤入酒泉之郡[一四]；困遭斛瘕，淹留玉壘之關[一五]。今幸爾品香伯甘侯，啟沃心之益，和若鹽梅[一六]；醒濡首之迷，忠逾藥石[一七]。挹兹風味，迥異尋常。金谷賦詩而寂静，竹林揮麈以逍遥[一八]。一座借以解圍，五車[一九]資其醉筆。悔不居楊柳先生之宅，惜未登梅花處士之廬[二〇]。能使茂陵病客，頓埽沈疴[二一]；郤教風月主人[二二]，破除倦眼。裁其風格，不讓旗槍[二三]；著其勛庸，可垂竹帛[二四]。此品在青州從事之上，而名因淇川君子而成者也[二五]。今者從善如雲，求賢若渴。楮生筆尉[二六]，並列公侯；果相蔬王，悉頒冢社[二七]。而嘉兹木德，未受土田，視猶草芥，心甚恥之[二八]。可進封爲淡巴菰氏，其以百花郡爲食邑[二九]，原官如故。烏呼！蓬山瑶島[三〇]，永固根株；苔壁芸窗，賜爲湯沐[三一]。爾欲召盟，則設金蘭之會[三二]；爾欲徵調，則剖玉竹之符。庶幾唇齒相依，勿若包茅[三三]不貢。他日無忝厥職[三四]，應標名于芳草圖中；明試以功，可載筆于凌煙閣上[三五]。

【注釋】

〔一〕册：册立、册封。　制：指帝王的命令。《史記·秦始皇本紀》："臣等昧死上尊號，王爲'泰皇'，命爲'制'，令爲'詔'。"裴駰集解引蔡邕曰："制書，帝者制度之命也。其文曰'制'。"此文或效法尤侗《戲册不夜侯制》，措辭亦不無借鑒，詳參《西堂雜組》一集卷三。

〔二〕伯：古代五等爵位的第三等。《禮記·王制》："王者之制禄爵，公、侯、伯、子、男，凡五等。"

〔三〕草茅：草野，民間，多與"朝廷"相對。

〔四〕懋著：懋：音茂，盛大，大。猶顯著。

〔五〕臭味：氣味。　三清：道教所指玉清、上清、太清三清境。

〔六〕用典喉舌之司：典司：主管，主持。

〔七〕黄衣：烟葉多呈黄色。

〔八〕土德：五德之一。古以五行相生相剋附會王朝命運，謂土勝者爲得土德。《史記·五帝本紀》："(軒轅）有土德之瑞，故號黄帝。"司馬貞索隱："炎帝火，黄帝以土代之。"　火攻：中醫用熱性藥或灼艾治病的方法。

〔九〕松風：指茶。金董解元《西廂記諸宫調》卷一："紙窗兒明，僧房兒雅，一椀松風啜罷，兩箇傾心地便説知心話。"凌景埏校注："松風，指茶。"　謖謖：勁風聲，此處指倒茶聲。

〔一〇〕玉色：玉的顔色，喻指吸烟所生之烟。

〔一一〕清虚之府：指月宫。

〔一二〕縹緲之鄉：指天空。　空中樓閣：即海市蜃樓。

〔一三〕揚清：謂稱揚美德。　飫德：謂充滿高尚品德。

〔一四〕麴車：酒車。　酒泉：《漢書·地理志》"酒泉郡"顔師古注：舊俗傳云城下有金泉，泉味如酒。

〔一五〕斛瘕：斛：量詞，多用於量糧食，古代一斛爲十斗，南宋末年改爲五斗。瘕：音假，腹中結塊的病。即斛二瘕，傳説中的疾病名。晉陶潛《搜神後記》卷三："桓宣武時，有一督將，因時行病後虚熱，更能飲復茗，必一斛二斗乃飽。纔減升合，便以爲不足。非復一日，家貧。後有客造之，正遇其飲復茗，亦先聞世有此病，仍令更進五升，乃大吐，有一物出，如升大，有口，形質縮縐，狀如牛肚。客乃令置之於盆中，以一斛二斗復茗澆之。此物噏之，都盡而止，覺小脹；又加五升，便悉混然從口中湧出。既吐此物，其病遂差。或問之：'此何病?'答云：'此病名斛二瘕。'"　淹留：羈留，逗留。《楚辭·離騷》："時繽紛其變易兮，又何可以淹留?"　玉壘：指玉壘山，在四川省理縣東南，多作成都的代稱。

〔一六〕沃心：謂使内心受啟發。舊多指以治國之道開導帝王。語本《書·説命上》："啓乃心，沃朕心。"孔穎達疏："當開汝心所有，以灌沃我心，欲令以彼所見教己未知故也。” 鹽梅：鹽味鹹，梅味酸，均爲調味所需。亦喻指國家所需的賢才。《書·説命下》：“若作和羹，爾惟鹽梅。”孔傳：“鹽鹹梅醋，羹須鹹醋以和之。”

〔一七〕濡首：語本《易·未濟》：“上九，有孚於飲酒，無咎。濡其首，有孚失是。象曰：‘飲酒濡首，亦不知節也。’”後以“濡首”謂沉湎於酒而有失本性常態之意。 藥石：藥劑和砭石，泛指藥物。《列子·楊朱》：“及其病也，無藥石之儲；及其死也，無瘞埋之資。”

〔一八〕竹林：“竹林七賢”的省稱。魏晉之間陳留阮籍、譙郡嵇康、河内山濤、河南向秀、籍兄子咸、琅邪王戎、沛人劉伶相與友善，常宴集于竹林之下，時人號爲“竹林七賢”。見《三國志·魏志·嵇康傳》“嵇康文辭壯麗，好言老莊而崇奇任俠”裴松之注引晉孫盛《魏氏春秋》。此處泛指文人雅士。 揮塵：當作“揮麈”。麈：音主，鹿類，亦名駝鹿，俗稱四不像，此處爲“麈尾”的省稱。麈尾是古人閒談時執以驅蟲、撣塵的一種工具。在細長的木條兩邊及上端插設獸毛，或直接讓獸毛垂露外面，類似馬尾松。因古代傳説麈遷徙時，以前麈之尾爲方向標誌，故稱。晉人清談時，常揮動麈尾以爲談助。後因稱談論爲揮麈。

〔一九〕五車：《莊子·天下》：“惠施多方，其書五車。”後用以形容讀書多，學問淵博。此處代指飽學之士。

〔二〇〕楊柳先生：指晉陶潛。潛曾作《五柳先生傳》以自況，文中云：“宅邊有五柳樹，因以爲號焉。” 梅花處士：指宋林逋。林逋隱居杭州西湖孤山，無妻無子，種梅養鶴以自娱，人稱“梅妻鶴子”。清龔自珍《己亥雜詩》之二四五：“牡丹絶色三春暖，豈是梅花處士妻?”

〔二一〕茂陵病客：茂陵：古縣名，治在今陜西省興平縣東北。漢初爲茂鄉，屬槐里縣。武帝築茂陵，置爲縣，屬右扶風。漢司馬相如病免後家居茂陵，後因用以指代相如。北周庾信《奉和永豐殿下言志》之七：“茂陵體猶瘠，淮陽疾未祛。” 沈痾：重病，久治不愈的病。

〔二二〕風月主人：《蜀檮杌》卷下：十一月，左丞歐陽彬卒。彬字齊美，衡上人。博學能文，昶以爲嘉州刺史，喜曰：“青山緑水中爲二千石，作詩飲酒，爲風月主人，豈不嘉哉!”

〔二三〕旗槍：緑茶名，由帶頂芽的小葉製成。茶芽剛剛舒展成葉稱旗，尚未舒展稱槍，至二旗則老。參閱宋王得臣《麈史》卷中。

〔二四〕勛庸：功勳。《後漢書·荀彧傳》：“曹公本興義兵，以匡振漢朝，雖勳庸崇著，猶秉忠貞之節。” 竹帛：古代初無紙，用竹帛書寫文字。引申指書籍、史乘。

〔二五〕青州從事：《世説新語·術解》：“桓公有主簿善别酒，有酒輒令先嘗。好者謂‘青州從事’，惡者謂‘平原督郵’。青州有齊郡，平原有鬲縣。從事，言到臍；督郵，言在鬲，‘膈’上住。”意謂好酒的酒氣可直到臍部。從事、督郵，均官名。後因以“青州從事”

爲美酒的代稱。　淇川君子：竹的美稱。《史記·河渠書》："是時東郡燒草，以故薪柴少，而下淇園之竹以爲楗。"裴駰集解引晉灼曰："淇園，衛之苑也，多竹篠。"

〔二六〕楮生：楮：音儲，指紙，楮皮可製皮紙，故有此代稱。即楮先生。唐韓愈《毛穎傳》："穎與絳人陳玄、弘農陶泓及會稽楮先生友善，相推致，其出處必偕。"此文將筆、墨、硯、紙擬人化，稱紙爲楮先生，後遂以楮先生爲紙的别稱。　筆尉：筆的别稱。

〔二七〕冢社：猶冢土。大社，天子祭神的地方。

〔二八〕木德：秦漢方士以金木水火土五行相生相勝，附會王朝的命運，以木勝者爲木德。《史記·封禪書》："夏得木德，青龍止於郊，草木暢茂。"　草芥：常用以比喻輕賤。

〔二九〕食邑：古代君主賜予臣下作爲世禄的封地。

〔三〇〕蓬山：即蓬萊山，相傳爲仙人所居。　瑶島：傳説中的仙島。

〔三一〕芸窗：指書齋。　湯沐：指湯沐邑。周代供諸侯朝見天子時住宿並沐浴齋戒的封地。《禮記·王制》："方伯爲朝天子，皆有湯沐之邑於天子之縣內。"鄭玄注："給齋戒自潔清之用。浴用湯，沐用潘。"

〔三二〕召盟：禱告盟誓。　金蘭之會：舊時廣州順德農村女子結社的名稱。清梁紹壬《兩般秋雨盦隨筆·金蘭會》："廣州順德村落女子，多以拜盟結姊妹，名金蘭會。女出嫁後歸寧，恒不返夫家，至有未成夫婦禮，必俟同盟姊妹嫁畢，然後各返夫家。若促之過甚，則衆姊妹相約自盡。”

〔三三〕包茅：古代祭祀時用以濾酒的菁茅。因以裹束菁茅置匣中，故稱。

〔三四〕無忝厥職：忝：音舔，羞辱，有愧於。不愧居其職。

〔三五〕明試以功：語本《書·舜典》：“敷奏以言，明試以功，車服以庸。”孔穎達疏：“諸侯四處來朝，每朝之處，舜各使陳進其治理之言，令自説己之治政。既得其言，乃依其言明試之。”明試：明白考驗。　載筆：攜帶文具以記録王事。《禮記·曲禮上》：“史載筆，士載言。”鄭玄注：“筆，謂書具之屬。”孔穎達疏：“史，謂國史，書録王事者。王若舉動，史必書之；王若行往，則史載書具而從之也。”　凌煙閣：封建王朝爲表彰功臣而建築的繪有功臣圖像的高閣。唐太宗貞觀十七年（643）畫功臣像于凌煙閣之事最著名。北周庾信《庾子山集·周柱國大將軍紇干弘神道碑》：“天子畫凌煙之閣，言念舊臣；出平樂之宫，實思賢傅。”

文

石　　杰[一]虹村

烟以趣勝，嗜者衆矣。夫嗜烟者嗜其趣耳，趣勝故嗜之者衆。聞之神仙不食烟火物[二]，物從烟火中出，尚不食之，何況於烟？然世之不吸烟者，未見其得爲神仙，我又安能以不可必[三]之神仙而奪我烟趣也？烟草不見經傳，《宋史》載吕宋國産淡巴菇，即今烟草者。是烟以氣行，而更以味著，故鼻受者兼以口受。烟以色顯，而特以韻傳，故目辨者仍以舌辨。考其産，曰建曰衡，肥瘠殊而産亦殊，建與衡其較著也；問其製，曰生曰熟，精粗别而製亦别，生與熟其總名也。五方自爲風氣，安能嗜欲皆同，獨至烟而東西朔南，海内無不餐霞之輩[四]；萬姓各有性情，夫豈效尤能遍，獨至烟而童叟男婦，目中無不飲霧之人。詩思生於機活，一題到手，養似木雞，得烟而想入風雲，與之悠揚上下，覺大含細入，呼吸皆通，盧仝七椀，不如金縷半筒矣[五]；談鋒由於氣壯，衆客盈前，形同土偶，得烟而神流肺腑，與之吞吐翕張，覺咳玉噴珠，洪纖畢露，管輅三升，不如玉麈一咽矣[六]。紫絲宛在，以爲無足重輕，及至雲消靄散，而覓跡尋蹤，無從措手，然後知天壤間與生俱永者，此外更無他物；�管未嘗，以爲不堪繫戀，一旦含英咀華，而寤思夢想，刻不可離，以是知宇宙內實獲我心者，此中確有別腸[七]。至若醉能醒，醒能醉，飢可飽，飽可飢，此皆烟之功用，我不言，言其趣而已。

【注釋】

〔一〕石杰：字裕昆，號虹村，桐鄉人。康熙五十四年（1715）進士，歷官四川按察使。著有《柘枝集》、《虹村詩鈔》。

〔二〕烟火物：指熟食。

〔三〕可必：謂可以預料其必然如此。

〔四〕五方：東、南、西、北和中央，亦泛指各方。《禮記・王制》："五方之民，言語不通，嗜欲不同。"孔穎達疏："五方之民者，謂中國與四夷也。"　餐霞：服食日霞，指修仙學道。語本《漢書・司馬相如傳・大人賦》："呼吸沆瀣兮餐朝霞。"顔師古注引應劭曰："《列仙傳》：陵陽子言春（食）朝霞，朝霞者，日始欲出赤黄氣也。夏食沆瀣，沆瀣，北方夜半氣也。並天地玄黄之氣爲六氣。"

〔五〕機活：猶靈感。　木雞：語本《莊子・達生》："紀渻子爲王養鬭雞，十日而問曰：'雞已乎？'曰：'未也，方虚憍而恃氣。'……十日又問，曰：'幾矣。雞雖有鳴者，已無變矣，望之似木雞矣，其德全矣，異雞無敢應者，反走矣。’”唐成玄英疏：“神識安閒，形容審定，……其猶木鷄，不動不驚，其德全具，他人之雞，見之反走。”後因以“木雞”喻指修養深淳、以鎮定取勝者。　大含細入：語本漢揚雄《解嘲》：“大者含元氣，細者入無間。”指文章的內容，既包涵天地的元氣，又概括了極微小的事物，形容文章博大精深。

盧仝七椀：詳參卷四楊潮觀賦“肘後之清風”注。

〔六〕咳玉噴珠：喻指談吐精彩。　洪纖：大小，巨細。　管輅三升：語本《三國志·魏志·管輅傳》：“管輅，字公明，平原人也。容貌粗醜，無威儀而嗜酒，飲食言戲，不擇非類，故人多愛之而不敬也。”裴松之注：“琅邪太守單子春雅有材度，聞輅一黌之俊，欲得見，輅父即遣輅造之。大會賓客百餘人，坐上有能言之士，輅問子春：‘府君名士，加有雄貴之姿，輅既年少，膽未堅剛，若欲相觀，懼失精神，請先飲三升清酒，然後而言之。’子春大喜，便酌三升清酒，獨使飲之。”

〔七〕含英咀華：一般比喻欣賞、體味或領會詩文的精華，此處喻指吸烟。　別腸：與衆不同的腸胃，比喻能豪飲。《資治通鑑·後晉高祖天福七年》：“曦曰：‘維岳身甚小，何飲酒之多？’左右或曰：‘酒有別腸，不必長大。’”此謂酒量大小，不以身材爲準。

戒

黄之雋[一] 唐堂

歷驗老壽[二]無喫煙者，作此自戒。

幼駭所見，折蘆爲筩。捲紙於首，納煙於中。或就火吸，忽若中風。閉睫流涎，謂醉之功。久而盛行，遍種斯草。曬葉剉絲，匪[三]甘匪飽。銅竹鏤工，荷囊製巧。纓弁横銜，脂鬟斜齩[四]。吾獨違衆[五]，誓不沾牙。嫉如冶葛，屏若顛茄[六]。有里[七]前輩，嚮予褒嘉。不逐流俗[八]，非君子耶？逮三十五，暨陽舟次[九]。歲暮曉寒，擁衾不寐。卬友津津，曰煖且醉[一〇]。遽喪其守，索而嘗試。入脣三噈，啟齒一呼。四肢軟美，八脈[一一]敷舒。相遇恨晚，大智若愚。四十餘載，晷刻必需。亦潤文心，亦綿詩力[一二]。思之不置[一三]，棄之可惜。如惑狐媚，如蠱妖色[一四]。一朝覺寤，忍爲殘賊[一五]。昔韓尚書[一六]，嗜酒與煙。不得已去，二者何先。答曰去酒，佳話流傳。曩[一七]予附和，今不謂然。咽喉寸膚，食草吞火。非獸非鬼，奚頤之朵[一八]。熏舌尚可，焚腸殺我。老耄[一九]作戒，銘諸座左。

【注釋】

〔一〕黄之雋（1668—1748）：字若木，號石牧、㾊堂，江蘇華亭人，原籍安徽休寧。康熙六十年（1721）進士，改庶吉士。雍正元年（1723）授編修，充日講起居官，尋提督福建學政。二年遷中允，三年被參回京，次年革職。乾隆元年（1736）薦試博學鴻詞，報罷。著有《㾊堂集》。

〔二〕老壽：高壽。

〔三〕匪：同“非”，不，不是。

〔四〕纓弁：纓：系冠的帶子，以二組系於冠，結在頷下。弁：古代貴族的一種帽子，通常穿禮服時用之（吉禮之服用冕）。赤黑色的布做的叫爵弁，是文冠；白鹿皮做的叫皮弁，是武冠。仕宦的代稱。 脂鬟：代指婦女。 齩：音咬，用牙齒咬齧或用上下齒把東西緊緊夾住。

〔五〕違衆：與衆不同，違反常規。

〔六〕冶葛：即野葛，毒草名。 屏：音丙，擯棄。 顛茄：多年生草本植物，葉子卵形，花暗紫色，結黑色漿果，根、葉均可入藥，有毒。清俞樾《茶香室叢鈔·風茄》：“云此廣西産，市之棋盤街鬻雜藥者。士人謂之顛茄，風猶顛也。一名悶陀羅。”

〔七〕里：鄉村的廬舍、宅院，後泛指鄉村居民聚落。

〔八〕流俗：社會上流行的風俗習慣，多含貶義。

〔九〕舟次：行船途中，船上。

〔一〇〕卬：音昂，我。《書·大誥》："越予沖人，不卬自恤。"孔傳："卬，我也。" 津津：充溢貌，洋溢貌。 煖：同"暖"，温暖，暖和。

〔一一〕八脈：中醫的八種脈名，即奇經八脈——陽維、陰維、陽蹻、陰蹻、衝、督、任、帶。

〔一二〕文心：爲文之用心。 詩力：詩的工力。

〔一三〕置：舍，止，棄廢。

〔一四〕狐媚：謂狐爲魅，喻淫蕩、諂媚的女子。 蠱：誘惑，迷亂。

〔一五〕殘賊：殘害。

〔一六〕韓尚書：事詳卷三"韓宗伯嗜烟"條。

〔一七〕曩：音囊，先時，以前。

〔一八〕頤之朵：即朵頤，鼓腮嚼食，喻嚮往、羡饞。

〔一九〕老耄：七八十歲的老人。

説

諸　　聯[一] 晦薌

人情飢則求食，渴則求飲，飲食外無治飢渴者，飢渴外亦無所以爲飲食者，乃有舉異此而須臾不離者，烟草是也。烟草産吕宋，明季始入中土，初以闢瘴，繼則老少皆好之。其以吐爲吞，以氣爲味，以無味爲味者，令人相思而弗能已，亦飲食之最奇者已。夫飲食之物多矣，未有僅供人嗜者也，而此獨爲鳥獸蟲魚所不敢近。當活火始，然氤氤氳氳，烟飛雲布，蘭蕙失香，腥羶失氣，祛穢滯以和神明，信有無味之味、不益之益者歟？説者顧謂生不可蔬，熟不可薦，暴之切之，一轉瞬而煨燼焉，是廢物耳[二]。然當霜晨雨夕，時或勞思抑鬱、惝怳無定，于焉解囊攜管，以佐苦茗、甘醇，未始非怡神遣煩之一助也[三]。此于《爾雅·釋草》外，特茁以表未有。後來訂飲食之經者，倘攷其種植、稽其品類，辨神農之未辨，以筆之書，則雖云小草，與五穀並傳可也。

【注釋】

〔一〕諸聯：字星如，號晦香，又號晦薌，青浦人。少負雋才，工聲律，與陳琮、蔡文洽有“青谿三子”之名。著有《晦香詩鈔》。

〔二〕薦：牧草。《莊子·齊物論》：“民食芻豢，麋鹿食薦。” 煨燼：經焚燒而化爲灰燼。

〔三〕勞思抑鬱：憂慮，煩悶。 惝怳無定：心神不安。

啓

成　親　王[一]

近有一奇舉，乃吃烟之謂也。戒之十三年，今復開之。其中以開爲戒，别有因緣，總之下乘有爲法耳[二]。欲乞上好南絲一二斤許，翹佇[三]翹佇。不宣[四]。與錢湘舲

【注釋】

〔一〕成親王：愛新覺羅永瑆（1752—1823），乾隆第十一子，嘉慶年間擔任軍機處行走。以楷書、行書著稱於世，與翁方綱、劉墉、鐵保並稱“乾隆四家”。

〔二〕因緣：佛教語。佛教謂使事物生起、變化和壞滅的主要條件爲因，輔助條件爲緣。《四十二章經》卷十三：“沙門問佛，以何因緣，得知宿命，會其至道?”按，《翻譯名義集·釋十二支》：“前緣相生，因也；現相助成，緣也。” 下乘：指小乘佛教。早期佛教的主要流派，注重修行、持戒，以求得“自我解脱”。公元1世紀左右，佛教中出現了主張“普度衆生”的新教派，自稱“大乘”，而稱原有的教派爲“小乘”。《百喻經·送美水喻》：“如來法王有大方便，於一乘法分别説三。小乘之人聞之歡喜，以爲易行，修善進德，求度生死。” 有爲法：佛教語，謂因緣所生、無常變幻的現象世界。《金剛經·應化非真分》：“一切有爲法，如夢幻泡影，如露亦如電，應作如是觀。”

〔三〕翹佇：翹首以待。

〔四〕不宣：漢楊修《答臨淄侯箋》：“反答造次，不能宣備。”後謂不一一細説。舊時書信末尾常用此語。

姜　文　燦 代英[一]

神農百草親嘗，獨遺其味；張騫諸種遍植，未列斯珍。某殊慚斗酒學士[二]，竊附烟火神仙。頃承石馬遥頒，欲作喉間之甘露；敢向銀鹿[三]拜賜，勝餐嶺上之朝霞。吐出遊絲[四]，浮雲繚繞；團成香縷[五]，丹篆縈洄。疑公瑾之醇醪，不覺玉山頹矣[六]；欲當子瞻之軟飽[七]，姑以彤管試之。謝友贈烟草

【注釋】

〔一〕姜文燦代英：據《四庫全書總目》，當作“我英”。文燦字我英，丹陽人。著有《詩經正解》。

〔二〕斗酒學士：唐王績的别號。《新唐書·隱逸傳·王績》：“（績）以前官待詔門下省。故事，官給酒日三升，或問：‘待詔何樂邪?’答曰：‘良醖可戀耳!’侍中陳叔達聞之，日給一斗，時稱‘斗酒學士’。”

〔三〕銀鹿：唐顔真卿的家僮名。唐李肇《唐國史補》卷上：“顔魯公之在蔡州，再從姪峴家僮銀鹿始終隨之。”後用以代稱僕人。

〔四〕遊絲：本指繚繞的爐烟，此處指吸烟吐出之氣。唐杜甫《宣政殿退朝晚出左掖》詩：“宫草微微承委佩，爐烟細細駐遊絲。”

〔五〕香縷：嫋嫋升騰的香烟。宋陸遊《遣興》詩：“湯嫩雪濤翻茗椀，火温香縷上衣篝。”

〔六〕醇醪：卷二“烟草詩”條“公瑾”注。　玉山頹：猶玉山倒，形容醉態。語本《世説新語·容止》：“嵇叔夜之爲人也，巖巖若孤松之獨立；其醉也，傀俄若玉山之將崩。”

〔七〕軟飽：謂飲酒。宋蘇軾《發廣州》詩：“三杯軟飽後，一枕黑甜餘。”自注：“浙人謂飲酒爲軟飽。”

陳　逵[一]東橋

天寒歲暮，酒興詩情，諒增勝也。頃接愛篘大兄手翰[二]，極蒙關注。又承賜烟草，其寓相思之意，以慰孤館之愁，拜領之下，齒頰俱香，肺腑頓暖，感何如之！附上小炭一簍、虎斑竹烟筩一枝，得之友人者，轉以奉贈。不敢當琅玕之報，幸哂存之[三]。

【注釋】

〔一〕陳逵：字吉甫，號東橋，青浦人。詩文書畫皆善，尤長竹石。著有《東橋詩鈔》。

〔二〕大兄：對朋輩的敬稱。　手翰：親筆書劄。

〔三〕琅玕之報：語本漢張衡《四愁詩》："美人贈我琴琅玕，何以報之雙玉盤。"琅玕：似珠玉的美石。《書·禹貢》："厥貢惟球、琳、琅玕。"孔傳："琅玕，石而似玉。"孔穎達疏："琅玕，石而似珠者。"　哂存：哂：音審，微笑。《論語·先進》："夫子哂之。"猶笑納。

陸　　泖尹達

囊號銷雲，仙人佩去；臺稱吐雨，學士攜歸。頃承彤管之遺，如當碧筒〔一〕之勸。未謝人間火食〔二〕，已餐天上烟霞。豈葛老抽刀，切金絲而飼鶴；若王喬吹管，種瑶草而呼龍〔三〕。謝餽烟筒

【注釋】

〔一〕碧筒：即“碧筩杯”，詳參卷二“烟筒”條“碧筩盃”注。

〔二〕火食：指煮熟的食物，人間烟火食。元李好古《張生煮海》第二折：“自家本秦時宫人，後以採藥入山，謝去火食，漸漸身輕，得成大道。”

〔三〕若王喬吹管，種瑶草而呼龍：語本唐李賀《天上謡》：“王子吹笙鵝管長，呼龍耕煙種瑶草。”王喬：即王子喬。漢劉向《列仙傳》：“王子喬，周靈王太子晉也。好吹笙，作鳳鳴。游伊洛間，道古浮丘公接上嵩山。二十餘年後，來於山上，告桓良曰：‘告我家，七月七日待我緱氏山頭。’果乘白鶴駐山巔，望之不得到，舉手謝時人而去。”

贊

陳　　璐[一] 古芸

烟草出吕宋國，名淡巴菰。明季始入中土，近日無人不用之矣。《本草》、《爾雅》皆不載，然驅寒宣氣[二]、辟瘴除瘟，功不在茶酒下。因爲之贊曰：

厥有瑶草，其名曰蔫。神農未品，仲景失箋。傳自吕宋，移植漳泉。一呼一吸，非雲非煙。葉如綽菜[三]，花似海棠。逾麝蘭氣，勝百和香[四]。所用伊何，一握修篁[五]。所貯伊何，佩綴緗囊[六]。騷人孤館，繡婦深閨。茶餘酒罷，月夕[七]風時。除煩解悶，無不宜之。惟我與爾，允號相思。

【注釋】

〔一〕陳瓏：陳琮之弟，號古芸。性情安雅，與其兄閉門賡和，人比之坡潁。著有《雲間藝苑叢談》、《匳月簃隨筆》、《韻雅草堂詩稿》。

〔二〕宣氣：宣洩滯氣。

〔三〕綽菜：草名，睡菜之别名。李時珍《本草綱目·菜四·睡菜》（集解）引晉嵇含《南方草木狀》："綽菜夏生池沼間，葉類慈姑，根如藕條，南海人食之，令人思睡，呼爲瞑菜。"

〔四〕麝蘭氣：麝香與蘭香的香氣。《紅樓夢》第五回："仙袂乍飄兮，聞麝蘭之馥郁。" 百和香：由各種香料和成的香。《太平御覽》卷八一六引《漢武帝内傳》："爇百和香，燃九微燈，以待西王母。"

〔五〕伊何：何物。 脩篁：修竹，長竹，此處指烟桿。

〔六〕緗囊：緗：淺黄色的絹帛，古人多用以書寫，亦用作書的封套。淺黄色的書套子，此處指貯烟絲的錦囊。

〔七〕月夕：月夜。唐韋應物《白沙亭逢吴叟歌》："嘗陪月夕竹宫齋，每返温泉灞陵醉。"

卷五　詩（古體詩　五言律詩）

古體詩

徐震脩[一]卓峰

江南草色青，江北愁思絶。雙鬟紅雲卷，單衫紫絲結。綿綿碧草路，離愁渺難訢。昨夜起相思，飛鴻鳴遠樹。樹下立躊躇，含悲泣路隅。開門郎不至，出門采巴菰。采采[二]對荒圃，花葉交相舞。歡道巴菰淡，儂道相思苦。相思減紅顏，盡日倚闌干。抽刀斷金絲，金絲熏若蘭。蘭香置懷中，無言閉綺櫳[三]。望郎郎不至，駘蕩逐春風。春風悲蕩子，别恨何時已。腸斷月明中，淚揮清露裹。含淚問歸期，思心常依依。巴菰淡似水，行人知不知。

【注釋】

〔一〕徐震脩：字卓峰，號果亭，海鹽諸生。著有《東村吟稾》。

〔二〕采采：茂盛，衆多貌。

〔三〕綺櫳：猶綺疏，雕繪美麗的窗户。《文選·張協〈七命〉》："蘭宫秘宇，雕堂綺櫳。"李善注引《説文》："櫳，房室之疏也。"

諸　錦[一] 草廬

我性不嗜烟，六十始愛烟。是名淡巴菰，見之姚旅編。方寸多塊磊[二]，以烟全其天。一吸四體[三]和，悠然見神全。摧剛化爲柔，刓[四]方以爲圓。五味近乎辛，養恬[五]兹取憐。餐霞自有客，吐火寧無仙[六]。醉鄉不到此，那識羲皇年[七]。

【注釋】

〔一〕諸錦（1686—1769）：字襄七，號草廬，秀水人。雍正二年（1724）進士，官庶吉士，改金華教授。乾隆元年（1736），舉博學鴻詞，授編修，轉中允。著有《絳跗閣詩》。

〔二〕塊磊：泛指鬱積之物，比喻胸中鬱結的愁悶或氣憤。

〔三〕四體：指整個身體，身軀。

〔四〕刓：音玩，削去棱角。

〔五〕養恬：培養恬靜寡欲的思想。《莊子・繕性》："古之治道者，以恬養知；知生而無以知爲也，謂之以知養恬。"

〔六〕吐火寧無仙：語本《太平御覽》卷八六八："《葛仙公别傳》曰：公與客談話，時天寒，公謂客曰：'居貧不能得爐火，請作一大火。'公遂吐氣，火赫然從口而出。"

〔七〕醉鄉：指醉酒後神志不清的境界。　羲皇：即伏羲氏。

錢　大　昕竹汀

小草淡巴菰，得名蓋未久。移栽始閩嶠，近乃處處有。烈日炙葉乾，黄絲細如綹。�筒烟一縷，相習以口受。肺腑非鐵石，火攻奚可狃〔一〕？奈何今時人，嗜此不去手。縻〔二〕財更妨功，濫觴〔三〕起誰某。安得拔其根，卮茜〔四〕種千畝。

【注釋】

〔一〕狃：音扭，習慣。《詩·鄭風·大叔于田》："將叔無狃，戒其傷女。"毛傳："狃，習也。"

〔二〕縻：通"靡"，耗費，浪費。

〔三〕濫觴：指江河發源處水很小，僅可浮起酒杯。比喻事物的起源、發端。

〔四〕卮茜：卮：野生植物名，紫赤色，可制胭脂。茜：茜草。多年生草本植物，根黄赤色，莖方形，有倒生刺。葉子輪生，心臟形或長卵形。秋季開黄色小花，果實球形。根可做紅色染料，也可入藥。代指一般農作物。

張翔鳳

閩囝[一]手攜三尺鋤，囊裹幾粒淡巴菰。逢人説烟鼓嚨胡[二]，一筒抵得酒一壺。亦不飲食筋骨舒，種烟之利與禾殊。種禾只收利三倍，種烟還獲十倍租。沙田種烟烟葉瘦，山田種烟烟味枯。根長全賴地肥力，氣厚半藉土膏腴[三]。越人嗜烟如嗜鼠，寧可朝爨[四]缺不厨。黠者招囝充力作[五]，上田百畝種九區。可憐力薄苗葉短，不似烟葉高扶疏[六]。憎苗愛烟户相告，老農傍睨欲色癯[七]。吁嗟老農勿健羡，此物鴆毒奇莫居[八]。食多積日煩劀殺，肝腎焦灼勞醫巫[九]。棄灰往往成失火，焚燒廬舍殃池魚[一〇]。我聞前明有厲禁，稍因瘴卒寬其誅[一一]。無米令人俱餓死，無烟豈遂傷毛膚。昔年眼見鬻烟賈，掘田築室穿清渠。比來米價真大貴，里中[一二]惡少攫肉烏。太倉掬米一掬珠，陳觜争噉如花猪[一三]。種烟利厚趨者衆，有田不稼[一四]將何如?

【注釋】

〔一〕囝：音檢，小孩。唐顧況《囝》詩："囝生閩方，閩吏得之。……囝别郎罷，心摧血下。"原題解："閩俗呼子爲囝，父爲郎罷。"

〔二〕嚨胡：喉嚨。

〔三〕膏腴：謂土地肥沃。

〔四〕爨：音篡，燒火煮飯，後泛指燒煮。

〔五〕力作：努力勞作，此處作名詞。

〔六〕扶疏：枝葉繁茂分披貌。

〔七〕傍睨：猶輕視。　癯：音渠，瘦。

〔八〕吁嗟：嘆詞，表示憂傷或有所感。　鴆毒：鴆：傳説中的一種毒鳥，以羽浸酒，飲之立死。謂烟草有毒。

〔九〕劀殺：劀：音刮，刮除。《説文·刀部》："劀，刮去惡創肉也。"謂刮去惡瘡膿血，以藥蝕除腐肉。《周禮·天官·瘍醫》："掌腫瘍、潰瘍、金瘍、折瘍之祝藥，劀殺之齊。"鄭玄注："刮，刮去膿血；殺，謂以藥食其惡肉。"　焦灼：燒毁，灼傷。　醫巫：治病的人。古代醫生往往兼用巫術治病，故稱。

〔一〇〕殃池魚：即殃及池魚。語本《吕氏春秋·必己》："宋桓司馬有寶珠，抵罪出亡，王使人問珠之所在，曰：'投之池中。'於是竭池而求之，無得，魚死焉。此言禍福之相及也。"比喻無端受禍。

〔一一〕誅：懲罰，責罰。事詳卷二"烟禁"條。

〔一二〕里中：指同里的人。

〔一三〕太倉：胃的别名。本以太倉喻胃，後徑稱胃爲太倉。　掬：量詞，猶捧，指兩手相合所能捧的量。　陳胔：胔：音字，腐肉。暴屍。《晏子春秋·諫下二一》："且嬰聞之，朽而不斂，謂之僇屍；臭而不收，謂之陳胔。"　噉：音淡，食，吃。　花猪：即花豬。語本蘇軾《聞子由瘦（儋耳至難得肉食）》："五日一見花豬肉，十日一遇黄雞粥。"

〔一四〕稼：耕作，種植。《詩·魏風·伐檀》："不稼不穡，胡取禾三百廛兮?"鄭玄箋："種之曰稼。"

朱　邦　垣[一] 梅簃

高堂席地紅氍毹，鷓鴣香爇黄金爐[二]。客來無語花語亂，請君爲唱淡巴菰。巴菰淡處人争慕，洋舶收來始散布。托土香依茉莉花，分秧影射波羅樹[三]。溯昔漳泉傳馬家，先春抽出辛薑芽。碧浮暑露千株葉，紅入秋風幾穗花。花開不上雙雲鬟，緑葉層層光朗潤。轉碧迴黄數日間，匠人巧製傳芳訊。芳信纚綿裁作絲，人間從此重相思。朝朝消受情何限，日日相思有六時[四]。美人寂寞貯金屋，階前栽就觀音竹[五]。角枕鴛鴦繡乍停，宣爐龍鳳香初馥[六]。分得星星爝火[七]薰，異香那許外人聞。垂將湘女窗前箔[八]，留住巫峯夢裏雲。雲飛是處迷輕靄，幽人閒坐偏無賴[九]。蘭子分來着意然，緗囊收得輕垂帶。緗囊蘭子總堪憐，非霧非花妙莫傳。客至正當茶未熟，帳開常憶夜初眠。少年別自饒風韻，金鑲玉管長相近。吐傍花梢乍有痕，淡遮月下微含暈[一〇]。聞道傳芳遍九邊，引人何處不流連。醺心夜伴葡萄酒，破冷晨隨翡翠韉[一一]。浦城閩地紛難記，佘糖蓋露争名字。南海檳榔未足誇，東籬桑落空教醉。日夕相思不厭頻，容顏無奈暗銷春。歌成寄語相思子，第一相思最損人。

【注釋】

〔一〕朱邦垣：字樹屏，号梅簃，浙江海鹽人。著有《梅簃詩鈔》。

〔二〕高堂：高大的廳堂，借指華屋。漢桓譚《新論·琴道》："居則廣廈高堂，連闥洞房。" 氍毹：音渠書，一種毛織或毛與其他材料混織的毯子，可用作地毯、壁毯、床毯、簾幕等。舊時演劇用紅氍毹鋪地，因用以爲歌舞場、舞臺的代稱。 鷓鴣香：即鷓鴣斑，帶斑點的沉香木。宋范成大《桂海虞衡志·志香》："鷓鴣斑香，亦得之於海南沉水、蓬萊及絶好箋香中。槎牙輕鬆，色褐黑而有白斑點點，如鷓鴣臆上毛。氣尤清婉似蓮花。" 黄金爐：爲香爐之美稱。

〔三〕茉莉花：茉莉：植物名，常緑灌木，木犀科。夏季開白花，有濃香。茉莉花可薰制茶葉，又爲提取芳香油的原料。 波羅樹：一種野生的木本棉花。《新唐書·南蠻傳上·南詔上》："大和、祁鮮而西，人不蠶，剖波羅樹實，狀若絮，紐縷而幅之。"

〔四〕六時：佛教分一晝夜爲六時：晨朝、日中、日没、初夜、中夜、後夜。

〔五〕貯金屋：語本漢班固《漢武故事》："帝以乙酉年七月七日生於猗蘭殿。年四歲，立爲膠東王。數歲，長公主嫖抱置膝上，問曰：‘兒欲得婦不?’膠東王曰：‘欲得婦。’長公主指左右長御百餘人，皆云不用。末指其女問曰：‘阿嬌好不?’於是乃笑對曰：‘好！若得阿嬌作婦，當作金屋貯之也。’” 觀音竹：竹名，形小，可供盆栽。元李衎《竹譜詳録·竹品譜》：“觀音竹，兩浙、江、淮俱有之，一種與淡竹無異，但葉差細瘦，彷彿楊柳，高止五六尺，婆娑可喜，亦有紫色者。永州祁陽有一種止高五七寸，人家多植之水石之上，數年不凋瘁，彼人亦名觀音竹。”

〔六〕角枕：角製的或用角裝飾的枕頭。《詩·唐風·葛生》：“角枕粲兮，錦衾爛兮。” 宣爐：即宣德爐。明朝宣德年間鑄造的銅質香爐，省稱“宣爐”。由於銅經過精煉，又加進一些金銀等貴重金屬，色澤極爲美觀，成爲明代一種著名的美術工藝品。爐，也寫作“鑪”。明劉侗、于奕正《帝京景物略·城隍廟市》：“後人評宣爐色五等：栗色、茄皮色、棠梨色、褐色，而藏經紙色爲最。”

〔七〕爝火：爝：音爵，小火。炬火，小火。《莊子·逍遥遊》：“日月出矣，而爝火不息；其於光也，不亦難乎!”成玄英疏：“爝火，猶炬火也，亦小火也。”

〔八〕箔：簾子。

〔九〕幽人：指幽居之士。宋蘇軾《定惠院寓居月夜偶出》詩：“幽人無事不出門，偶逐東風轉良夜。” 無賴：無聊。謂情緒因無依託而煩悶。宋蘇舜欽《奉酬公素學士見招之作》詩：“意我羈愁正無賴，欲以此事相誇招。”

〔一〇〕花梢：花木的枝梢。　含暈：原指月暈，即月亮周圍的光圈。此處指吸食烟草所生之氣。

〔一一〕韉：音堅，指馬鞍。唐李真《丈人樂山詩》：“春凍曉韉露重，夜寒幽枕雲生。”

徐以升[一]階五

仙山産靈草，種實繁有徒。一物生島嶼，厥名淡巴菰。傳流内地漸滋蔓，地利奪盡干膏腴[二]。斑斕拂拭湘竹管，金絲細揉閒吸呼。初如篆烟輕褭褭，百和乍起金香爐。旋如鎖囊開兩角，騰騰繞屋雲模糊。南榮負暄春得酒，辟寒除穢病骨蘇[三]。文瀾武庫藉觸撥，心源一一開縈紆[四]。舟中馬上孤客枕，味無味處還啜餔。芸窗兀坐風雨候，睡魔欲併愁魔[五]驅。女郎近亦弄狡獪，芬芳吐納含櫻珠[六]。白雲一片雜蘭麝，馥郁時露冰雪膚。襄陽小兒不解事，銅鞮唱罷争時趨[七]。一錢買得恣噴薄，渾如沙雁銜霜蘆。何年蓄産此尤物，薰肌入髓無處無。漁洋山人精考核[八]，《露書》載出東南隅。韓公[九]文筆妙天下，癖好亦復同尊壺。品題聊借玉堂儁，逞妍抽秘争形模[一〇]。前輩風流愧難繼，作歌聊爾充吴歈[一一]。

【注釋】

〔一〕徐以升（1694—?）：字階五，號恕齋，浙江德清人。雍正元年（1723）進士，改庶吉士，授編修，歷官江西按察使。著有《南陔堂詩集》。

〔二〕滋蔓：生長蔓延。　地利：對農業生産有利的土地條件。

〔三〕南榮：房屋的南簷。榮：屋簷兩頭翹起的部分。《文選·司馬相如〈上林賦〉》：“偓佺之倫，暴於南榮。”李善注引郭璞曰：“榮，屋南簷也。”　負暄：曝背取暖。語本《列子·楊朱》：“昔者宋國有田夫，常衣緼黂，僅以過冬。暨春東作，自曝於日，不知天下之有廣廈隩室、緜纊狐狢。顧謂其妻曰：‘負日之暄，人莫知者。以獻吾君，將有重賞。’”　病骨：指多病瘦損的身軀。唐李賀《示弟》詩：“病骨猶能在，人間底事無。”

〔四〕文瀾：文章的波瀾。明何景明《六子詩·邊太常貢》：“芳詞灑清風，藻思興文瀾。”　武庫：稱譽人的學識淵博，幹練多能。《晉書·杜預傳》：“預在內七年，損益萬機，不可勝數，朝野稱美，號曰‘杜武庫’，言其無所不有也。”　觸撥：觸動撩撥。宋范成大《秋前風雨頓涼》詩：“酒杯觸撥詩情動，書卷招邀病眼開。”　心源：猶心性。佛教視心爲萬法之源，故稱。

〔五〕愁魔：愁思。謂如魔纏身，故云。宋蘇軾《子玉家宴用前韻見寄復答之》：“詩病逢春轉深痼，愁魔得酒甕奔忙。”

〔六〕狡獪：獪：音快，狡猾，奸詐。《説文·犬部》：“獪，狡獪也。”兒戲，遊戲。《太平廣記》卷三六〇引三國魏曹丕《列異傳·傅氏女》：“北地傅尚書小女，嘗折荻作鼠，以狡獪。” 櫻珠：稱小顆櫻桃。形容女子小而紅潤的嘴唇。

〔七〕銅鞮：鞮：音低，革履。語本李白《襄陽歌》：“襄陽小兒齊拍手，攔街争唱《白銅鞮》。” 時趨：猶時尚，時俗。唐韓愈《秋懷》詩之七：“低心逐時趨，苦勉祇能暫。”

〔八〕漁洋山人：王士禛。 考核：亦作考覈。研究考證。北齊顔之推《顔氏家訓·音辭》：“共以帝王都邑，参校方俗，考覈古今，爲之折衷。”

〔九〕韓公：即韓菼，事詳卷三“韓宗伯嗜烟”條。

〔一〇〕玉堂：豪貴的宅第。 形模：形狀，樣子。

〔一一〕聊爾：姑且，暫且。 吴歈：春秋吴國的歌，後泛指吴地的歌。《楚辭·招魂》：“吴歈蔡謳，奏大吕些。”王逸注：“吴、蔡，國名也。歈、謳，皆歌也。”

徐玉瑛 渭田

伊高麗之奇産，乃番妃之英魂〔一〕。味辛辣而覺爽兮，性去穢而温馨。氣遠揚而條暢〔二〕兮，狀如絲而粉緼〔三〕。佐茗椀之清洌兮，實解酲之殊珍。俾登薦〔四〕兮嘉賓，吸微醺兮眉顰。既蠲忿兮滌煩，復止悲兮怡神。懿衆德之具美兮，非摛藻〔五〕之能陳。攷《露書》之所紀兮，徠吕宋之絶倫。兹聯吟以競巧兮，漱餘味之津津〔六〕。吐錦心而張繡口兮〔七〕，當與《茶經》、《笥譜》而爲鄰。

【注釋】

〔一〕英魂：猶英靈。多用於對死者的敬稱。

〔二〕條暢：通暢，暢達。

〔三〕緼：新舊混合的綿絮。

〔四〕登薦：進獻。晉王嘉《拾遺記·春皇庖犧》："庖者包也，言包含萬象，以犧牲登薦於百神，民服其聖，故曰庖犧。亦謂伏義。"

〔五〕摛藻：摛：音癡，鋪陳。鋪陳辭藻。意謂施展文才。

〔六〕聯吟：猶聯句。兩人或多人共作一詩。 餘味：留下的耐人回想不盡的意味。南朝梁劉勰《文心雕龍·隱秀》："深文隱蔚，餘味曲包。"

〔七〕吐錦心而張繡口兮：語本唐柳宗元《乞巧文》："駢四儷六，錦心繡口。"錦心：比喻優美的文思。比喻文辭華麗。

諸　　聯 晦菴

烟草種傳吕宋外，花似海棠葉似菜。日中巧製製成絲，暴乾争向漳泉賣。漳泉馬氏更傳名，辟瘴消寒最有靈。石馬佘糖分次第，金絲辣麝〔一〕記分明。不向靈均〔二〕問醉醒，不羡君謨鬬香茗。餘韻能教舌底存，孤燈寧放殘灰冷。爝火星星徹夜薰，噴從鼻觀繞烟雲。香分蘭蕙花初放，味勝葡萄酒半醺。幽人自號餐霞客，手執琅玕不忍釋。潤帶蘇膏味共甘，清和蘭屑香堪匹。亦有佳人字莫愁〔三〕，無聊日暮心悠悠。錦囊繡鳳藏香袖，筠管鑲牙倚畫樓〔四〕。笑問相思味多少，相思滋味終難道。芳名争説返魂香，碧苗競指忘憂草。余自年來愁未鋤〔五〕，朝朝笑買黑於菟〔六〕。不識龍耕有瑶草，含毫且詠淡巴菰。

【注釋】

〔一〕辣麝：烟的别名。事詳卷一“蓋露”條。

〔二〕靈均：屈原的字。《楚辭·離騷》：“名余曰正則兮，字余曰靈均。”

〔三〕莫愁：古樂府中傳説的女子。一説爲洛陽人，爲盧家少婦。南朝梁武帝《河中之水歌》：“河中之水向東流，洛陽女兒名莫愁。……十五嫁爲盧家婦，十六生兒字阿侯。”另一説爲石城人（在今湖北鍾祥）。《舊唐書·音樂志二》：“石城有女子名莫愁，善歌謡。《石城樂》和中復有‘莫愁’聲，故歌云：‘莫愁在何處？莫愁石城西。艇子打兩槳，催送莫愁來。’”

〔四〕畫樓：雕飾華麗的樓房。

〔五〕鋤：剷除；消滅。

〔六〕黑於菟：烟的别名。事詳卷一“蓋露”條。

楊大春士補

有手不執鐵如意，有手不捉玉麈尾[一]。但握湘筠吸縷雲，絶似茗柯有實理[二]。心火豈因外火然，青霞一口嚼芳鮮[三]。胸中柴棘[四]久化盡，煖氣習習歸丹田。此中空洞[五]千卷儲，淡巴菰妙同於書。頻頻入口了無得，繼乃至味來徐徐。乾坤清氣入胸臆，吐納萬象供卷舒[六]。詩魔暗嬲睡魔攪[七]，藉此兼以書驅除。其餘人嗜我非嗜，那識瘖痂如鰒魚。

【注釋】

〔一〕玉麈尾：即玉麈。唐李白《贈僧崖公》詩："手秉玉麈尾，如登白樓亭。"

〔二〕茗柯有實理：語本南朝宋劉義慶《世説新語·賞譽》："簡文云：劉尹茗柯有實理。"劉孝標注："柯，一作杍。"茗柯：指茶。實理：真實的道理。清厲鶚《東城雜記》卷上："予曾得其（許次紓）所著《茶疏》一卷……凡三十六條，深得茗柯至理，與陸羽《茶經》相表裏。"

〔三〕心火：中醫學指人體的内熱。常表現爲五心煩熱、咽乾、口燥、口舌生瘡等症。中醫有心在地爲火之説，故稱。 青霞：猶青雲，喻烟草。

〔四〕胸中柴棘：語本《世説新語·輕詆》："深公云：'人謂庾元規名士，胸中柴棘三斗許。'"柴棘：荆棘，比喻心計。

〔五〕空洞：空無所有。宋林逋《深居雜興》詩序："鄙夫則不然，胸腹空洞，譾然無所存置。"

〔六〕清氣：天空中清明之氣。《楚辭·九歌·大司命》："高飛兮安翔，乘清氣兮御陰陽。"王逸注："言司命常乘天清明之氣御持萬民死生之命也。" 卷舒：卷：音全，彎曲。捲縮和伸展。《淮南子·原道訓》："幽兮冥兮，應無形兮；遂兮洞兮，不虚動兮。與剛柔卷舒兮。與陰陽俛仰兮。"高誘注："卷舒，猶屈伸也。"

〔七〕詩魔：猶如入魔一般强烈的詩興。唐白居易《醉吟》之二："酒狂又引詩魔發，日午悲吟到日西。"

嬲：音鳥，糾纏，煩擾。

五言律詩

查慎行〔一〕初白

本業拋農務，羣情逐貿遷〔二〕。刈藍初用染，屑草半爲烟。樹藝非嘉種〔三〕，膏腴等廢田。家家坐艱食〔四〕，那得屢豐年。

【注釋】

〔一〕查慎行(1650—1727)：字悔餘，初名嗣漣，字夏重，晚號初白老人，浙江海寧人。康熙四十一年(1702)應召入直南書房，次年賜進士出身，授編修。五十二年(1713)長假歸。雍正五年(1727)以三弟嗣庭案繫獄。得幸免南歸，一月後即病卒。著有《敬業堂集》。

〔二〕本業：本身的行業；原來的行業。《後漢書·馮衍傳下》："修神農之本業兮，採軒轅之奇策。" 貿遷：販運買賣。漢荀悦《申鑒·時事》："貿遷有無，周而通之。"

〔三〕樹藝：種植，栽培。 嘉種：優良的穀種。

〔四〕艱食：糧食匱乏。《書·益稷》："曁稷播，奏庶艱食鮮食。" 孔傳："艱，難也。衆難得食處，則與稷教民播種之。"

陳　元　龍[一] 廣陵

神農不及見，博物[二]幾曾聞。似吐仙翁火，初疑異草薰。充腸無滓濁[三]，出口有氤氳。妙趣偏相憶，縈喉一朵雲。

異種來西域，流傳入漢家。醉人無藉酒，款客未輸茶。莖合名承露[四]，囊應號辟邪。閒來頻吐納，攝衛[五]比餐霞。

細管通呼吸，微噓一縷烟。味從無味得，情豈有情牽。益氣[六]驅朝霧，清心却晝眠。誰知飲食外，別有意中緣。

清氣滌昏憨，精華任咀含。吸虛能化實，嘗苦有餘甘[七]。爝火寒能却，長吁意似酣。良宵人寂寞，藉爾助高談。

【注釋】

〔一〕陳元龍（1652—1736）：字廣陵，號乾齋，浙江海寧人。康熙二十四年（1685）進士，榜眼，授翰林院編修，入直南書房，歷任廣西巡撫、工部尚書、禮部尚書。雍正七年（1729），授文淵閣大學士兼禮部尚書。十一年（1733）以老乞休，加太子太傅致仕。謚文簡。著有《愛日堂集》。

〔二〕博物：指通曉各種事物的人。唐玄奘《大唐西域記·摩揭陀國下》："於是客遊後進，詳論藝能，其退走者固十七八矣。二三博物，衆中次詰，莫不挫其鋭，頹其名。"

〔三〕滓濁：污濁。《藝文類聚》卷九引晉孫楚《井賦》："苦行潦之滓濁，靡清流以自娱。"

〔四〕承露：承接甘露。漢班固《西都賦》："抗仙掌以承露，擢雙立之金莖。"卷一"蓋露"條引《畿輔通志》云："草頂數葉，名曰'蓋露'。"

〔五〕攝衛：謂保養身體。北周王褒《與周弘讓書》："舒慘殊方，炎涼異節，木皮春厚，桂樹冬榮，想攝衛惟宜，動静多豫。"

〔六〕益氣：中醫採用的一種補益氣虚的治病方法。適用于内傷勞倦或病久虚羸、氣短懶言、面色蒼白、神疲無力、肌肉消瘦等症。

〔七〕餘甘：餘留香甜滋味。唐杜甫《軍中醉飲寄沈八劉叟》詩："酒渴愛江清，餘甘漱晚汀。"

張　　棠[一] 吟樵

何處相思草，烘乾卵色天[二]。最宜消飯後，亦可助尊前[三]。竹葉偏輸醉，露芽還待煎。碧筒聊借引，呼吸任高眠。

【注釋】

〔一〕張棠：字吟樵，華亭人。康熙三十五年(1696) 舉人，官至桂林府知府，告歸後加銜爲太僕寺少卿。

〔二〕卵色天：卵色：蛋青色，古多用以形容天的顏色。語本唐沈青箱《過台城感舊》詩："夜月琉璃水，春風卵色天。"

〔三〕尊前：在酒樽之前，指酒筵上。

沈　德　潛〔一〕歸愚

八閩滋種族，九宇遍氤氲〔二〕。筒內通炎氣〔三〕，胸中吐白雲。助薑均去穢，遇酒共添醺。名蓋露者，可以醉客。就火方知味，寧同象齒焚。

【注釋】

〔一〕沈德潛（1673—1769）：字確士，號歸愚，江蘇長洲人。乾隆四年（1739）進士，改庶吉士，授編修。十二年（1747）命上書房行走，遷禮部侍郎。十四年（1749）乞歸。少受詩法於葉燮，論次唐、明、清三朝詩爲《别裁集》，以規矩示人，後學多承之，自成宗派。著有《沈歸愚詩文全集》。

〔二〕八閩：福建省的别稱。福建古爲閩地。宋時始分爲八個府、州、軍，元代分爲福州、興化、建寧、延平、汀州、邵武、泉州、漳州八路，明代改八路爲八府，清仍之，因有八閩之稱。　九宇：猶言九州。《隋書·音樂志下》："四海之宇，一和之壤。……九宇載寧，神功克廣。"

〔三〕炎氣：火焰與火氣。炎：通"燄"。《楚辭·九章·悲回風》："觀炎氣之相仍兮，窺煙液之所積。"姜亮夫校注："炎、氣當爲二物，故曰'相仍'。炎，即今俗'燄'字。"

曹　錫　端〔一〕蔌衣

生來薑欲老，味去果方青。有氣回寒谷〔二〕，如雲蔽遠星。戒難同《酒誥》，品可續《茶經》。鼻觀憑空火，凌晨醉未醒。

【注釋】

〔一〕曹錫端：字蔌衣，松江府人。卷二“烟草詩”條：“吾松曹錫端、王丕烈諸先生有九青韻烟草詩。”

〔二〕寒谷：陰冷的山谷。

王　丕　烈東麓

幾枚看葉葉，一縷自青青。消渴[一]偏從火，禁寒可戴星。味何諧末俗[二]，名豈著遺經[三]。雅許偕茶戰，還宜伴酒醒。

【注釋】

〔一〕消渴：中醫學病名，口渴，善饑，尿多，消瘦，包括糖尿病、尿崩症等。《素問·奇病論》："肥者令人內熱，甘者令人中滿，故其氣上溢，轉爲消渴。"《史記·司馬相如傳》："相如口吃而善著書，常有消渴疾。"

〔二〕末俗：世俗之人。

〔三〕遺經：古代留傳下來的經書，此處指古代典籍。

陸　瀛　龄[一] 柳村

豈是金華殿[二]，爐烟篆字青。九霄吹玉琯，一點象台星[三]。香爲荀公坐[四]，雲曾楚主經。引人常自醉，佳趣[五]在初醒。

【注釋】

〔一〕陸瀛齡：字景房，號仰山，又號柳村，上海人。雍正元年（1723）以選貢入京，充石埭縣教諭。著有《中艸集》、《金臺集》、《白門集》、《贅翁賸語》。

〔二〕金華殿：古殿名，殿在未央宫內，西漢中常侍班伯曾於此受業。藉指內庭。

〔三〕九霄：天之極高處。晉葛洪《抱朴子·暢玄》："其高則冠蓋乎九霄，其曠則籠罩乎八隅。" 玉琯：即"玉管"。玉製的古樂器，用以定律，後泛指管樂器。 象台：以儀器觀測天象之處。

〔四〕香爲荀公坐：《太平御覽》卷七〇三引晉習鑿齒《襄陽記》："荀令君至人家，坐處三日香。"按，荀令君即荀彧，字文若，爲侍中，守尚書令。傳説他曾得異香，用以薰衣，餘香三日不散。

〔五〕佳趣：高雅的情趣。唐張九齡《題畫山水障》詩："對翫有佳趣，使我心眇綿。"

葉　承〔一〕松亭

初時依塞紫，漸次入閨青〔二〕。引慮絲千縷，鎔情火一星。味真不可道，趣有未曾經。最是難忘處，吟餘與醉醒。

【注釋】

〔一〕葉承（1696—1774）：字子敔，號松亭，上海人。雍正五年（1727）進士，以常山知縣改池州教授。著有《松亭集》。

〔二〕塞紫：即紫塞，北方邊塞。晉崔豹《古今注·都邑》："秦築長城，土色皆紫，漢塞亦然，故稱紫塞焉。"　閨青：即青閨，塗飾青漆的閨房，形容其豪華精緻。明葉憲祖《鸞鎞記·仗俠》："矜義俠，敢捐軀，古有黄屋將軍，今屬青閨黛眉。"

曹錫黼 無町

何處如雲侶，飛飛氣自青。吟秋朝拄頰，耐冷晚披星〔一〕。石馬曾流種，火妖未著經。相親兩不厭，倦眼一回醒。

【注釋】

〔一〕拄頰：以手支頰，有所思貌。唐韓偓《雨中》詩："鳥濕更梳翎，人愁方拄頰。" 披星：披星帶月的省稱。頂著星月奔走，形容早出晚歸或夜行。清陳夢雷《宿桑乾題壁》詩："羽書夾道披星疾，遊騎千羣逐草驕。"

張　　梁[一] 幻花

貯處羅囊紫，括來鏤管青[二]。如蘭吹縷縷，似艾灼星星。味補桐君録，名疑竺國經[三]。檳榔署相配，片刻醉還醒。

採擷姿仍緑，吹噓氣揔[四]青。氤氳簾底霧，明滅[五]管端星。詎憶劉伶頌[六]，寧懷陸羽經。相思同一渴，到口夢都醒。

似桂祛寒赤[七]，如梅止渴青。歕香紛瑞靄，吞篆燦文星[八]。一氣丹田返，雙烟玉墮[九]經。身非博山炷[一〇]，閒悶暫時醒。

欲戒頭還白，欣逢眼便青[一一]。頻呼消永日[一二]，數視落殘星。野店銜寒具，貧家款客經。只應麴生笑，謾説醉和醒。

初由沙塞紫，漸入玉閨青[一三]。惹鬢輕含霧，縈眸薄映星。絳囊懷荔譜[一四]，彤管笑葩經。倦繡無聊思，閒憑一吸醒。

常教七事外，日破幾錢青[一五]。也占牛耕土，多關鳥注星。方唇憐易洩，邊腹[一六]哂空經。痼疾[一七]人皆是，誰云我獨醒。

【注釋】

〔一〕張梁（1683—?）：字大木，一字奕山，自號幻花居士，江蘇華亭人。康熙五十二年（1713）進士，充武英殿纂修官。著有《澹吟樓詩鈔》。

〔二〕羅囊：絲袋。　鏤管：雕花的筆管，此處指精美的烟杆。

〔三〕竺國經：佛經。因出天竺國，故名。

〔四〕摠：同“總”。《集韻·上董》：“緫，或從手，古作總、摠。”

〔五〕明滅：謂忽明忽暗。唐王維《山中與裴秀才迪書》：“夜登華子岡，輞水淪漣，與月上下，寒山遠火，明滅林外。”

〔六〕劉伶頌：晉劉伶曾作《酒德頌》，極言飲酒爲樂。

〔七〕似桂祛寒赤：似赤桂祛寒。桂皮皮色偏紅，含揮發油，極香，可入藥。性大熱，味甘辛，能温腎補火，祛寒止痛。

〔八〕歕：音噴，吹氣。《説文·欠部》：“歕，吹氣也。”　瑞靄：吉祥之雲氣。此處以美稱烟霧。　文星：星名，即文昌星，又名文曲星。相傳文曲星主文才，後亦指有文才的人。此處以美稱烟杆頭部的火星。

〔九〕玉壟：道教語，指鼻神。《黄庭内景經·至道》：“鼻神玉壟字靈堅。”梁丘子注：“陰壟之骨象玉也，神氣通天，出入不竭，故曰靈堅。”

〔一〇〕博山炷：博山：博山爐的簡稱。因爐蓋上的造型似傳聞中的海中名山博山而得名。一説象華山，因秦昭王與天神博於是，故名。後作爲名貴香爐的代稱。炷：指可燃燒的柱狀物。

〔一一〕欣逢眼便青：語本《世説新語·簡傲》“嵇康與吕安善”劉孝標注引《晉百官名》：“嵇喜字公穆，歷揚州刺史，康兄也。阮籍遭喪，往弔之。籍能爲青白眼，見凡俗之士，以白眼對之。及喜往，籍不哭，見其白眼，喜不懌而退。康聞之，乃賫酒挾琴而造之，遂相與善。”眼睛平視則見黑眼珠，上視則見白眼珠，此謂之“青白眼”。青眼：指對人喜愛或器重，與“白眼”相對。

〔一二〕永日：長日，漫長的白天。宋陸游《閒居書事》詩：“玩《易》焚香消永日，聽琴煮茗送殘春。”

〔一三〕初由沙塞紫，漸入玉閨青：詳參同卷葉承詩“初時依塞紫，漸次入閨青”。

〔一四〕絳囊：紅色口袋，喻草木之紅色花果。荔譜：即《荔枝譜》，宋蔡襄撰。是編爲閩中荔枝而作，凡七篇。其一原本始，其二標尤異，其三志賈鬻，其四明服食，其五慎護養，其六時法制，其七别種類。敍述特詳，詞亦雅潔。

〔一五〕七事：即七件事，指日常生活中的七種必需品。宋吴自牧《夢粱録·鯗鋪》：“蓋人家每日不可闕者，柴、米、油、鹽、醬、醋、茶。”　錢青：即青錢，青銅錢。用青銅鑄的錢幣，爲銅錢中的上品，也泛指一般銅錢。

〔一六〕邊腹：邊境與腹地，此處指腹部。

〔一七〕痼疾：積久難治的病，比喻長期養成不易改變的癖好。

錢　孫　鐘〔一〕雅南

瀛嶼〔二〕分栽遠，閩鄉接埈青。銼來金縷縷，嘗盡火星星。香透筒三尺，功逾酒一經。薄醺欹枕處，最憶夢初醒。

細縷函囊小，香雲拂袖青。世爭甘火味〔三〕，天合置烟星。睡草〔四〕品應似，巴菰名未經。客來先茗設，相對醉還醒。

【注釋】

〔一〕錢孫鐘：字雅南，號硯山樵，江蘇華亭人。著有《香月亭詩餘》。

〔二〕瀛嶼：海島。

〔三〕火味：指苦味。漢班固《白虎通·五行》："火味所以苦何？南方主長養，苦者所以長養也，猶五味須苦可以養也。"

〔四〕睡草：植物名，又名暝菜。南朝梁任昉《述異記》卷下："桂林有睡草，見之則令人睡。一名醉草，亦呼爲懶婦箴。"

金　　理〔一〕天和

時時吞吐處，繚繞似雲青。細縷縈輕靄，圓灰墮小星。何須作酒頌，不必著《茶經》。既使醒能醉，還令醉可醒。

石氏墳邊草〔二〕，時人盡眼青。輕噓如吐霧，細吸擬吞星。聖代初輸賦〔三〕，前修未著經。暫教成薄醉，不似酒難醒。

【注釋】

〔一〕金理：字天和，號水一，上海人。著有《醫原圖説》。

〔二〕墳邊草：詳參卷一“返魂香”條。

〔三〕聖代：舊時對於當代的諛稱。晉陸雲《晉故豫章內史夏府君誄》：“熙光聖代，邁勳九區。”　輸賦：繳納賦税。南朝梁沈約《酬荆雍義士詔》：“輸賦罄産，同致厥誠。”

沈　心　醇[一] 匏尊

四月分畦種，園丁識歲華[二]。緑菸[三]侵藥壠，黄葉遍村家。試火香留篆，聯吟語帶霞。溪雲渾隔面[四]，繚繞欲生花[五]。

【注釋】

〔一〕沈心醇：字匏尊，浙江海寧人。國子生，官永從縣丞。著有《訒齋詩鈔》。

〔二〕歲華：泛指草木。因其一年一枯榮，故謂。唐陳子昂《感遇》詩之二："歲華盡摇落，芳意竟何成！"

〔三〕緑菸：緑色的烟葉。

〔四〕隔面：隔：通"擊"，敲擊。撲面。

〔五〕生花：呈現出花的形狀，像花。南朝梁簡文帝《鴛鴦賦》："始臨涯而作影，遂癴水而生花。"

孟　　棨墨農

擷茗分泉試，餐霞爇火嘗。氣融胸際暖，津潤舌根香。輕吸雲絲碧，頻揉金粉黄。悶來聊藉遣，敢擬養生方。

飢餐渴飲外，需此竟時時。吹氣含空味，回甘到淡思。羶猶辛得解，温與胃偏宜。疑薦碧筩酒，醺然不自持。

王永椿[一]方千

便有氤氲氣，飛來閩嶠青。種成貝多葉，掃落酒旗星[二]。雲老東坡屋，茶芰陸羽經。年年呼吸客，貪醉不求醒。

【注釋】

〔一〕王永椿(1720—1778?)：字方千，華亭人。乾隆十八年(1753)舉人，屢應會試不受，爲安徽無爲州學正，改國子監典簿，復爲婺源教諭。著有《古巢詩》。

〔二〕貝多葉：貝多：梵文的音譯，意爲樹葉。古印度常以貝多羅樹葉寫經。唐段成式《酉陽雜俎·木篇》："貝多，出摩伽陁國，長六七丈，經冬不凋。此樹有三種：一者多羅娑力叉貝多；二者多梨婆力叉貝多；三者部婆力叉多羅多梨。並書其葉，部闍一色取其皮書之。貝多是梵語，漢翻爲葉。貝多婆力叉者，漢言葉樹也。西域經書，用此三種皮葉，若能保護，亦得五六百年。"貝多羅樹的葉子。《新唐書·南蠻傳下·墮婆登》："有文字，以貝多葉寫之。"　酒旗星：星座名，在軒轅星南。《晉書·天文志上》："軒轅右角南三星曰酒旗，酒官之旗也，主宴饗飲食。五星守酒旗，天下大餔。"

朱　一　飛玉堂

最愛相思草，根從呂宋傳。静消千障霧，閒靖百蠻烟〔一〕。味在酸醎外，香生酒茗前。藝林如補植，温飽此中全。

【注釋】

〔一〕靖：安定，引申为平息，止息。　百蠻：古代南方少数民族的总称，后也泛称其他少数民族。《诗·大雅·韩奕》：“以先祖受命，因時百蠻。”毛传：“因時百蠻，長是蠻服之百國也。”

曹　錫　寶[一] 劍亭

那知世味外，别有味堪嘗。一自吹嘘慣，羣誇齒頰香。雲霞生户牖，談笑帶雌黄[二]。轉怪醫經[三]陋，探搜未著方。

酒渴更殘後，寒深夢覺時[四]。與君常作伴，而我最相思。功豈旗槍敵，名參麴蘖[五]宜。何人不知味，異議漫争持。

【注釋】

〔一〕曹錫寶（1719—1792）：字鴻書，號檢亭，又號劒亭，上海人。乾隆二十二年（1757）進士，改庶吉士，授刑部主事，歷官御史，贈左副都御史。著有《幽砌蛩吟集》。

〔二〕户牖：門窗。《老子》："鑿户牖以爲室，當其無，有室之用。" 雌黄：議論；評論。《〈顏氏家訓〉序》："北齊黄門侍郎顏之推，學優才贍，山高海深，常雌黄朝廷，品藻人物。"

〔三〕醫經：中醫學理論的經典著作。

〔四〕更殘：即殘更。舊時將一夜分爲五更，第五更時稱殘更。 夢覺：猶夢醒。唐韓愈《宿龍宫灘》詩："夢覺燈生暈，宵殘雨送涼。"

〔五〕麴糵：亦作"麯糵"，指酒。《宋書·顏延之傳》："交遊闒茸，沈迷麴糵。"

高　澍[一] 説霖

瑞草味何淡，偏于呼吸宜。翠�如共命，紅豆等相思。旅館懷人夜，寒窗覓句時。睡餘聊一啑[二]，爽氣沁心脾。

乍晴香乍爇，卯飲[三]酒初醒。解悶添清韻，奇功補内經[四]。已噴烟作霧，還戀火如星。對客閒譚久，蓮翻舌本[五]青。

【注釋】

〔一〕高澍：字説霖，號菊圃，平湖人。官陝西靖邊知縣。

〔二〕啑：音煞，水鳥或魚類吃食。

〔三〕卯飲：早晨飲酒。唐白居易《卯飲》詩："卯飲一盃眠一覺，世間何事不悠悠。"

〔四〕内經：泛指醫書。

〔五〕舌本：舌根；舌頭。《晉書·殷仲堪傳》："每云三日不讀《道德經》，便覺舌本間强。"

王　鵬　飛

劇喜巴菰草，相思不忍捐。薰蕕[一]原各判，佩帶自常懸。忽觸星星火，旋生淡淡煙。閒來握銀管，日費幾青錢。

【注釋】

〔一〕薰蕕：語本《左傳·僖公四年》："一薰一蕕，十年尚猶有臭。"杜預注："薰，香草；蕕，臭草。十年有臭，言善易消，惡難除。"香草和臭草，喻善惡、賢愚、好壞等。

胡　然季諸

致此目殊方[一]，偏宜帶火嘗。拈裝斑竹管，撮聚紫羅囊。堪助談諧[二]趣，能增齒頰香。辟寒同麴櫱，解渴勝茶湯。有客常先饋，無風亦自揚。晴窗雲靉靆，午榻霧蒼茫。裊裊縈珠箔，霏霏繞畫梁。不煩金鴨[三]吐，蘭麝已盈堂。

【注釋】

〔一〕殊方：不同的方法、方向或旨趣。《文子・自然》："三皇五帝，法籍殊方，其得民心一也。"

〔二〕談諧：説笑。晉陶潛《乞食》詩："談諧終日夕，觴至輒傾杯。"

〔三〕金鴨：一種鍍金的鴨形銅香爐。唐戴叔倫《春怨》詩："金鴨香消欲斷魂，梨花春雨掩重門。"

翟　灝[一] 晴江

耕地栽瑶草，能令四德[二]俱。占肥同黍麥，望影接茭蒲。載採香何烈，云黄葉已枯。縛箱通遠賈，懸旆[三]售通衢。桸削[四]堆初積，絲分縷不麤。輕柔搓柳綫，瑣碎落金麩[五]。蘭屑紛攙和，蘇膏暗洽濡[六]。慕羶[七]情自切，嗜炙性無殊。費薄錢挑杖，饞深唾漬盂。細筒裁竹箭[八]，夾袋製羅繻。佩或隨鳴玦，攜常倩小奴。鏃金抽篋簬，律管實葭莩[九]。藉艾頻敲石，攢灰尚撥爐。乍疑伶秉籥，復效雁銜蘆[一〇]。墨飲三升盡[一一]，烽騰一縷孤。似矛驚焰發，如筆見花敷[一二]。苦口成忠介，焚心異鬱紆[一三]。穢兼岑草亂[一四]，醉擬碧筩呼。焦爍寧生渴，咀含漸得腴。清禪参鼻觀，沈瀣潤嚨胡[一五]。幻訝吞刀並，寒能舉口驅[一六]。餐霞方孰秘，厭火國[一七]非誣。繞鬢霧徐結，盪胸雲叠鋪。積青凝斗室，横碧漾紗幮。七灼心除疢，三熏胃滌污。含來思邈邈，策去步于于[一八]。款客猶先茗，澆書不待醹[一九]。澀回嘗橄欖，疫辟浸茱萸。洱海藷糧絀，番禺蒟醬輸[二〇]。作騷多賸馥，採藥早遺珠[二一]。郭璞箋[二二]仍缺，嵇含狀莫摹。滇南功獨奏，閩右路羣趨。種未周三甲，風先布八區[二三]。相思名旖旎，呵應語模糊。損益人憑説，辛芳爾不渝。詩腸[二四]感熏育，吟謝淡巴菰。

【注釋】

〔一〕翟灝（？—1788）：字大川，號晴江，仁和人。乾隆十九年（1754）進士，官金華教授。著有《無不宜齋未定稿》。

〔二〕四德：語出宋羅大經《鶴林玉露》丙編卷一："嶺南人以檳榔代茶，且謂可以禦瘴。余始至不能食，久之，亦能稍稍。居歲餘，則不可一日無此君矣。故嘗謂檳榔之功有四：一曰醒能使之醉。蓋每食之，則醺然頰赤，若飲酒然。東坡所謂'紅潮登頰醉檳榔'者是也。二曰醉能使之醒。蓋酒後嚼之，則寬氣下痰，余酲頓解。三曰飢能使之飽。蓋飢而食之，則充然氣盛，若有飽意。四曰飽能使之飢。蓋食後食之，則飲食消化，不至停積。嘗舉似於西堂先生范旂叟。曰：'子可謂檳榔舉主矣。然子知其功，未知其德，檳榔賦性疏通而不洩氣。稟味嚴正而有餘甘。有是德，故有是功也。'"又，卷一"性味"條："宋羅景綸嘗謂檳榔之功有四：醒能使醉，醉能使醒，飢能使飽，飽能使飢。余謂烟草亦然。"

〔三〕懸旆：亦作"懸旆"，懸掛旌旗。

〔四〕柹削：柹：同“柿”，音肺，削下的木片、木皮。《詩·小雅·伐木》：“伐木許許。”毛傳：“許許，柹貌。”斫削。

〔五〕柳綫：喻指細長的烟絲。 金麩：麩金；沙金。

〔六〕洽濡：滋潤。漢王充《論衡·自然》：“霈然而雨，物之莖葉根荄，莫不洽濡，程量澍澤，孰與汲井決陂哉!”

〔七〕慕羶：語本《莊子·徐无鬼》：“羊肉不慕蟻，蟻慕羊肉。羊肉羶也。舜有羶行，百姓悅之。故三徙成都，至鄧之虚，而十有萬家。”後以“慕羶”喻因愛嗜而争相附集。

〔八〕竹箭：即篠，細竹。《爾雅·釋地》：“東南之美者，有會稽之竹箭焉。”

〔九〕箘簬：亦作“箘簵”、“箘露”。美竹；箭竹。《書·禹貢》：“惟箘簬楛，三邦底貢厥名。”蔡沈集傳：“箘簬，竹名。……蓋竹之堅者，其材中矢之笴。” 律管：用竹管或金屬管製成的定音器具。《六韜·五音》：“夫律管十二，其要有五音：宫、商、角、徵、羽。” 葭莩：蘆葦中的薄膜，比喻關係疏遠淡薄。《漢書·中山靖王劉勝傳》：“今羣臣非有葭莩之親，鴻毛之重，羣居黨議，朋友相爲，使夫宗室擯卻，骨肉冰釋。”顔師古：“葭，蘆也。莩者，其筩中白皮至薄者也。葭莩喻薄。”

〔一〇〕秉籥：籥：音月，古管樂器，在甲骨文中本作“龠”。像編管之形，似爲排簫之前身。有吹籥、舞籥兩種，吹籥似笛而短小，三孔；舞籥長而六孔，可執作舞具。語本《詩·邶風·簡兮》："左手執籥，右手秉翟。"孔穎達疏："籥雖吹器，舞時與羽並執，故得舞名。"《禮記·文王世子》："春夏學干戈，秋冬學羽籥，皆於東序。"孔穎達疏："籥，笛也。籥聲出於中，冬則萬物藏於中，云羽籥，籥舞，象文也。"　銜蘆：口含蘆草，雁用以自衛的一種本能。《尸子》卷下："雁銜蘆而捍網，牛結陳以卻虎。"《淮南子·修務》："夫鴈順風以愛氣力，銜蘆而翔，以備矰弋。"高誘注："銜蘆，所以令繳不得截其翼也。"

〔一一〕墨飲三升盡：語本《隋書·禮儀志四》："正會日，侍中黄門宣詔勞諸郡上計。勞訖付紙，遣陳土宜。字有脱誤者，呼起席後立。書跡濫劣者，飲墨水一升。"

〔一二〕似矛驚焰發：語本《漢書·西域傳》："車師後王姑句以道當爲拄置，心不便也。地又頗與匈奴南將軍地接，普欲分明其界然後奏之，召姑句使證之，不肯，繫之。姑句數以牛羊賕吏，求出不得。姑句家矛端生火，其妻股紫陬謂姑句曰：'矛端生火，此兵氣也，利以用兵。前車師前王爲都護司馬所殺，今久繫必死，不如降匈奴。'"　如筆見花敷：語本五代王仁裕《開元天寶遺事·夢筆頭生花》："李太白小時候，夢所用之筆，頭上生花，後天才贍逸，名聞天下。"

〔一三〕鬱紆：憂思縈繞貌。《文選·曹植〈贈白馬王彪〉詩》："鬱紆將何念（一作'難進'），親愛在離居。"李周翰注："鬱紆，愁思繫也。"

〔一四〕穢兼岑草亂：語本《吴越春秋·勾踐入臣外傳》："越王從嘗糞惡之後，遂病口臭。范蠡乃令左右皆食岑草，以亂其氣。"岑草：多年生草本植物，莖細長，葉對生，卵形，初夏開花，淡黄色，莖、葉皆有腥味，故又稱"魚腥草"。可入藥，有清熱、解毒、治肺、止咳等功用。莖、葉之稚嫩者可供食用。

〔一五〕參鼻觀：語本《楞嚴經》卷五："世尊教我及俱絺羅觀鼻端白，我初諦觀，經三七日，見鼻中氣出入如烟，身心內明，圓洞世界，徧成虛浄，猶如瑠璃。烟相漸銷，鼻息成白，心開漏盡，諸出入息化爲光明，照十方界，得阿羅漢。"佛教修行法之一，注目諦觀鼻尖，時久鼻息成白。 瀣：夜間的水氣，露水。舊謂仙人所飲。《楚辭·遠遊》："餐六氣而飲沆瀣兮，漱正陽而含朝霞。"王逸注："《凌陽子明經》言：春食朝霞……冬飲沆瀣。沆瀣者，北方夜半氣也。"清鈕琇《觚賸·蔣山傭》："吾以望七之齡，客居斯土，飲瀣餐霞，足怡貞性。"

〔一六〕幻訝吞刀並：語本漢張衡《西京賦》："吞刀吐火，雲霧杳冥。"吞刀吐火：傳統雜技和戲法之一。寒能舉口驅：語本《太平御覽》卷八六八："《葛仙公别傳》曰：公與客談話，時天寒，公謂客曰：'居貧不能得爐火，請作一大火。'公遂吐氣，火赫然從口而出。須臾，火滿室，坐客皆熱而脱衣也。"

〔一七〕厭火國：《山海經·海外南經》："厭火國在其國南，獸身黑色，生火出其口中，一曰在讙朱東。"

〔一八〕于于：自得貌。《莊子·應帝王》：“泰氏其卧徐徐，其覺于于。”成玄英疏：“于于，自得之貌。”

〔一九〕澆書：指晨飲。宋陸游《春晚村居雜賦絶句》之五：“澆書满挹浮蛆八，攤飯横眠夢蝶牀。”自注：“東坡先生謂晨飲爲澆書。” 醹：音儒，醇厚的酒。《詩·大雅·行葦》：“曾孫維主，酒醴維醹。”毛傳：“醹，厚也。”孔穎達疏：“醹，厚，謂酒之醇者。《説文》云：醹，厚酒也。”

〔二〇〕洱海藷糧絀：洱海：湖名，古稱葉榆澤，在雲南省大理市、洱源縣間，因其形如耳得名。藷：同“薯”，甘薯、馬鈴薯等薯類作物的統稱。絀：音怵，短缺，減損。 番禺蒟醬輸：語本晉嵇含《南方草木狀·蒟醬》：“蒟醬，蓽茇也。生於蕃國者，大而紫，謂之蓽茇；生於番禺者，小而青，謂之蒟焉。可以調食，故謂之醬焉。”明李時珍《本草綱目·草三·蒟醬》（集解）引蘇恭曰：“蒟醬生巴蜀中，《蜀都賦》所謂流味於番禺者。蔓生，葉似王瓜而厚大光澤，味辛香，實似桑椹，而皮黑肉白。”

〔二一〕賸馥：餘香；遺澤。 遺珠：喻指棄置未用的美好事物或賢德之才。

〔二二〕郭璞箋：即晉郭璞《爾雅注》。

〔二三〕八區：八方；天下。《漢書·揚雄傳下》：“天下之士，雷動雲合，魚鱗雜襲，咸營於八區。”顔師古注：“八區，八方也。”

〔二四〕詩腸：詩思、詩情。

陸　煊子章

異種空前古，巴菰九域覃〔一〕。靈根繁海外，移植自漳南。吴普〔二〕何曾識，桐君亦未探。譜猶遺李珣〔三〕，狀併闕稽含。《花鏡》形初指，《露書》名稍諳。邊庭庸或賴，黔首總全耽〔四〕。並筏魚鹽逐，連塍桑苧參〔五〕。利多抛稼穡，作苦罷原蠶〔六〕。蒔藝渾同菜，沽濡每藉泔〔七〕。青葱臨夏陌，紅艷照秋潭〔八〕。似茗收盈屋，如菲采滿籃。十分勤剪剔〔九〕，一月廢梳簪。打緑需時再，罨黄計日三〔一〇〕。曝乾便夾竹，取潤合裝甑〔一一〕。品記金絲字，香聞翠蓋談〔一二〕。牙行〔一三〕各估值，販客動論擔。村落仍開市，征途偶駐驂〔一四〕。壓牀分縷縷，貯盒競毵毵〔一五〕。活火粘〔一六〕絨易，斜陽引鏡堪。滇銅憐閣麗〔一七〕，湘管逮丁男。麝散還縈篆，雲成更結曇〔一八〕。枯腸〔一九〕生别趣，饞舌得回甘。味愈清茶冽，功殊中酒酣。果能消塊壘，真箇緩憂惔〔二〇〕。辛辣寧須桂，調和絶勝苷〔二一〕。烈愁潛草蝮，芳辟蠹衣蟫〔二二〕。凍夕蘇寒沍〔二三〕，蠻鄉敵瘴嵐。久餐防灼肺，勿藥定驅痰。浩劫[二四]殘灰滅，相思寸燼涵。返魂如有術[二五]，衆醉不妨貪。

【注釋】

〔一〕覃：音談，蔓延，延及。《詩·周南·葛覃》："葛之覃兮，施于中谷。"毛傳："覃，延也。"孔穎達疏："言葛之漸長，稍稍延蔓兮而移於谷中。"

〔二〕吴普：三國時人，曾隨華佗學醫，著有《吴普本草》。其説藥性，集録神農、黄帝、岐伯、雷公、桐君、扁鵲、季氏、《一經》、醫和九家之論，乃魏以前藥性研究之匯總。所記藥效，注重臨床實際，較少神仙方士之説。此書約佚散於北宋。

〔三〕譜猶遺李珣：明李時珍《本草綱目》卷一"海藥本草"條："禹錫曰：《南海藥譜》二卷，不著譔人名氏，雜記南方藥物所產郡縣及療疾之功，頗無倫次。時珍曰：此即《海藥本草》也，凡六卷，唐人李珣所譔。珣蓋肅、代時人，收采海藥亦頗詳明。"

〔四〕邊庭：亦作"邊廷"，猶邊地。　黔首：古代稱平民；老百姓。《禮記·祭義》："明命鬼神，以爲黔首則。"鄭玄注："黔首，謂民也。"孔穎達疏："黔首，謂萬民也。黔，謂黑也。凡人以黑巾覆頭，故謂之黔首。"

〔五〕魚鹽：借指經營魚鹽的商人。　桑苧：指種植桑苧的人。

〔六〕原蠶：二蠶，即夏秋第二次孵化的蠶。《周禮·夏官·馬質》："若有馬訟則聽之，禁原蠶者。"鄭玄注："原，再也。"《淮南子·泰族》："原蠶一歲再收，非不利也。"

〔七〕沽濡每藉泔：卷一"灌溉"條："圃人每以豆汁、米泔灌之，或云烟性所宜。"

〔八〕青葱：借指草木的幼苗或樹木葱蘢的山峰。 紅艷：卷二"烟花"條："烟花，澹白微紅，有若海棠，開極艷麗。"

〔九〕剪剔：剪理整刷。卷二"鉋烟"條："烟葉晒乾，先剪去其蒂，葉上粗筋細細剔盡"。

〔一〇〕打緑需時再：卷二"打葉"條："烟葉已老，土人各提筐筥採之，謂之打葉。以日中一二時打者良。" 罨黄計日三：卷二"罨葉"條："《食物本草》云：烟草一本，其頂上數葉曰蓋露，味最美。此後之葉遞下，味遞減。罨葉時須分别罨之，罨必令黄色，以三日爲期，擇其不黄者再罨。"

〔一一〕曝乾便夾竹：卷二"鉋烟"條："烟葉曬乾，……然後用版兩片，將烟葉夾好，鉋落紛紛，形如細髮。" 甀：音丹，陶製罌類容器。《史記·貨殖列傳》："漿千甀。"裴駰集解引徐廣曰："大罌缶。"

〔一二〕品記金絲字：卷一"金絲烟"條："閻爾梅《南昌雜詠》云：賣花人倚樓船醉，自吸金絲絶品烟。" 香聞翠蓋談：卷一"蓋露"條："《幾輔通志》云：草頂數葉，名曰'蓋露'。或曰：蓋露惟頂上三葉，色最青翠，味亦香冽，俗美其名曰醉仙桃，曰賽龍涎，曰擔不歸，曰胡椒紫，曰辣麝，曰黑於莵，皆是物也。秦武域《聞見瓣香録》云：今湖南北菸鋪招牌，多書'蓋露名烟'。"

〔一三〕牙行：舊時爲買賣雙方説合交易而從中抽取傭金的商行，後亦泛指市集。清褚人穫《堅瓠四集·市名》："市井之區，交易之地，其名各省不同。南方謂之牙行。"

〔一四〕驂：音餐，泛指馬或馬車。北周庾信《李陵蘇武别贊》："李陵北去，蘇武南旋。歸驂欲動，别馬將前。"

〔一五〕毶毶：垂拂紛披貌。毶：音三。《詩·陳風·宛丘》"值其鷺羽"，三國吴陸璣疏："白鷺，大小如鴟，青脚高尺七八寸，尾如鷹尾，喙長三寸許，頭上有毛十數枚，長尺餘，毶毶然與衆毛異。"

〔一六〕粘：同"黏（糊）"。

〔一七〕閣麗：閨閣中的麗人，泛指婦女。

〔一八〕結曇：曇：曇花，優曇缽花的簡稱。一種常緑灌木，主枝圓筒形，分枝扁平呈葉狀，無葉片，花大，白色，生分枝邊緣上，多在夜間開放，時間很短，供觀賞。此處喻指烟霧的形狀變化。

〔一九〕枯腸：飢渴之腸，枵腹。唐鄭嵎《津陽門詩》："開壚引滿相獻酬，枯腸渴肺忘朝飢。"

〔二〇〕憂惔：惔：音談，火燒。語本《詩·小雅·節南山》："憂心如惔，不敢戲談。"毛傳："惔，燔也。"鄭玄箋："皆憂心如火灼爛之矣。"

〔二一〕苷：音甘，甘草。多年生草本植物，根有甜味，可以入藥，亦可作烟草、醬油等的香料。

〔二二〕烈愁潛草蝮：卷二“辟蟲”條：“《本草備要》云：烟筒中水能解蛇毒。” 芳辟蠹衣蟫：蟫：音吟，蠹魚，蝕衣服、書籍的蛀蟲。《爾雅·釋蟲》：“蟫，白魚。”郭璞注：“衣書中蟲，一名蛃魚。”卷二“辟蟲”條：“乾烟葉置書帙、衣服中，辟蠹不減芸香也。”

〔二三〕寒沍：嚴寒凍結；極寒。

〔二四〕浩劫：極長的時間。佛經謂天地從形成至毀滅爲一大劫。

〔二五〕返魂如有術：卷一“返魂香”條：“陸煊《梅谷偶筆》云：淡巴國有公主死，棄之野，聞草香忽甦，乃共識之，即烟草也，故亦名返魂香。”

柴　　才〔一〕次山

故園烟草色〔二〕李商隱，惠我在招呼〔三〕孟浩然。已賴陽和長張友正〔四〕，常看氣味殊〔五〕白居易。既能甜似蜜李端〔六〕，實有醉如愚〔七〕杜甫。結蓋祥光迴林藻〔八〕，舒華瑞色敷〔九〕柳宗元。每懷勤握手崔塗〔一〇〕，斥去亦須臾〔一一〕元稹。逸致哦秋水〔一二〕孫日隆，閒雲無日無張喬〔一三〕。

【注釋】

〔一〕柴才：字次山，號卯村，錢塘諸生。著有《百一草堂集唐詩》初、二、三刻。

〔二〕故園烟草色：故園：舊家園，故鄉。烟草：煙霧籠罩的草叢，亦泛指蔓草。是句輯自李商隱《細雨》。

〔三〕惠我在招呼：是句輯自《與王昌齡讌王道士房》。我：一作“好”，一作“縣”。

〔四〕陽和：春天的氣，借指春天。　　張友正：唐末人，少年苦吟，詩一卷，今存二首。是句輯自《春草凝露》。

〔五〕常看氣味殊：據《白氏长慶集》，“常”當作“嘗”。是句輯自白居易《早飲湖州酒寄崔使君》。

〔六〕李端：據《全唐詩》，當作“李嶠”。李嶠(644—713)，字巨山，趙州贊皇人，少有才名，二十歲擢進士第，舉制策甲科，累官監察御史，與杜審言、崔融、蘇味道並稱“文章四友”。是句輯自《萍》。

〔七〕實有醉如愚：是句輯自杜甫《徐步》。

〔八〕林藻：字緯乾，福建莆田人。唐貞元七年(791)登進士第，試《珠還合浦賦》，敍珠去來之意，人謂其有神助。累遷殿中侍御史，官至嶺南節度副使。是句輯自《青雲干吕》。

〔九〕舒華瑞色敷：是句輯自柳宗元《省試觀慶雲圖詩》。

〔十〕崔塗(854—?)：字禮山，江南人，唐僖宗光啓四年(888)登進士第。是句不知所本。

〔一一〕斥去亦須臾：是句輯自元稹《酬樂天東南行詩一百韻》。

〔一二〕逸致哦秋水：哦：音鵝，吟詠。韓愈《藍田縣丞廳壁記》：“對樹二松，日哦其間。”是句不知所本。

〔一三〕張喬：池州人，唐懿宗咸通(860－874)中進士，與許棠、鄭谷等合稱“咸通十哲”，後隱居九華山以終。是句輯自《滕王閣(一本下有“寫望”二字)》。

胡玉樹崑秀

閩貢饒煙草，仙苗布種生。焙雲烘竹葉，切玉截蘭英〔一〕。挹潤青囊貯，揉芳紫榼盛。筒裁牙管〔二〕浄，液咽露華清。小院荷風送，疏簾麝氣迎。水沉原異品，鼻飲更殊名〔三〕。爐爐香猶裊，燈殘火獨明。芸窗吟思健，呼吸一身輕。

【注釋】

〔一〕蘭英：蘭的花朵，此處以美稱烟草。

〔二〕牙管：象牙製的筆管，此處以美稱烟桿。

〔三〕水沉：木名，即沉香。明李時珍《本草綱目·木一·沉香》："（沉香）木之心節置水則沉，故名沉水，亦曰水沉。" 鼻飲：卷三"西僧鼻飲"："烟草，亦有就鼻吸之者。"

陸之棉[一] 鼎木

小草來西域，惺忪[二]製獨奇。打包箱滿貯，切玉屑輕篩。炎瘴誠堪辟，嚴寒况可治。未經償酒債，又費買山貲[三]。入市頻勞我，排愁總賴伊。日乾嫌力薄，霉積怪烘遲[四]。漫道相煎急[五]，居然與俗宜。分甘[六]寧顧唾，炎上勿燃眉。氣自喉間吸，風從鼻底吹。探囊情復爾，搦管[七]興隨之。茅拔[八]心如結，灰殘手肯離。氤氲生齒頰，温飽及肝脾。嚼火誰饒舌，餐霞慣解頤[九]。料知無甚味，暫别即相思。敲石三生[一〇]契，呵雲四面垂。濃將薰甲帳，暖不爇丁皮[一一]。頃刻消金粉，繽紛續錦絲。繡腸[一二]名士熱，鈿盒美人貽。辨性通薑桂，流膏勝醴飴[一三]。非茶偏療渴，無米亦充飢。曉夢婆催後，清談客到時。胸襟能盪滌，臭味詎差池。酷嗜真成癖，忘憂莫笑癡。願陪蘭室裏，聊當瓣香持[一四]。

【注釋】

〔一〕陸之棉：字鼎木，一字禹傳，青浦人。諸生。著有《鑄山詩鈔》。

〔二〕惺忪：形容輕快。

〔三〕買山貲：買山：南朝宋劉義慶《世説新語·排調》："支道林因人就深公買印山，深公答曰：'未聞巢由買山而隱。'"後以"買山"喻賢士的歸隱。買山錢，爲隱居而購買山林所需的錢。唐劉禹錫《酬樂天閑卧見憶》詩："同年未同隱，緣欠買山錢。"

〔四〕日乾嫌力薄：卷二"曬葉"條："《廣羣芳譜》云：春種夏花，秋日取葉曝乾，以葉攤於竹簾上，夾縛平墊，向日曬之，翻騰數遍，以乾爲度。"　霉積怪烘遲：卷二"烘烟"條："烟性易霉，霉則色變而味減。其法以烟置箬籠內，用盆火微烘之，以燥爲率。"

〔五〕相煎急：《太平御覽》卷六〇〇引《魏志》："文帝嘗欲害植，以其無罪，令植七步爲詩，若不成，加軍法。植即應聲曰：'煮豆燃豆萁，豆在釜中泣。本是同根生，相煎何太急？'文帝善之。"

〔六〕分甘：《後漢書·楊震傳》"雖有推燥居溼之勤"李賢注引《孝經·援神契》："母之於子也，鞠養殷勤，推燥居溼，絶少分甘也。"本謂分享甘美之味，後亦以喻慈愛、友好、關切等。

〔七〕搦管：搦：音諾，握，持。吹奏管樂器，此處指吸烟桿。

〔八〕茅拔：即拔茅，此處指拔取烟絲。

〔九〕饒舌：嘮叨；多嘴。　解頤：謂開顔歡笑。語本《漢書·匡衡傳》：“無説《詩》，匡鼎來；匡説《詩》，解人頤。”

〔一〇〕三生：佛教語，指前生、今生、來生。

〔一一〕甲帳：《北堂書鈔》卷一三二引《漢武帝故事》：“上以琉璃珠玉、明月夜光雜錯天下珍寶爲甲帳，次爲乙帳。甲以居神，乙以自居。”指華美的帳幕。丁皮：丁香與桂皮，泛指香料。

〔一二〕繡腸：猶繡腑，比喻才華出衆、文辭華麗。

〔一三〕醴飴：泛指甘美的飲食。

〔一四〕蘭室：芳香高雅的居室。《文選·張華〈情詩〉》：“佳人處遐遠，蘭室無容光。”李善注：“古詩曰：盧家蘭室桂爲梁。”　瓣香：佛教語，猶言一瓣香，即一炷香。佛教禪宗長老開堂講道，燒至第三炷香時，長老即云這一瓣香敬獻傳授道法的某某法師。後以“一瓣香”指師承或仰慕某人。

卷六 詩（七言律詩）

恒　　仁[一] 月山

異俗誰傳遍四垂，紛紛茹苦勝含飴。爲貪雲霧生衣細，不藉壺觴留客遲[二]。銀管幾燃渾致醉，烏絲一縷欲忘飢。韓公愛酒難兼得[三]，笑煞沉吟去取時。

【注釋】

〔一〕恒仁（1713—1747）：字育萬，一字月山，英親王阿濟格四世孫。初襲封，旋罷。著有《月山詩集》。

〔二〕生衣：夏衣。唐王建《秋日後》詩："立秋日後無多熱，漸覺生衣不著身。"　壺觴：酒器。晉陶潛《歸去來辭》："引壺觴以自酌，眄庭柯以怡顔。"

〔三〕韓公愛酒難兼得：事詳卷三"韓宗伯嗜烟"條。

許　　虬[一] 竹隱

寒鐙吐蘖客蒼茫，手簇金絲佩一囊。水陸味空諸品錯，清輕暖入九迴腸[二]。杯閒竹葉還同醉，笛散梅花豈向陽。眠食[三]年來隨地起，藉他馬上禦風霜。

【注釋】

〔一〕許虬：字竹隱，江南長洲人。順治十五年(1658)進士，官紹興知府。著有《萬山樓集》。

〔二〕水陸：指水中和陸地所産的食物。《晉書·石崇傳》："絲竹盡當時之選，庖膳窮水陸之珍。" 九迴腸：語本漢司馬遷《報任少卿書》："是以腸一日而九迴，居則忽忽若有所亡，出則不知其所往。"九迴：多次翻轉或縈繞，多形容愁思起伏，鬱結不解。

〔三〕眠食：概指生活起居。《南史·陸澄傳》："行坐眠食，手不釋卷。"

汪師韓 抒懷

移根吕宋始何年，芬草從新拜號烟。匹馬就韁歸漢壘，一軍提鼓入蠻天。漸教禁榷權豐幣，競以吹噓費壯錢〔一〕。荼苦南中空紀録，酪奴人久薄春泉〔二〕。

瑶草耕烟歲取資，黄雲葉葉柳絲絲。茅柴霽景編籬薄，筐篚宵分析縷遲〔三〕。風俗小函盛滿把，火傳重暈〔四〕結相思。傾心還有壺公在，鼻觀通參出愈奇〔五〕。

龍巖石馬外諸餘，于槖于囊聚物殊。食籍數浮黄矮菜，詞林名重淡巴菰〔六〕。三餐果腹初虚口，五字微吟正惜鬚〔七〕。攜取及時供絡繹，并申僮約〔八〕古從無。

偶共香燒性已諳，一枝熺焰〔九〕手頻擔。方言有底争衡酒，詩境無聊作配藍〔一〇〕。嘘氣憑依吞篆少，熏心虚美〔一一〕落灰慚。不知通介誰邊得，暇采芸編佐筆談〔一二〕。

【注釋】

〔一〕禁榷：禁止民間私自貿易鹽鐵茶酒等物資而由政府專賣。《宋史·食貨志下一》：“有司議勾收白地，禁榷鐵貨，方田增税，榷酤增價。” 壯錢：亦作見“壯泉”，新莽時所鑄六種貨貝之一。古謂錢曰泉，到處流通之意。《金石索·泉刀屬·新王莽泉刀布》：“莽始建國，更作小錢，徑六分，文曰‘小泉’，直一重一銖；次幺泉一十，次幼泉二十，次中泉三十，次壯泉四十；因前大泉五十爲泉貨六種。”此處泛指錢幣。

〔二〕荼苦：艱苦；苦楚。 南中：指川南和雲貴一帶，後泛指南方。 酪奴：茶的别名。北魏楊衒之《洛陽伽藍記·正覺寺》：“羊比齊魯大邦，魚比邾莒小國，惟茗不中，與酪作奴。……彭城王勰謂曰：‘卿明日顧我，爲卿設邾莒之食，亦有酪奴。’後因號茗飲爲酪奴。”

〔三〕筐篚：盛物竹器，方曰筐，圓曰篚。《詩·小雅·鹿鳴序》：“鹿鳴，燕羣臣嘉賓也，既飲食之，又實幣帛筐篚，以將其厚意。然後忠臣嘉賓，得盡其心矣。” 析縷：析爲絲縷，即鉋烟。

〔四〕重暈：日、月周圍光線經雲層中冰晶折射而形成的光圈，古人以爲瑞徵，也稱“重輪”。《晉書·元帝紀》：“於是有玉册見於臨安，白玉麒麟神璽出於江寧，其文曰‘長壽萬年’，日有重暈，皆以爲中興之象焉。”

〔五〕壺公：傳説中的仙人。　通參：修道，參佛。

〔六〕黄矮菜：一名黄芽菜，即白菜。二年生草本植物，葉子大，花淡黄色。　詞林：詞壇。

〔七〕五字：多指詩文中五字句。《漢書·藝文志》："説五字之文，至於二三萬言。"　惜鬚：語本唐盧延讓《苦吟》："吟安一個字，拈斷數莖須。"

〔八〕僮約：漢王褒作《僮約》，記奴婢契約。後因以泛稱主奴契約或對奴僕的種種約束規定。

〔九〕熺焰：熺：同"熹"，熾，盛燃。猶烈焰。

〔一〇〕方言有底争衡酒：卷一"烟酒"條："一曰'烟酒'，蓋多食之，以其能令人醉也。"　藍：奇藍。香木名，即沉香。亦作"奇南"、"奇南香。"明陳繼儒《偃曝談餘》卷下："占城奇南，出在一山。酋長禁民不得採取，犯者斷其手。彼亦自貴重。《星槎勝覽》作琪楠。潘賜使外國回，其王餽之，載在志，則作奇藍，此當是的。"又，卷四柴杰序："漫道流涎，香同沉水；何期入口，醉並瓊漿。"卷五胡玉樹詩："水沉原異品，鼻飲更殊名。"

〔一一〕虚美：語本漢班固《漢書·司馬遷傳》："然自劉向、揚雄博極群書，皆稱遷有良史之材，服其善序事理，辨而不華，質而不俚，其文直，其事核，不虚美，不隱惡，故謂之實録。"

〔一二〕通介：通達耿介，有操守。蔡夢弼《杜工部草堂詩話》卷一引蘇軾詩："風流自有高人識，通介寧隨薄俗移。"　芸編：指書籍。芸：香草，置書頁內可以辟蠹，故稱。　筆談：筆記類著作體裁之一種。宋沈括《〈夢溪筆談〉自序》："予退處林下，深居絶過從，思平日與客言者，時紀一事於筆，則若有所晤言，蕭然移日，所與談者，唯筆硯而已，謂之筆談。"

毛　思　正海客

磳田曾見碧苗滋，細髮薰成好護持。暗敓緗囊翻露葉〔一〕，輕拈�管簇金絲。最宜酒暈〔二〕微酣後，看取蘭芬乍孃時。一自佘糖灰漸冷，柔腸無限繫相思。

【注釋】

〔一〕露葉：事詳卷一“蓋露”條。

〔二〕酒暈：飲酒後臉上泛起的紅暈。宋蘇軾《紅梅》詩之一：“寒心未肯隨春態，酒暈無端上玉肌。”

趙　翼甌北

淡芭味不入鹹酸，偏惹相思欲斷難。豈學仙〔一〕能吸雲霧，幾令人變黑心肝。噴浮銀管香驅穢，暖入丹田氣辟寒。贏得先生誇老健，鼻尖出火駭旁觀〔二〕。

【注釋】

〔一〕學仙：學習道家的所謂長生不老之術。

〔二〕旁觀：指在旁邊看的人。

李　大　恒〔一〕枏友

金縷拈來百和香，燈前風味貯青囊。芬流齒頰餐霞客，酣入心脾辟穀〔二〕方。繞榻徐徐醒旅夢，侵簾裊裊引詩腸。欒巴噀水張超霧〔三〕，可比筠筒醉一場。

【注釋】

〔一〕李大恒：字南有，一字枏友，秀水人。官刑部主事。著有《竹餘小草》、《白雲吟》。

〔二〕辟穀：謂不食五穀，道教的一種修煉術。辟穀時，仍食藥物，並須兼做導引等工夫。《史記·留侯世家》："乃學辟穀，道引輕身。"

〔三〕張超霧：《太平廣記》卷四引《仙傳拾遺》："張楷，字公超，有道術，居華山谷中，能爲五里霧。有《玉訣》、《金匱》之學，坐在立亡之道。人學其術者，填門如市，故云霧市。"

張　世　昌兆田

露葉熏乾剪作絲，佘糖風味最相思。乍含�管檀心[一]破，頻啟羅囊玉手持。吸取雀爐[二]紅火小，噴來鼻觀碧雲遲。磳田一種巴菰草，供我微酣薄醉時。

【注釋】

〔一〕檀心：淺紅色的花蕊，形容女性嘴唇之美。

〔二〕雀爐：即鵲尾爐，長柄香爐。語本南朝齊王琰《冥祥記》："（費崇先）每聽經，常以鵲尾香爐置膝前。"此處用以美稱香爐。

高世鑅小雲

遼海傳來翠一叢，䨓䨓鼻觀已潛通〔一〕。餐霞不用凌晨起，就煖無須近夜烘。光映瑶盤金葉縷，香攜綵袖緑筠筩。農皇若蚤親嘗遍，割取良苗地幾弓〔二〕。

下種何須問老農，平畦靃靡〔三〕緑雲重。味分雨後高低葉，色辨風前長短茸。蘭佩一囊含潤貯，花牋五采帶香封〔四〕。佳名曾號相思草，怪底相思分外濃。

曾傳馬氏新標製，萬里分攜大小邦。名自前朝誇第一，種來天柱〔五〕擅無雙。縣旌近傍娉婷市，遺馥遥吹窈窕窗〔六〕。觀我朵頤簾下過，幾人掩袖望風降。

牀頭鵲尾〔七〕剩餘温，小坐含烟静掩門。玉盒藏來千縷潤，鏡屏行處一痕昏。看花選石和香咽，移榻臨池〔八〕對墨噴。我欲夢中傳品格，裕陵〔九〕羅漢十三尊。

睡起慵施金步摇〔一〇〕，緑窗一簇手拈燒。笑揩鸞袖香生唾，醉上桃腮紅暈潮。絶勝文君閒對酒，休誇嬴女善吹簫〔一一〕。此身願化爲雲雨，晨夕氛氲傍翠翹〔一二〕。

酒頌茶經此又添，朝朝研北〔一三〕置瑶匳。飲衣風日功同稼，車馬江淮富擬鹽。曾返片魂歸寂寞，却從一竅得香甜。從今似握湘東管，五色雲〔一四〕中信手拈。

【注釋】

〔一〕遼海：渤海遼東灣，此處泛指海外。　馡馡：馡：音非，香。香氣散逸貌。宋陸游《獨坐》詩："博山香霧散馡馡，袖手何妨静掩扉。"

〔二〕農皇：即神農氏，傳説中教民稼穡的人。漢應劭《風俗通·皇霸·三皇》："遂人爲遂皇，伏羲爲戲皇，神農爲農皇。"　蚤：通"早"，和"遲"相對。弓：量詞，原爲與弓同距離的長度單位，與步相應，後亦用作丈量地畝的計算單位。其制歷代不一：或以八尺爲一弓；或以六尺爲一弓；舊時營造尺以五尺爲一弓（合1.6米），三百六十弓爲一里，二百四十方弓爲一畝。《儀禮·鄉射禮》："侯道五十弓。"賈公彦疏："六尺爲步，弓之下制六尺，與步相應，而云弓者，侯之所取數，宜於射器也。"

〔三〕靃靡：靃：音髓，草木弱貌。指草木茂密貌。

〔四〕花牋五采帶香封：事詳卷二"封烟"條。

〔五〕天柱：古代神話中的支天之柱。

〔六〕縣旌：懸掛旌旗，喻標榜。《後漢書·崔駰傳》："叫呼衒鬻，縣旌自表，非隨和之寶也。"　娉婷：姿態美好貌，此處指女子。　遺馥：猶餘香。

〔七〕鵲尾：即鵲尾爐。

〔八〕臨池：語本《晉書·衛恒傳》："漢興而有草

書。……弘農張伯英者，因而轉精甚巧。凡家之衣帛，必書而後練之。臨池學書，池水盡黑。”後指學習書法，或作爲書法的代稱。

〔九〕裕陵：古代帝王陵墓名，金顯宗陵、明英宗陵、清高宗陵均稱裕陵。

〔一〇〕金步摇：古代婦女的一種首飾，以金珠裝綴，步則摇動，故名。唐白居易《長恨歌》：“雲鬢花顔金步摇，芙蓉帳暖度春宵。”

〔一一〕絶勝文君閒對酒：語本《史記·司馬相如列傳》：“相如與俱之臨邛，盡賣其車騎，買一酒舍酤灑，而令文君當爐。”　休誇嬴女善吹簫：《太平廣記》卷四引《仙傳拾遺》：“秦穆公有女弄玉，善吹簫，公以弄玉妻之。”秦，嬴姓，故稱秦女爲嬴女。

〔一二〕翠翹：古代婦人首飾的一種，狀似翠鳥尾上的長羽，故名。此處用以美稱烟桿。

〔一三〕研北：即硯北。謂几案面南，人坐硯北。指从事著作。

〔一四〕五色雲：五色雲彩，古人以爲祥瑞。《陳書·徐陵傳》：“母臧氏，嘗夢五色雲化而爲鳳，集左肩上，已而誕陵焉。”

吴文徽德音

迴異支離地踏菰，懸知〔一〕佳植此間無。古稱菸露來方外，菸露，烟名。今人芬吹繞座隅，閩人呼烟袋爲芬吹。客至歡呼通款洽，醉時嘘吸足清娛〔二〕。相違片刻相思甚，一縷情懷埒友于〔三〕。

【注釋】

〔一〕懸知：料想；預知。

〔二〕方外：域外；邊遠地區。《史記·三王世家》："遠方殊俗，重譯而朝，澤及方外。" 款洽：親密；親切。《隋書·長孫平傳》："高祖龍潛時，與平情好款洽，及爲丞相，恩禮彌厚。" 清娛：清雅歡娛。唐宋之問《洞庭湖》詩："永言洗氛濁，卒歲爲清娛。"

〔三〕友于：語本《書·君陳》："惟孝友于兄弟。"後即以"友于"爲兄弟友愛之義。

顧　　翰[一] 蒹塘

小草何曾借齒牙，桐君藥性玉川茶。破除瘴雨桄榔樹，消受春風荳蔻花[二]。只有清談能待客，不因善釀始名家。窮來縱使晨炊斷，爲女挑錢費畫叉[三]。

蘭絲一樣翠纖纖，位置碁枰[四]與畫匳。噓氣畧存雲意思，唾香應免鶴憎嫌。燒餘椒桂心原熱，臥到藤蘿夢亦甜[五]。此後吟髭[六]容漫撚，晴窗不畏攷詩嚴。

【注釋】

〔一〕顧翰（1782—1860）：字蔄塘，一字蒹塘，江蘇無錫人。嘉慶十五年（1810）舉人，安徽涇縣知縣。著有《拜石山房詞稿》。

〔二〕桄榔樹：桄：音光。木名，俗稱砂糖椰子、糖樹，常緑喬木，羽狀復葉，小葉狹而長，肉穗花序的汁可製糖，莖中的髓可製澱粉，葉柄基部的棕毛可編繩或製刷子。　荳蔻花：荳蔻：植物名，又稱“草荳蔻”、“白荳蔻”。葉大，披針形，花淡黄色，果實扁球形，種子有芳香氣味，果實和種子可入藥。

〔三〕畫叉：用以懸掛或取下高處立幅書畫的長柄叉子。宋郭若虛《圖畫見聞誌·玉畫叉》：“張文懿性喜書畫，……愛護尤勤。每張畫，必先施帟幕，畫叉以白玉爲之，其畫可知也。”

〔四〕碁枰：即棋盤。

〔五〕椒桂：指椒實與桂皮，皆調味的香料。　藤蘿：紫藤的通稱，亦泛指有匍匐莖和攀援莖的植物。

〔六〕吟髭：詩人的鬍鬚。唐杜荀鶴《亂後再逢汪處士》詩：“笑我於身苦，吟髭白數莖。”

姚　嘉　謀雲谷

細擷金絲帶淺黄，一團探取紫羅囊。饒他吞吐烟霞氣，倩我吹嘘齒頰香。味到空空剛瞬眼，裊來曲曲出迴腸〔一〕。閒時儘有撩人趣，畧惹氤氲入醉鄉。

【注釋】

〔一〕空空：佛教謂一切皆空而又不執着於空名與空見。《大品般若經·如化品》："以空空，故空。不應分别是空、是化。"　瞬眼：眨眼。　迴腸：比喻愁苦、悲痛之情鬱結於內，輾轉不解。

紀氏聯句詩

自敘畧云："烟草之行，於今爲盛，然名賢題詠，苦乏流傳。余少解韻語，曾與兄仙岩、妹吟房家庭唱酬，偶拈是題。"

聖火絪緼[一]自昔傳紀兆芝，分明是草却名烟。製成一味堪消穢紀兆蕙，不食多時豈遂仙。琢句[二]彩霞生管上紀兆蓮，停樽香霧滿筵前。袪寒解鬱兼除瘴兆芳，好倩瀕湖補舊編兆蕙。

【注釋】

〔一〕絪緼：亦作"絪氲"，形容雲烟彌漫、氣氛濃盛的景象。唐温庭筠《觱篥歌》："情遠氣調蘭蕙薰，天香瑞彩含絪緼。"

〔二〕琢句：推敲詩文的字句。

駱存智 纖峯

小草知名近始傳，含咀香散玉堂烟。怡神不減餐霞客，幻彩翻疑吐火仙。消我閒愁明月下，助人清興晚風前。君家棣蕚[一]工題品，尤羡才高咏絮編。

【注釋】

〔一〕棣蕚：亦作“棣萼”，比喻兄弟。語本《詩·小雅·常棣》：“常棣之華，鄂不韡韡。凡今之人，莫如兄弟。”鄂，通“萼”。

姜令訪鶴溪

蔫菸北地鋪名傳，南國人家盡作烟。細切縷絲分異種，品嘗氣味欲登仙。飯餘捻管通脾裏，茶罷噓雲起席前。引取謝庭詩思軋，吟成四韻萼柎〔一〕編。

【注釋】

〔一〕謝庭：謝安的門庭，喻指子弟優秀之家。《藝文類聚》卷八一引晉裴啟《語林》："謝太傅問諸子姪曰：'子弟何預人事，而政欲使其佳?'諸人莫有言者，車騎答曰：'譬如芝蘭玉樹，欲使生於階庭耳。'" 四韻：亦稱"四韻詩"，由四韻八句構成的詩，即近體詩中的五言、七言律詩。唐王勃《秋日登洪府滕王閣餞別序》："敢竭鄙懷，恭疏短引。一言均賦，四韻俱成。" 萼柎：語本《詩·小雅·常棣》："常棣之華，鄂不韡韡。"不，同"柎"。柎：音夫，花萼房或子房。花萼和花托，喻指兄弟。

竇國華 澂軒

佳種原從異域傳，巴菰雅品俗呼烟。噴來縹緲雲生坐，吸盡繽紛露滴仙。解鬱宣和〔一〕乘霧下，忘飢破悶佐筵前。若教紅袖憑欄立，引得相思入豔編〔二〕。

【注釋】

〔一〕宣和：疏通調和。三國魏嵇康《琴賦》序："余少好音聲，長而翫之，以爲物有盛衰，而此無變，滋味有猒，而此不勌，可以導養神氣，宣和情志。處窮獨而不悶者，莫近於音聲也。"

〔二〕紅袖：代指美女。　豔編：即《豔異編》。明王世貞撰，分星、神、水神、龍神、仙、官掖、戚里、幽期、冥感、夢游、義俠、徂異、幻術、妓女、男寵、妖怪、鬼十七部。

顧　光涑園

小草何來牒譜傳，呼童買得日噓烟。韻流湘管温開鬱，香入詩脾[一]醉欲仙。有味宜人薰酒後，多情款客奉茶前。相思一種難抛處，從此新吟足綺編。

【注釋】

〔一〕詩脾：詩思。

蔣　詩　庭韻菴

巴菰肇錫令名傳〔一〕，別號相思裊細烟。一縷氤氳由寸管，五雲〔二〕縹緲接飛仙。慣隨高士烹茶後，曾倚佳人醉酒前。老我未能消永晝，小窗時伴檢芸編。

【注釋】

〔一〕肇錫：語本《離騷》："皇覽揆余初度兮，肇錫余以嘉名。"肇：始也。錫：賜也。　令名：美好的名稱。《史記・秦始皇本紀》："阿房宫未成；成，欲更擇令名名之。作宫阿房，故天下謂之阿房宫。"

〔二〕五雲：五色瑞雲，多作吉祥的徵兆。《南齊書・樂志》："聖祖降，五雲集。"

范　有　筠禮庭

桐君著録未曾傳，海外移栽識是烟。行遍九州無不嗜，吸由一管擬通仙。濃縈玉貌藏還露，輕擁晴絲〔一〕却復前。遥憶蓬壺能種否，餐餐遺法紀瑶編〔二〕。

【注釋】

〔一〕晴絲：蟲類所吐的、在空中飄蕩的遊絲，此處指烟絲。

〔二〕蓬壺：即蓬萊，古代傳説中的海中仙山。晉王嘉《拾遺記·高辛》："三壺則海中三山也。一曰方壺，則方丈也；二曰蓬壺，則蓬萊也；三曰瀛壺，則瀛洲也。形如壺器。"　瑶編：珍貴的書册，亦爲書籍的美稱。唐李嶠《爲百僚賀瑞石表》："考皇圖于金册，搜瑞典於瑶編。"

董　永　攀丹崖

天生瑞草待人傳，海上巴菰俗曰烟。吹起塤篪詩並秀，吟來閨閣句疑仙。香飄糺縵卿雲外，妙入氤氳醉月前〔一〕。花譜茶經都數見，新刊小雅一家編。

【注釋】

〔一〕糺縵：亦作“糾縵”，縈回繚繞貌。清趙翼《己卯元日早朝》詩：“糺縵五雲金闕朗，太平中外一家春。”　卿雲：即慶雲。一種彩雲，古人視爲祥瑞。《史記·天官書》：“若煙非煙，若雲非雲，郁郁紛紛，蕭索輪囷，是謂卿雲。卿雲見，喜氣也。”　醉月：對月酣飲。

周　　融晴川

粗枝大葉競相傳，少借吹嘘作瑞烟〔一〕。暖入齒牙方勝酒，香清肺腑欲通仙。數重霧散留賓後，幾片雲生得句前。從此品題江海遍，不須方外索遺編〔二〕。

【注釋】

〔一〕瑞烟：祥瑞的烟氣，此處爲烟草所生烟氣的美稱。

〔二〕江海：泛指四方各地。唐杜甫《草堂》詩："弧矢暗江海，難爲遊五湖。"　遺編：指散佚的典籍。唐盧照鄰《樂府雜詩序》："通儒作相，徵博士於諸侯；中使驅車，訪遺編於四海。"

潘世恩[一]芝軒

淡巴菰種自誰傳，佳品駢羅[二]裊碧烟。管慣生花人有癖，雲成噓氣草疑仙。篆飄一縷停盃後，香送連番瀹茗[三]前。吐納英華供琢句，從今詠物譜新編。

【注釋】

〔一〕潘世恩：字芝軒，吴縣人。乾隆五十八年（1893）狀元，授修撰。嘉慶間歷侍讀、侍講學士、户部尚書。道光間至武英殿大學士，充上書房總師傅，進太傅。著有《恩補齋集》。

〔二〕駢羅：駢比羅列。漢王逸《九思·哀歲》："羣行兮上下，駢羅兮列陳。"

〔三〕瀹茗：瀹：音月，煮。煮茶。宋陸游《與兒孫同舟泛湖》詩："酒保殷勤邀瀹茗，道翁傴僂出迎門。"

葉　　藩〔一〕古渠

仁草擕來製廣傳，未經火出即名烟。灰飛可是因吹管，醉味渾如已得仙。學士最宜吞篆際，幽情閒點攐雲前〔二〕。從今藝圃多珍重，果號寧惟小識編〔三〕。

【注釋】

〔一〕葉藩：字登南，號古渠，仁和人。乾隆十六年（1751）進士，官廣西思恩知府。

〔二〕幽情：深遠或高雅的情思。漢班固《西都賦》："攄懷舊之蓄念，發思古之幽情。"　攐：音謙，拔取，取。

〔三〕藝圃：此處指著述之事或典籍薈萃之處。小識：淺陋的見識。《莊子·繕性》："小識傷德，小行傷道。"

趙　文　楷〔一〕介山

種自前朝馬氏傳，噴來如霧亦如烟。管分吕宋腸能醉，吟到香閨句欲仙。不藉檳榔消食後，聊偕茗荈〔二〕佐筵前。露書花鏡誇嘉話，剩有新詩續舊編。

【注釋】

〔一〕趙文楷（1761—1808）：字逸書，號介山，太湖人。嘉慶元年（1796）狀元，授修撰，歷官山西雁平道。著有《石柏山房詩存》。

〔二〕茗荈：泛指茶。

陸　　言[一] 心蘭

一枝瑶草露書傳，海外呼龍種紫烟[二]。石火敲寒香欲醉，蘭雲吹暖望如仙。吟懷助我銜杯[三]後，風味撩人試茗前。聞道金絲真瑞品，相思重爲檢芸編。

【注釋】

〔一〕陸言（？—1832)：字有章，號心蘭，浙江錢塘縣人。嘉慶四年（1799）進士，由翰林院編修考選山西道御史，歷任四川、河南布政使。

〔二〕紫烟：卷一“香絲”條：“烟有乾絲、油絲之名，黄紫以色，生熟以製，半出人工造作。”

〔三〕銜杯：指飲酒。晉劉伶《酒德頌》：“捧甖承槽，銜杯漱醪。”

馮　培[一] 實菴

餐霞吸霧法誰傳，斗室俄看繞篆烟。堪配茶經留上客，不辭火食作頑仙[二]。抽思緒引[三]尋詩外，納爽功開中酒前。添得凌雲新詠在，謝家芳草[四]一時編。

【注釋】

〔一〕馮培（1737—1808）：字玉圃，號實菴，無錫人。乾隆四十三年（1778）進士，官户科給事中。著有《鶴半巢詩鈔》。

〔二〕上客：尊客，貴賓。《禮記・曲禮上》："食至起，上客起。"　頑仙：愚笨的神仙。指初得仙道者。

〔三〕緒引：即引緒，起頭。

〔四〕謝家芳草：詳參同卷姜令訪詩"謝庭"注。

吴 錫 麒[一] 穀人

相思渺渺味難傳，紫玉真疑魄化烟[二]。小草曼延愁奪稼，輕雲呼吸學游仙。消寒半在蒙衾後，取醉濃於被酒[三]前。嗜好熊魚[四]評莫定，幾人日下剩吟編。

【注釋】

〔一〕吴錫麒（1746—1818）：字聖徵，號穀人，浙江錢塘人。乾隆四十年（1775）進士，改庶吉士，授編修。官至國子監祭酒。嘉慶元年（1796）入直上書房，爲皇曾孫師，與成親王永瑆交莫逆，禮遇如大學士。晚年主泰州安定書院。長於駢文，工書，亦善度曲。著有《有正味齋詞集》八卷、《詞續集》二卷。

〔二〕紫玉真疑魄化烟：據晉干寶《搜神記》載：吴王夫差小女紫玉，年十八，悦童子韓重，欲嫁而爲父所阻，氣結而死。重遊學歸，弔紫玉墓。玉形現，並贈重明珠。玉托夢於王，夫人聞之，出而抱之，玉如煙而没。

〔三〕被酒：猶中酒。《史記·高祖本紀》："高祖被酒，夜徑澤中，令一人行前。"張守節正義："被，加也。"

〔四〕熊魚：《孟子·告子上》："魚，我所欲也；熊掌，亦我所欲也。二者不可得兼。"後因以"熊魚"比喻難以兼得的事物。

沈　光　春山漁

千絲萬片製初傳，寒食〔一〕何妨不禁烟。晨夢乍醒先握管，香魂可返即登仙。因知味在酸鹹外，最愛情添詩酒前。今日謝家珠玉出，合教舊雅續新編〔二〕。

【注釋】

〔一〕寒食：節令名，在清明前一日或二日。相傳春秋時晋文公負其功臣介之推，介憤而隱於綿山。文公悔悟，燒山逼令出仕，之推抱樹焚死。民衆同情介之推的遭遇，相約於其忌日禁火冷食，以爲悼念。以後相沿成俗，謂之寒食。按，《周禮·秋官·司烜氏》"仲春以木鐸修火禁於國中"，則禁火爲周的舊制。漢劉向《别録》有"寒食蹋蹴"的記述，與介之推死事無關；晋陸翽《鄴中記》、《後漢書·周舉傳》等始附會爲介之推事。寒食日有在春、在冬、在夏諸説，惟在春之説爲後世所沿襲。

〔二〕珠玉：珍珠和玉，比喻丰姿俊秀的人。　舊雅：猶舊誼。明李贄《復士龍悲二母吟》："僕以公果念翰峰舊雅，只宜擇師教之，時時勤加考省，乃爲正當。"

羅　長　庚西崕

九曲靈芝衹浪傳[一]，何如園草織輕烟。濃分瑞霧荷缸側，細吐清香竹架前。對客漫誇婁尾酒，餐雲不減地行仙[二]。閒窗新訂羣芳譜，百草都應載後編。

【注釋】

〔一〕九曲靈芝衹浪傳：九曲：指福建武夷山的九曲溪。宋朱熹《武夷櫂歌》之十："九曲將窮眼豁然，桑麻雨露見平川。"　浪傳：空傳；妄傳。唐杜甫《得舍弟消息》詩之二："浪傳烏鵲喜，深負鶺鴒詩。"仇兆鼇注："弟不能歸，空傳烏鵲之喜。"清葛祖亮《花妥樓詩》卷十五《遊武夷詩三十首》（其十三）："仙籍天台久注名，武夷换骨碧霄峥。靈芝玉樹應常見，寶印玄文孰可争。"

〔二〕婪尾酒：唐代稱宴飲時酒巡至末座爲婪尾酒。唐蘇鶚《蘇氏演義》卷下："今人以酒巡匝爲婪尾。"　地行仙：原爲佛典中所記的一種長壽的神仙。《楞嚴經》卷八："人不及處有十種仙，阿難，彼諸衆生，堅固服餌，而不休息，食道圓成，名地行仙。……阿難，是等皆於人中鍊心，不修正覺，别得生理，壽千萬歲，休止深山或大海島，絶於人境。"後因以喻高壽或隱逸閒適的人。

陸　夢　弼容齋

清奇異品妙難傳，小草敷榮亦號烟〔一〕。搦管呼時雲縷碧，含香咀處玉神仙。攜來最稱晴風下，取去還宜曉霧前。未免有情誰遣此，如將佳味詠新編。

【注釋】

〔一〕清奇：清新奇妙。　敷榮：開花。三國魏嵇康《琴賦》："迫而察之，若衆葩敷榮曜春風，既豐贍以多姿，又善始而令終。"

顏　廷　曜〔一〕質民

辨得清奇味可傳，漫敲石火吸雲烟。獨吟半藉吹噓力，對奕〔二〕如看縹緲仙。不比燃藜〔三〕驚閣內，直教吐氣達階前。謝庭自此成佳詠，留與熙朝〔四〕博學編。

【注釋】

〔一〕顏廷曜：字質民，榜姓嚴，宛平籍，改歸蘇州籍。充華亭教諭。

〔二〕對奕：下棋。

〔三〕燃藜：晉王嘉《拾遺記·後漢》："劉向於成帝之末，校書天祿閣，專精覃思。夜有老人著黄衣，植青藜杖，登閣而進，見向暗中獨坐誦書。老父乃吹杖端，煙然，因以見向，説開闢已前。向因受《洪範五行》之文，恐辭説繁廣忘之，乃裂裳及紳，以記其言。"後因以"燃藜"指夜讀或勤學。

〔四〕熙朝：興盛的朝代。

郭　　乾研漁

一卷新詩得未傳，閒情別寄草中烟。留香直悟聞思地，食火何嫌姑射仙〔一〕。自有酸鹹來味外，更無塵坌〔二〕到花前。從兹筍譜茶經後，好與羣芳補異編。

【注釋】

〔一〕聞思：聽聞佛法、思惟義理，指修禪。　姑射：語本《莊子·逍遥遊》："藐姑射之山，有神人居焉，肌膚若冰雪，淖約若處子。不食五穀，吸風飲露。乘雲氣，御飛龍，而游乎四海之外。其神凝，使物不疵癘而年穀熟。"

〔二〕塵坌：坌：音笨，塵埃。灰塵，塵土。

邱　　登香樵

仁草羣知海外傳，吹來如霧復如烟。芳名八角香疑夢，花氣三分醉欲仙。詞客夜凉擕案畔，美人春困倚窗前。閒情一種憑誰識，我媿〔一〕聯吟棣萼編。

【注釋】

〔一〕媿：音窺，慚愧。《荀子·儒效》：“邪説畏之，衆人媿之。”楊倞注：“衆人皆非其所爲，成功之後，故自愧也。”

朱　　鈺[一]二如

小草珍從名士傳，嶺南嘉産號爲烟。清香噴處雲生屋，新詠投來句欲仙。有客供將烹茗後，拈題待爾彩毫前。箇中畢竟何滋味，翻盡瀕湖釋性編[二]。

【注釋】

〔一〕朱鈺：字二如，華亭人。嘉慶五年（1800）舉人，文風剷削。

〔二〕瀕湖釋性編：瀕湖即李時珍。釋性編即李氏所編《本草綱目》。

羅　錫　祚蘭友

誰攜荒徼〔一〕種遥傳，香草絪緼化作烟。豈信流芬能遍户，也教服氣〔二〕可如仙。蘭吹縱透疏簾外，絨唾〔三〕津生倦榻前。羸得謝庭新詠好，不須典故覓陳編〔四〕。

【注釋】

〔一〕荒徼：徼：音教，邊界，邊塞。荒遠的邊域。唐楊衡《送人流雷州》詩："不知荒徼外，何處有人家?"

〔二〕服氣：吐納，道家養生延年之術。《晉書·隱逸傳·張忠》："恬静寡欲，清虚服氣，餐芝餌石，修導養之法。"

〔三〕絨唾：即唾絨。古代婦女刺繡，每當停針换線、咬斷繡線時，口中常沾留線絨，隨口吐出，俗謂唾絨。

〔四〕陳編：指古籍、古書。唐韓愈《進學解》："踵常途之促促，窺陳編以盜竊。"

周　心　維玉持

物經吟咏更堪傳，人尚清言〔一〕盡嗜烟。味達詩脾能醒酒，杳通蘭圃欲登仙。題留世刻諸書後，種自天生百草前。遥慶紀庭〔二〕團瑞靄，淡巴菰句出新編。

【注釋】

〔一〕清言：指魏晉時期何晏、王衍等崇尚《老》、《莊》，擯棄世務，競談玄理的風氣。

〔二〕紀庭：詳參本卷“紀氏聯句詩”。

陳　壽　祺[一]恭甫

未是仙人便嚼霞，一痕噴緑上窗紗。最能伴茗還銷酒，全欲捎風却泥花。清簟疏簾尋不見，乾蔔溼麝認都差。祇應迷迭堪相亞，鴨子爐邊寶篆斜[二]。

【注釋】

〔一〕陳壽祺（1771—1834）：字恭甫，號左海，亦號葦仁，閩縣人。嘉慶四年（1799）進士，改庶吉士，授編修。著有《絳跗堂詩集》。

〔二〕迷迭：常緑小灌木，有香氣，佩之可以香衣，燃之可以驅蚊蚋、避邪氣，莖、葉和花都可提取芳香油。原産南歐，後傳入我國。三國魏曹丕《迷迭香賦》序：“余種迷迭於中庭，嘉其揚條吐香，馥有令芳。”　相亞：相近似；相當。　鴨子爐：即鴨爐。古代熏爐名，形製多作鴨狀，故名。宋范成大《西樓秋晚》詩：“晴日滿窗鳧鶩散，巴童來按鴨爐灰。”　寶篆：熏香的美稱，焚時烟如篆狀，故稱。宋黄庭堅《畫堂春》詞：“寶篆煙消龍鳳，畫屏雲鎖瀟湘。”

姚　淵

小草無端化作煙，乍經離火已飄然。閒偕賓客陪清茗，願共雲霞上碧天。吐納不差蘭臭味，芬芳終待口流傳。漫嫌一縷雲情〔一〕薄，擬與爐香結夙緣。

【注釋】

〔一〕雲情：雲的情狀，比喻男女情好之意。宋晏幾道《玉樓春》詞："雲情去住終難信，花意有無休更問。"

紀　兆　芝仙巖

芳園有草號相思，道是如蔬不療飢。客到華堂纔坐後，朋來書館倦談時。却教饞舌甘能得，豈似天葩[一]吐亦奇。莫説巴菇功甚細，清齋也可伴卮彝[二]。

【注釋】

〔一〕天葩：常比喻秀逸的詩文。此處爲烟草所生烟氣的美稱。

〔二〕卮彝：卮：音之，古代盛酒器。彝：音夷，盛酒的尊。泛指酒器。卷一“烟酒”條：“一曰‘烟酒’，蓋多食之，以其能令人醉也。”

紀　兆　蕙蓉圃

海邦佳品夙云良，無味之中味更長。噴出口邊雲靉靆，衝來鼻觀氣芬芳。豈同甕菜[一]堪供饌，漫比金藷可救荒。自笑年來也愛此，消閒倦榻總難忘。

【注釋】

〔一〕甕菜：空心菜。《淳熙三山志·物産·菜蓏》引宋范正敏《遯齋閒覽》："甕菜本生東夷，人用甕載其種歸，故以爲名。"

紀　兆　蓮吟房

金絲奇品競相誇，吐納入餐日月華。眞有清芬留齒頰，何妨乞火到山家。醇醲疑飫麻姑酒，馥郁如烹穀雨茶〔一〕。莫怪今時多爾愛，年來栽植倍桑麻。

【注釋】

〔一〕麻姑酒：酒名。《格致鏡原》卷二二引《事物紺珠》："麻姑酒，麻姑泉水釀，出建昌。"　穀雨茶：穀雨時節採製的春茶，與清明茶同爲一年之中的佳品。

姚 洵問匏

别題香草衹空描，新附羣芳目乍標。拈出小團如灼艾[一]，帶些微辣似焚椒。欲宜燥濕[二]重重裹，爲辨薰蕕細細燒。怕我詩腸温不暖，一空清氣又飄飄。

【注釋】

〔一〕灼艾：中醫療法之一，燃燒艾絨熏炙人體一定的穴位。

〔二〕燥濕：乾燥和潮濕。《吕氏春秋·重己》："昔先聖王，……其爲宫室臺榭也，足以辟燥溼而已矣。"高誘注："燥謂陽炎，溼謂雨露。"

楊受廷[一]虚谷

淡巴菰號最先傳，又道相思草是旃[二]。嘉種攜來從異域，肥苗栽處識良田。金刀[三]迸落絲惟細，玉管中通象貴圓。吐納絪縕迴肺腑，品嘗滋味辨媸妍[四]。香如蘭蕙真多趣，醉擬醍醐[五]便欲仙。也助文人成錦繡，能于邃室[六]起雲煙。驅寒辟穢功爲大，遣睡消愁術曰賢。那論晨興和夜坐，偏宜酒後與茶前。頻敲石火寧辭倦，自佩荷囊致可憐。别有新奇勞鼻觀，翻因變化引壺泉[七]。專家列肆居常倍，析類分名譜待詮[八]。請看嗜同原八九，今時雅尚豈徒然[九]。

【注釋】

〔一〕楊受廷：字咸之，號虚谷，歷城人。嘉慶元年（1796）進士，充如皋縣令。

〔二〕旃：音詹，泛指旌旗。

〔三〕金刀：剪子。

〔四〕媸妍：媸：音癡，醜陋，醜惡。妍：美麗，美好。猶高下。

〔五〕醍醐：從酥酪中提製出的油，比喻美酒。唐白居易《將歸一絶》："更憐家醞迎春熟，一甕醍醐待我歸。"

〔六〕邃室：猶密室。

〔七〕翻因變化引壺泉：詳參卷一"水烟"條。

〔八〕詮：通"銓"，猶衡量，考慮。

〔九〕徒然：偶然，謂無因。《後漢書·竇融傳》："毀譽之來，皆不徒然，不可不思。"

歸　懋　儀[一] 佩珊

誰知渴飲飢餐外，小草呈奇妙味傳。論古忽驚窗滿霧，敲詩共訝口生蓮[二]。線香燃得看徐噴，荷柄裝成試下咽[三]。縷繞珠簾風引細，影分金鼎[四]篆初圓。筒需斑竹工誇巧，製藉塗銀飾逞妍。几席拈來常伴筆，登臨攜去亦隨鞭。久將與化噓還吸，味美於回往復旋。欲數淡巴菰故實，玉堂久已著瑶篇[五]。

【注釋】

〔一〕歸懋儀：字佩珊，常熟人。巡道朝煦女，上海李學璜室。著有《繡餘小草》。

〔二〕口生蓮：即口吐蓮花。蓮花：喻佛門的妙法。佛門謂説法微妙，比喻口出妙語。

〔三〕線香：喻指烟絲。　荷柄：喻指烟筒。

〔四〕金鼎：鼎形的金香爐。

〔五〕玉堂久已著瑶篇：瑶篇：指優美的詩文。卷二"烟草詩"条："查爲仁《蓮坡詩話》云：烟草，前人無詠之者。韓慕廬宗伯掌翰林院事時，曾命門人賦淡巴菰，詩多不傳。惟慈溪鄭太守梁爲庶常時所作，存《玉堂集》中。"

卷七　詩（絶句　烟筒詩）

絶　句

吴　偉　業梅村

含香吐聖火，碧縷生微烟。知郎心腸熱，口是金博山〔一〕。梅村新翻《子夜歌〔二〕》，張如哉曰："第二首就烟草説。"

【注釋】

〔一〕金博山：即博山爐。

〔二〕子夜歌：樂府《吴聲歌曲》名。《宋書·樂志一》："《子夜哥》者，有女子名子夜，造此聲。晉孝武太元中，琅邪王軻之家有鬼哥《子夜》。殷允爲豫章時，豫章僑人庾僧度家亦有鬼哥《子夜》。殷允爲豫章，亦是太元中，則子夜是此時以前人也。"現存晉、宋、齊三代歌詞四十二首，寫愛情生活中的悲歡離合，多用雙關隱語。南朝樂府又有《子夜四時歌》，係據《子夜歌》變化而成。

方　　文爾止

清晨旅舍降嬋娟，便脱紅裙上炕眠。傍晚起來無箇事，一回小曲一筒烟。

尤　　侗悔菴

起捲珠簾怯曉寒，侍兒[一]吹火鏡臺前。朝雲暮雨尋常事，又化巫山一段烟。

烏絲一縷賽香荃[二]，細口櫻桃紅欲然。生小粧樓誰教得，前身合是步非烟[三]。

剪結同心花可憐，玉唇含吐亦嫣然。分明樓上吹簫女，彩鳳聲中引紫烟。

天生小草醉嬋娟，低暈春山[四]鬌半偏。還倩檀郎[五]輕約住，衹愁紫玉去如烟。

斗帳熏籌薄雪天，泥郎同醉伴郎眠[六]。殷勤寄信天台女[七]，莫種桃花只種烟。

彤管題殘銀管燃，香奩破盡薛濤箋[八]。更教婢學夫人慣，伏侍雲翹[九]有裊烟。

【注釋】

〔一〕侍兒：侍妾；姬妾。宋洪邁《容齋隨筆·樂天侍兒》："世言白樂天侍兒唯小蠻、樊素二人。"

〔二〕香荃：香草名。

〔三〕生小：猶自小；幼小。《玉台新詠·古詩爲焦仲卿妻作》："昔作女兒時，生小出野里。" 粧樓：舊稱婦女居住的樓房。唐沈佺期《侍宴安樂公主新宅應制》詩："粧樓翠幌教春住，舞閣金鋪借日懸。" 步非烟：《全唐詩》卷八〇〇："步非烟，河南功曹武公業妾也。鄰生趙象以詩誘之，非烟答以詩，象因逾垣相從。事露，笞死。"

〔四〕春山：春日山色黛青，因喻指婦人姣好的眉毛。唐李商隱《代董秀才卻扇》詩："莫將畫扇出帷來，遮掩春山滯上才。"

〔五〕檀郎：《世説新語·容止》："潘岳妙有姿容，好神情。少時挾彈出洛陽道，婦人遇者，莫不聯手共縈之。"劉孝標注引《語林》："安仁至美，每行，老嫗以果擲之，滿車。"晉潘岳小字檀奴，後因以"檀郎"爲婦女對夫婿或所愛慕的男子的美稱。

〔六〕斗帳：小帳。形如覆斗，故稱。《釋名·釋床帳》："小帳曰斗帳，形如覆斗也。" 熏篝：即熏籠。《廣雅·釋器》："熏篝謂之牆居。"王念孫疏證："《方言》：'篝，陳、楚、宋、魏之間謂之牆居。'郭注云：'今薰籠也。'薰與熏同。" 泥：音逆，軟求，軟纏。

唐元稹《遣悲懷》詩之一："顧我無衣搜畫箧，泥他沽酒拔金釵。"

〔七〕天台女：謂仙女。相傳東漢劉晨、阮肇入天台山采藥，遇二女，留住半年回家，子孫已歷七世，乃知二女爲仙女。事見《太平御覽》卷四一引南朝宋劉義慶《幽明録》及《太平廣記》卷六一引《神仙記》。

〔八〕薛濤箋：箋紙名。唐女詩人薛濤，晚年寓居成都浣花溪，自製深紅小彩箋寫詩，時人稱爲"薛濤箋"。舊時八行紅箋猶沿此稱。

〔九〕雲翹：高聳的髮髻，亦借指美女。

楊　守　知〔一〕次也

白石敲光細火紅，繡襟私貯小金筒〔二〕。口中吹出如蘭氣，僥倖何人在下風。

【注釋】

〔一〕楊守知（1669—1730）：字次也，號致軒，又號晚研，海寧人。康熙三十九年（1700）進士，歷官平涼知府，降中河通判。著有《致軒集》。

〔二〕金筒：古刻漏上的貯水壺和引水筒，此處指烟筒。

董偉業[一]耻夫

不惜黄金買姣童[二]，口含烟送主人翁。看他呼吸關情[三]甚，步步相隨雲霧中。

【注釋】

〔一〕董偉業：字耻夫，一字愛江，瀋陽人，流寓揚州。乾隆五年（1740），作《揚州竹枝詞》九十九首。

〔二〕姣童：即孌童，被當作女性玩弄的美男。

〔三〕關情：動心，牽動情懷。唐陸龜蒙《又酬襲美次韻》："酒香偏入夢，花落又關情。"

繆　　艮[一]蓮仙

無端玉漏[二]觸離思，香燼茶温欲曉時。拚得[三]終宵眠不穩，起尋湘管吸金絲。

【注釋】

〔一〕繆艮（1766—?）：字蓮仙，仁和人，諸生。

〔二〕玉漏：古代計時漏壺的美稱。

〔三〕拚得：拚：豁出去，捨棄不顧，後作“拼”。方言，捨得，不吝惜。

汪　東　鑑竹鄰

見人佯避又遲遲，白嫩新來小嫂兒。也識箇中滋味美，竹烟筩吸細香絲。

祝德麟[一]芷塘

草中煙草昔時無，題目鮮新體格[二]殊。倘舉鷓鴣蝴蝶例[三]，芳名應屬淡巴菇。

【注釋】

〔一〕祝德麟（1742—1798）：字止堂，號芷塘，海寧人。乾隆二十八年（1763）進士，改庶吉士，授編修，歷官御史。著有《悦親樓詩集》。

〔二〕體格：指詩文或字畫等的體裁格調，體制格局。唐封演《封氏聞見記·聲韻》："自聲病之興，動有拘制，文章之體格壞矣。"

〔三〕鷓鴣：鷓鴣香，帶斑點的沉香木。　蝴蝶：蝴蝶香。一種香的名稱。明周嘉胄《香乘·晦齋香譜》："蝴蝶香，春月花圃中焚之，蝴蝶自至。"

潘　汝　炯石舟

二者何先去酒壺，韓公昔賦淡巴菰。而今又讀新詩句，萍水相逢在鏡湖〔一〕。

【注釋】

〔一〕鏡湖：古代長江以南的大型農田水利工程之一，在今浙江紹興會稽山北麓。東漢永和五年（140）在會稽太守馬臻主持下修建。以水平如鏡，故名。

顧　皋[一]晴芬

一家才藻擅吟場，七字詩成烟草者。不是詞人多慧舌，箇中真味本來長。

龍涎香詠淡巴菰，樊榭山人絶妙詞。此後繼聲誰許並，西湖新製紀家詩[二]。

【注釋】

〔一〕顧皋（1763—1832）：字晴芬，金匱人。嘉慶六年（1801）狀元，授翰林院修撰。九年（1804）任貴州學政，二十年（1815）充庶起士教習，入值懋勤殿。著有《墨竹詩齋古文》、《井華詞》。

〔二〕繼聲：謂承接前人詩文之作。清吴錫麒《折桂令·題楓江漁父圖》曲序："因即効其體爲之。以爲繼聲，則余不敢。"　紀家詩：詳參卷六"紀氏聯句詩"。

蔡　春　雷〔一〕雲卿

淡巴菰草自宜時，翡翠鑲成斑竹枝。一種閒愁消未得，酒闌〔二〕夢醒最相思。

【注釋】

〔一〕蔡春雷：字雲卿，青浦人。著有《西虹漁唱詞》、《畫船聽雨集》。

〔二〕酒闌：謂酒筵將盡。《史記·高祖本紀》："酒闌，吕公因目固留高祖。"裴駰集解引文穎曰："闌言希也。謂飲酒者半罷半在，謂之闌。"

吴　應　泰望巖

妙緒聯綿細不禁，藹然芳意人人深。絲絲氣息通猶未，早得靈犀一點心。

心持半偈定香含，五蘊空空本舊諳〔一〕。欲乞禪家三昧火，旋教鼻觀静中參。

【注釋】

〔一〕偈：音記，梵記“偈佗”的簡稱，即佛經中的唱頌詞。通常以四句为一偈。《晉書·藝術傳·鳩摩羅什》：“羅什從師受經，日誦千偈，偈有三十二字，凡三萬二千言。”　五蘊：梵語意譯，指色、受、想、行、識五者結合而成的身心。又名“五陰”、“五衆”。《心經》：“觀自在菩薩行深般若波羅蜜多時，照見五蘊皆空，度一切苦厄。”

王初桐、李湘芝〔一〕聯句

日長倦繡緑窗中桐，半晌騰騰篆滿空芝。簾影参差人影瘦，非花非霧太濛濛桐。

高句麗裝最合時桐，絳唇含吐細如絲芝。遞來味得氤氳氣，一點蘭情是口脂〔二〕桐。

【注釋】

〔一〕李湘芝：李秀真，字湘芝，濟南人。初桐姬人。著有《柳絮集》。

〔二〕口脂：化妝用的唇膏；口紅。

沈　　彩〔一〕虹屏

自疑身是謫仙姝〔二〕，沆瀣瓊漿果腹無。欲不食人間煙火，却餐一炷淡巴菰。

【注釋】

〔一〕沈彩：字虹屏，號掃花女史，平湖人。貢生陸烜妾。著有《春雨樓集》。

〔二〕謫仙姝：謫居世間的仙女。

烟筒詩

佘錫純[一] 兼五

蜀錦連頭裹，長懸小史身。醉醒寧與我，通塞每關人[二]。失手難全節，輕烟不禁春[三]。琅玕吾自貴，辛苦爲裝銀。

【注釋】

〔一〕佘錫純：字兼五，廣東順德人。貢生，官訓導。著有《語山堂集》。

〔二〕關人：動人，感人。唐李白《楊叛兒》詩："何許最關人？烏啼白門柳。"

〔三〕禁春：消受春光，留連春景。

曹　仁　虎〔一〕習菴

學得餐霞法，筠竿巧製宜。吹嘘長日便，冷煖一心知。入手同操管，隨身等佩觿〔二〕。賓筵分送早，便抵瀹春旗〔三〕。

【注釋】

〔一〕曹仁虎（1731—1787）：字來殷，號習菴，嘉定人。乾隆二十六（1761）進士，改庶吉士，授編修，歷官侍講學士。著有《委宛山房集》。

〔二〕佩觿：觿：音西，象骨製成的解繩結的角錐，亦用爲飾物。佩戴牙錐。此處表示已成年，具有才幹。《詩·衛風·芄蘭》："芄蘭之支，童子佩觿。"毛傳："觿所以解結，成人之佩也。"

〔三〕春旗：春茶。茶芽剛剛舒展成葉稱旗，尚未舒展稱槍，至二旗則老。

陳　業

截得篔簹竹，裝成一勺宜。烟雲時吐納，杖履[一]慣追隨。直欲凌茶椀，還堪敵酒巵。吟邊與夢後，正爾繫相思。

【注釋】

〔一〕杖履：老者所用的手杖和鞋子，後用以敬稱老者、尊者。

金　堂櫟園

攜得虛心友，芝蘭氣味深。行時兼槖筆，啟處恰囊琴〔一〕。惜别勞相憶，陶情喜莫禁。平生山水興，藉爾伴清吟〔二〕。

【注釋】

〔一〕槖筆：槖：音駝，盛物的袋子。古代書史小吏，手持囊槖，簪筆於頭，侍立于帝王大臣左右，以備隨時記事，稱作持槖簪筆，簡稱“槖筆”。語本《漢書·趙充國傳》：“卬家將軍以爲安世本持槖簪筆事孝武帝數十年。”顔師古注引張晏曰：“槖，契囊也。近臣負槖簪筆，從備顧問，或有所紀也。”　囊琴：裝琴入袋。元傅若金《送金華王琴士還山》詩：“年少金華客，囊琴暫出山。”

〔二〕清吟：清雅地吟誦。唐白居易《與夢得沽酒且約後期》詩：“閒徵雅令窮經史，醉聽清吟勝管弦。”

何　其　偉〔一〕韋人

笑問今天下，何人可暫離。亦知無甚味，只是惹相思。客至清談後，愁來冷坐〔二〕時。茶囊和酒袋，親狎〔三〕弗如伊。

【注釋】

〔一〕何其偉：字韋人，又字書田，青浦人。增貢生。著有《簳山草堂吟稿》。

〔二〕冷坐：猶獨坐。宋梅堯臣《逢曾子固》詩："冷坐對寒流，蕭然未知倦。"

〔三〕親狎：狎：音霞，接近，親近。《書·太甲上》："予弗狎於弗順，營于桐宫，密邇先王其訓，無俾世迷。"孔傳："狎，近也。"親近狎昵。

王　露蘭皋

荆湘竹子蜀滇銅，巧斲精鎔匠製工。昔以虛心安冷淡，留將直節示圓融。横陳瑶席霞光起，倦倚蘭閨麝氣通〔一〕。酒琖茶鐺成素侣〔二〕，幾番石火借微紅。

纖質盈盈數握長，一時流播滿江鄉〔三〕。多情愛接櫻桃口，噓氣閒熏冰雪腸。情到老來知愈辣，味從回處有餘香。詩翁夜半吟脾澀，許爾相依近象床〔四〕。

不雜薰蕕氣味清，靈犀一點最通明。好傳呼吸仙人訣，善遣蕭閒逸客情。入握儼同斑管樣，頻吹不作洞簫聲。咀含味到津津處，直似流涎向麴生。

曾是虛中特達材，奚僮〔五〕雙手款攜來。摸稜〔六〕未免因人熱，到底何妨剩劫灰。月夕花期時把握，旗亭幔壁也追陪。尋常掛齒初無礙，玉箸牙籌莫見猜〔七〕。

薄霧輕雲冉冉吹，朋儕〔八〕聚處每交枝。原知通塞無常局，不信炎凉只片時。蠻嶺曉鞍消瘴氣，蕉窗夜檠佐文思。淡巴菰已知名久，燃熄憑渠獨主持。

羅胸芳縷壓枬檀〔九〕，夏辟炎蒸冬辟寒。綺陌春遊隨馬策，釣磯閒坐誤魚竿〔一〇〕。蟠金争繡檳榔盒，鏨錫空雕鴉片盤。那似此君瀟灑茜，氤氲時傍五雲端。

【注釋】

〔一〕瑶席：美稱，通常供坐臥之用的席子。　蘭閨：泛指女子的居室。

〔二〕酒琖：琖：音盞，小杯子。《禮記·明堂位》："爵用玉琖仍雕。"孔穎達疏："琖，夏後氏之爵名也。以玉飾之，故曰玉琖。"小酒杯。　茶鐺：鐺：音撑，一種古代的温器，較小，有三足。用以把酒、茶等温熱，以金屬或陶、瓷等製成。煎茶用的釜。

〔三〕江鄉：多江河的地方，多指江南水鄉。唐孟浩然《晚春臥病寄張八》詩："念我平生好，江鄉遠從政。"

〔四〕象床：象牙裝飾的牀。《戰國策·齊策三》："孟嘗君出行國，至楚，獻象牀。"鮑彪注："象齒爲牀。"

〔五〕奚僮：未成年的男僕。

〔六〕摸稜：亦作"摸棱"。謂處事態度依違，不明確表示可否。《舊唐書·蘇味道傳》："嘗謂人曰：'處事不欲決斷明白，若有錯誤，必貽咎譴，但摸稜以持兩端可矣。'"世因稱蘇爲"蘇摸稜"或"摸稜宰相"。

〔七〕牙籌：象牙或骨、角製的計數酒籌。　見：用在動詞前面表示被動，相當於被，受到。

〔八〕朋儕：朋輩。

〔九〕栴檀：音詹檀，梵文"栴檀那"的省稱，即檀香。南朝梁慧皎《高僧傳·義解·道安》："雨甘露於豐草，植栴檀於江湄。”

〔一〇〕綺陌：繁華的街道，亦指風景美麗的郊野道路。　釣磯：釣魚時坐的巖石。

金 鴻 書[一] 寶函

氣在椒風蕙露先，一枝斑竹本含烟。折來空谷[二]姿原秀，熨到薰爐質更堅。時向口中飛白鳳，每于舌底漾青蓮[三]。自從識得相思意，日日摩挲[四]不記年。

撚就芳蕤一顆圓，微香吹近畫欄邊[五]。琅玕字刻家家玉，翡翠痕添朵朵烟。近日嘉定竹刻最勝，有以雲南翡翠石鑲口者。颺去紋簾還細裊，擎來纖手不空拳。若教王謝生今日，揮麈閒時與有緣。

緑�倒卷小荷筒，角挂緗囊類玉瓏。月社聯吟常作伴，花曹鬭酒最多功。千絲瑶草龍耕後，幾縷巫雲鳳管中。也似靈犀通一點，華池水湛味初融。

製度由來絶世工，暗將懷抱付�筒[六]。隔窗雲霧生衣上，染壁椒蘭在手中。拾翠[七]何人情宛約，餐霞有客氣空濛。憶曾春雪孤篷夜，爲欲消寒唤玉僮[八]。

【注釋】

〔一〕金鴻書：字寶函，青浦人。諸生。著有《清省堂詩稿》。

〔二〕空谷：空曠幽深的山谷，多指賢者隱居的地方。《詩·小雅·白駒》："皎皎白駒，在彼空谷。"孔穎達疏："賢者隱居，必當潛處山谷。"

〔三〕時向口中飛白鳳：語本《西京雜記》卷二："（揚）雄著《太玄經》，夢吐鳳凰集《玄》之上，頃而滅。" 每于舌底漾青蓮：即口吐蓮花。

〔四〕摩挲：撫摸。《釋名·釋姿容》："摩娑，猶末殺也，手上下之言也。"

〔五〕芳蕤：盛開而下垂的花。 畫欄：亦作"畫闌"，有畫飾的欄杆。

〔六〕製度：規製形狀。唐蘇鶚《杜陽雜編》卷上："遇新羅國獻五彩氍毹，製度巧麗，亦冠絶一時。" 懷抱：心懷，心意。

〔七〕拾翠：拾取翠鳥羽毛以爲首飾，後多指婦女遊春。語出三國魏曹植《洛神賦》："或採明珠，或拾翠羽。"

〔八〕孤篷：孤舟的篷，常用以指孤舟。 玉僮：小童的美稱。

孫　鳴　鸞嘯山

結得篔簹夙世[一]緣，一經到手幾曾捐。相思易惹心中熱，尋味[二]難教口下咽。爲帶奚童常落後，每逢客至最從先。非充飢腹非消渴，直遣閒情數十年。

【注釋】

〔一〕夙世：前世。

〔二〕尋味：探求體會。語本南朝宋劉義慶《世説新語·文學》："《莊子·逍遥篇》舊是難處。……支（道林）卓然標新理於二家（向秀、郭象）之表，立異義於衆賢之外，皆是諸名賢尋味之所不得。"

陶　　梁[一]寬鄉

天留美箭豁羣蒙，蕩滌煩襟仗汝功[二]。味領清虚資導引[三]，垢除滓穢藉消融。餐霞宛似吞丹篆，吸露曾殊勸碧筒。自愛删裁斑竹老，衹愁索取錦囊空。醉心已覺穠如酒，吐氣頻驚渴似虹[四]。乘興咀含添供養，得閒把握慎磨礲[五]。靈根豈或因茅塞，錮疾何妨仰火攻[六]。律[七]轉春疑吹欲暖，灰飛候訝管旋通。終朝覓句頤方解，晚歲躭書嗜與同[八]。鼻飲未堪珍類玉，水沈翻恨臭遺銅。噓枯[九]潤合華泉潄，幻態紛看霧影濛。茗盌藥鑪收拾盡，一枝長愛伴湘東。

【注釋】

〔一〕陶梁：字寧求，號寬鄉，長洲人。嘉慶十三年（1808）進士，改庶吉士，授編修，官至禮部侍郎。著有《紅豆樹館詩稿》。

〔二〕箭：小竹。　襟：心懷。

〔三〕清虚：清淨虚無。《文子・自然》："老子曰：

‘清虚者天之明也，無爲者治之常也。’” 導引：導氣引體，古醫家、道家的養生術，實爲呼吸和軀體運動相結合的體育療法。近年出土的西漢帛畫有治疾的《導引圖》。《素問·異法方宜論》：“其民食雜而不勞，故其病多痿厥寒熱，其治宜導引按蹻。”

〔四〕穠：濃。 吐氣頻驚渴似虹：語本《漢書·燕刺王劉旦傳》：“是時天雨，虹下屬宫中飲井水，井水竭。”

〔五〕磨礲：礲：音龍，磨石。《漢書·枚乘傳》：“磨礱底厲，不見其損，有時而盡。”顔師古注：“礱亦磨也；底，柔石也；厲，皂石也；皆可以磨者。”磨練；切磋。

〔六〕茅塞：語本《孟子·盡心下》：“山徑之蹊間，介然用之而成路；爲間不用，則茅塞之矣。今茅塞子之心矣！”茅塞，謂爲茅草所堵塞。 錮疾：痼疾。錮：通“痼”，積久難治的病。

〔七〕律：節氣；時令。古人以律與曆附會，用十二律對應一年的十二個月。其説始于《吕氏春秋》。

〔八〕晚歲：晚年。 躭書：躭：音丹，迷戀，酷嗜。《漢書·王嘉傳》：“躭於酒色，損德傷年。”酷嗜書籍。

〔九〕噓枯：語本《後漢書·鄭太傳》：“孔公緒清談高論，噓枯吹生，並無軍旅之才，執鋭之幹。”李賢注：“枯者噓之使生，生者吹之使枯。言談論有所抑揚也。”

陸之棩著山

質自圓融性自和，削成三尺日摩挲。攜來半作吹簫客[一]，始信人間乞相[二]多。

【注釋】

〔一〕吹簫客：指蕭史。傳説爲春秋時人，善吹簫，秦穆公以女弄玉妻之，後昇天仙去。此處指以烟筒吸烟者。

〔二〕乞相：即乞兒相。寒酸相。

卷八
詞

錢　芳　標[一] 蒓斂

白嶽嵐濃，緑江沙浄，無端孕出，有情枝葉。雪正狂時，酒微醺後，何物縶人思切。一捻龍腰管[二]，伴紅箒、由來心熱。錦囊輕裹，蠻韡[三]小貯，檀唇親齧。

身豈炷香金鴨。也教似線，篆痕蟠結。屑麴桄郎，榨漿椰子，風味較伊都劣。紫玉潛銷處，唾花圓、地衣成纈[四]。爲伊半晌，扶頭[五]倦眼，欲擡還怯。青門飲

【注釋】

〔一〕錢芳標：初名鼎瑞，字寶汾。後易今名，字葆馚，號蒓敏，江蘇華亭人。明刑部侍郎士貴子，年十五補諸生，清康熙元年（1662）入太學，隔年授中書舍人。五年（1666）中順天鄉試，仍留院中，既而告終養。十七年（1678）薦博學鴻詞，適丁母艱，不赴。以哀毀內傷，遂卒。著有《湘瑟詞》。

〔二〕龍腰管：龍腰：借指龍身。此處指烟筒。

〔三〕蠻韡：韡：同“靴”。舞鞋。多用麂皮製成。唐舒元輿《贈李翺》詩：“湘江舞罷忽成悲，便脱蠻韡出絳帷。”

〔四〕地衣：即地毯。 纈：音協，染有彩文的絲織品。

〔五〕扶頭：形容醉態。唐杜荀鶴《晚春寄同年張曙先輩》詩：“無金潤屋渾閒事，有酒扶頭是了人。”

何　承　燕[一]

吐納櫻唇，氛氳蘭氣，玉纖[二]握處堪憐。脂香粉澤，分外覺清妍[三]。豈是陽臺行雨，剛來是、十二峯[四]邊。闌干外，風鬟霧鬢[五]，猶自繞雲烟。

流連怎禁得，相思暗結，閒悶難捐。算消遣，春愁此最爲先。怪底[六]鴛鴦繡倦，停鍼坐、便爾情牽。恰喜有，知心小婢，一笑遞嬋娟。滿庭芳

【注釋】

〔一〕何承燕（1740—?）：字以嘉，號春巢，又號巢仙，自署六橋詞客、賣花道人，浙江仁和人。廷模子。乾隆三十九年（1774）順天鄉試副貢，官浙江建德教諭、東陽訓導。初受詩法於袁枚，乾隆三十一年（1766）隨父宦居高郵，誦習《淮海詞》，遂好倚聲。嘉慶初尚在世。著有《春巢詩餘》四卷。

〔二〕玉纖：纖纖玉手。元薛昂夫《朝天子》："玉纖捧緑醑。"

〔三〕清妍：美好。清洪昇《長生殿·聞樂》："藥搗長生離刼塵，清妍面目本來真。"

〔四〕十二峯：指川、鄂邊境巫山的十二座峯，峯名分别爲望霞、翠屏、朝雲、松巒、集仙、聚鶴、浄壇、上昇、起雲、飛鳳、登龍、聖泉。前蜀李珣《河傳》詞："朝雲暮雨，依舊十二峯前，猨聲到客船。"巫山的十二峯名亦有異説，詳參元劉熏《隱居通議·十二峯名》。

〔五〕風鬟霧鬢：形容女子頭髮美麗。宋周邦彦《減字木蘭花》："風鬟霧鬢。便覺蓬萊三島近。水秀山明。縹緲仙姿畫不成。"

〔六〕怪底：驚怪，驚疑。宋辛棄疾《永遇樂·梅雪》詞："怪底寒梅，一枝雪裏，只恁愁絶。"

張　　蘩[一] 采于

竹影摇窗，瓶花落案，晝景依然。奈春困難支，宿醒未解，鳳團初熟，獸炭猶撚[二]。漫檢緗囊，笑拈銀管，金屑毵毵素指[三]傳。湘簾[四]外，裊雲烟一縷，繚繞花前。

闌干徙倚俄延[五]。漸粉腕、嬌凭小婢肩。任寶鴨香消，孀[六]添蘭麝，雲鬟斜墮，慵整珠鈿。半晌瞢騰，片時掩冉，一枕邯鄲别有天[七]。還堪戀，怕柔腸乍冷，願與流連。沁園春

【注釋】

〔一〕張蘩：字采于，吴縣人，諸生吴詔室。著有《衡棲集》。

〔二〕鳳團：宋代貢茶名，用上等茶末製成團狀，印有鳳紋。宋張舜民《畫墁録》："丁晉公爲福建轉運使，始製爲鳳團，後又爲龍團。"後泛指好茶。宋周邦彦《浣溪沙·春景》詞："閒碾鳳團消短夢，静看燕子

壘新巢。” 獸炭：做成獸形的炭，泛指炭或炭火。《晉書·外戚傳·羊琇》：“琇性豪侈，費用無復齊限，而屑炭和作獸形以温酒，洛下豪貴咸競效之。”

〔三〕素指：潔白的手指。唐元稹《西齋小松》詩之二：“簇簇枝新黄，纖纖攢素指。”

〔四〕湘簾：用湘妃竹做的簾子。宋范成大《夜宴曲》詩：“明瓊翠帶湘簾斑，風幃繡浪千飛鸞。”

〔五〕徙倚：猶徘徊；逡巡。《楚辭·遠遊》：“步徙倚而遥思兮，怊惝怳而乖懷。”王逸注：“彷徨東西，意愁憤也。” 俄延：延緩，耽擱。

〔六〕孏：同“嬾”，懶惰、懈怠。

〔七〕瞢騰：瞢：音盟，目不明。形容模模糊糊，神志不清。 掩冉：縈繞貌。宋王質《游東林山水記》：“一色荷花，風自兩岸來，紅披緑偃，摇蕩葳蕤，香氣勃郁，沖懷罥袖，掩苒不脱。” 一枕邯鄲：唐沈既濟《枕中記》載：盧生在邯鄲客店中遇道士吕翁，用其所授瓷枕，睡夢中歷數十年富貴榮華。及醒，店主炊黄粱未熟。後因以喻虚幻之事。

厲　　鶚太鴻

瀛嶼沙空，星槎[一]翠翦，耕龍罷種瑶草。秋葉頻翻，春絲細吐，寄興繡囊函小。荷筩漫試，正一點、温馨相惱。纔近朱櫻破處，堪憐蕙風初裊。

嬌寒[二]戰回料峭。勝檳榔、爲銷殘飽。旅枕[三]半欹熏透，夢闌人悄。幾縷巫雲尚在，濺唾袖、餘花[四]未忘了。唤剔春燈，暗縈醉抱。天香

【注釋】

〔一〕星槎：往來于天河的木筏。傳説古時天河與海相通，漢代曾有人從海渚乘槎到天河，遇見牛郎織女。見晉張華《博物志》卷三。後泛指舟船。

〔二〕嬌寒：輕寒，微寒。

〔三〕旅枕：旅途夜臥。宋蘇軾《二十七日自陽平至斜谷宿於南山中蟠龍寺》詩：“板閣獨眠驚旅枕，木魚曉動隨僧粥。”

〔四〕餘花：殘花。南朝齊謝朓《游東田詩》：“魚戲新荷動，鳥散餘花落。”

陸　　培[一] 南香

沙海根移，鴨江舶販，巴菰暗省芳字。碎剪連塍，勻鋪夾竹，縷縷翠絲分製。羅囊貯滿，問小管、玲瓏攜未。閒悶閒愁破得，南人北人都嗜。

瞢騰被他睡起。噴蘭膏、裊來香穗[二]。慣倩石根[三]敲火，燼餘重試。佳處無言自領，共雪乳、甌香較風味[四]。好和新聲，休徵故事[五]。天香

【注釋】

〔一〕陸培（1686—1752）：字翼風，一字南香，號白蕉，浙江平湖人。雍正二年（1724）進士，授安徽東流知縣，轉署貴池。罷官歸里後，歷主東臺、當湖、九峰書院。爲諸生時，喜填詞，後致力於詩，杭世駿、厲鶚等引重之。著有《白蕉詞》。

〔二〕蘭膏：古代用澤蘭子煉製的油脂，可以點燈。　香穗：借指焚香的烟凝聚未散之狀。宋蘇舜欽《和彦猷晚晏明月樓》之二："香穗縈斜凝畫棟，酒鱗環合起金罍。"

〔三〕石根：岩石的底部；山腳。北魏酈道元《水經注·沔水》："水中有孤石挺出，其下澄潭，時有見此石根，如竹根而黄色，見者多凶，相與號爲承受石。"此處指火石。

〔四〕雪乳：白色濃厚的漿液，指酒。宋蘇軾《老饕賦》："倒一缸之雪乳，列百梅之瓊艘。"　甌香：煮茶時甌中泛起的茶香。

〔五〕新聲：指新樂府辭或其他不能入樂的詩歌，此處泛指詩詞。　故事：典故。宋歐陽修《六一詩話》："自《西崑集》出，時人争效之。詩體一變，而先生老輩，患其多用故事，至於語僻難曉。"

陳　　章[一] 授衣

湘箔排乾，并刀縷膩，鵝兒[二]嫩羽盈把。曲項鏤金，通中截管，石火星星迸乍。疏簾霧裊，正櫻顆[三]、吹嘘蘭麝。誰道縈懷綰抱，花陰暗香相惹。

移根自來海汊[四]。種春風、遍依田舍。便少論功仙録，浣愁堪藉。客到茶甌未泛，領舌本、芳辛漫閒話。更憶銷寒，孤篷雪夜。天香

【注釋】

〔一〕陳章（1696—?）：字授衣，號紱齋，別號竹町居士，浙江錢塘人。乾隆元年（1736）舉博學鴻詞，以親老辭不就。乾隆十年(1745）尚在世。著有《竹香詞》。

〔二〕鵝兒：鵝黄色。清納蘭性德《采桑子·詠春雨》詞："嫩烟分染鵝兒柳，一樣風絲。似整如欹。纔著春寒瘦不支。"此處指烟絲的顏色。

〔三〕櫻顆：即櫻桃，形容女子小而紅潤的嘴唇。《紅樓夢·警幻仙姑賦》："唇綻櫻顆兮，榴齒含香。"

〔四〕海汊：海面深入陸地而形成的分支的小河。

鄭　廷　暘[一] 嵎谷

縈霧難分，撩雲不定，也同膚寸[二]俄泛。敲火星紅，探蕤囊紫，想像苦吟巾墊。閑窗逸興，算比似、茶芽未減。徐吸靈犀春透，分明玉池波湛。

湘�一枝倚檻。忍抛他、冷灰殘焰。況是酒闌人静，夜寒尋念。睡鴨鑪熏漸燼，但裊裊、輕絲趁風颭[三]。誰唾香痕，碧鋪細點。天香

【注釋】

〔一〕鄭廷暘：字嵎谷，號竹泉，江南吴縣人。著有《蘭笑詞》。

〔二〕膚寸：古長度單位，一指寬爲寸，四指寬爲膚。借指下雨前逐漸集合的雲氣。晉張協《雜詩》之九："雖無箕畢期，膚寸自成霖。"

〔三〕颭：音展，風吹物使顫動摇曳。唐韓愈《陪杜侍御遊湘西兩寺獨宿有題一首因獻楊常侍》詩："夜風一何喧，杉檜屢磨颭。"

朱方藹[一] 春橋

瀛島[二]傳香，閩山分翠，江鄉近日都有。緑葉齊乾，金絲細切，味比檳榔差厚。玉纖拈得，待吸取、清芬盈口。朵朵巫雲輕颺，餘痕隔簾微透。

�筒一枝在手。悶無聊、儘消殘晝。留客茶鐺禾熟，探囊先授。最憶宵寒時候。頻喚剔、春燈小紅豆。幾度氤氳，如中卯酒[三]。天香

【注釋】

〔一〕朱方藹（1721—1786）：字吉人，號春橋，浙江桐鄉人，後移家長水。彝尊族孫，汪森外孫，監生，工詞。著有《小長蘆漁唱》四卷。

〔二〕瀛島：即瀛洲，傳説中的仙山。《列子·湯問》："渤海之東，不知幾億萬里，……其中有五山焉，一曰岱輿，二曰員嶠，三曰方壺，四曰瀛洲，五曰蓬萊，……所居之人，皆仙聖之種。"

〔三〕卯酒：早晨喝的酒。唐白居易《醉吟》："耳底齋鐘初過後，心頭卯酒未消時。"

朱　研[一] 紫岑

石火敲紅，筠箫暈碧，金絲細細初撚。冷夢[二]春殘，甜香午醉，縹緲楚雲千片。憑闌小立，又夕靄、霏微庭院。消受羅囊暗佩，勾留蕙鑪餘篆。

東風鬭茶候暖。伴無聊、隔花人遠。尚憶晚移珠舶，瑶箱[三]輕展。雨島潮田緑遍，待唤取、耕龍起天半[四]。海上餐霞，飛仙舊舘。天香

【注釋】

〔一〕朱研（1713—1763）：字子存，號紫岑，原籍安徽休寧，居江蘇吴縣。監生，工篆書。子莅恭及從子昂、漢倬、澤生皆能詩，一門與王昶、吴泰來、張岡、沙維杓輩相從，爲寒山雅集。

〔二〕冷夢：含有孤寂、淒涼意味的夢。唐陸龜蒙《奉和襲美暇日獨處見寄》詩："冷夢漢臯懷鹿隱，静憐烟島覺鴻離。"

〔三〕瑶箱：用珠玉鑲嵌的精緻匣子。

〔四〕潮田：以潮水溉田，亦指以潮水灌溉的田地。《類説》卷四引唐鄭熊《番禺雜記·潮田》："以潮水溉田，名潮田。"　天半：猶言半空中。

吴　　烺〔一〕荀叔

梅雨添肥，梨雲〔二〕送暖，疏疏緑遍南圃。溟嶠移根，仙槎載種，不入人間花譜。銀刀淬雪〔三〕，細琢就、金絲千縷。恰配沉檀一點，餘香暗縈窗户。

迴廊夜涼小步。瀉甘潮、玉甌〔四〕頻注。輕擘鑾篋〔五〕相伴，閒吟情緒。最是倚樓人去。正獨掩、屏山〔六〕共誰語。雞舌微馨，憑伊驗取。天香

【注釋】

〔一〕吴烺（1719—?）：字荀叔，號杉亭，安徽全椒人。敬梓長子。乾隆十六年（1751）召試舉人，官武寧同知。著有《杉亭詞》、《靚妝詞鈔》。

〔二〕梨雲：指梨花。元陳樵《玉雪亭》詩之一："梨雲柳絮共微茫，春入園林一色芳。"

〔三〕銀刀淬雪：淬：音翠，鍛造時，把燒紅的鍛件浸入水中，急速冷卻，以增強硬度。此處喻指鉋烟。

〔四〕玉甌：指精美的杯盂一類的盛器。唐吴融《病中宜茯苓寄李諫議》詩："金鼎曉煎雲漾粉，玉甌寒貯露含津。"

〔五〕蠻牋：亦作"蠻箋"。唐時高麗紙的別稱，亦指蜀地所産名貴的彩色箋紙。唐陸龜蒙《酬襲美夏首病癒見招次韻》："雨多青合是垣衣，一幅蠻牋夜款扉。"宋辛棄疾《賀新郎》詞："十樣蠻牋紋錯綺，粲珠璣。"

〔六〕屏山：指屏風。唐温庭筠《南歌子》詞："撲蕊添黄子，呵花滿翠鬟，鴛枕映屏山。"

王　　昶述菴

綠映滄波，青分海樹，憑誰種向瓊島〔一〕。珠舶攜來，花畦種後，製出香絲多少。羅囊暗貯，還恰值、筠窗秋曉。幾度春葱〔二〕輕剔，閒拈碧荷箭小。

獸炭又殘瑞腦〔三〕。撥餘熏、爲禁寒峭。一點絳脣開處，蕙風低裊。薄醉依稀犯卯〔四〕。伴岑寂、何須玉尊倒。飛遍巫雲，翦燈〔五〕夜悄。天香

銀鴨烟銷，玉鳧灰冷，疏燈落盡殘焰〔六〕。小挈筠箭，閒攜錦袋，試向短檠輕點。朱櫻欲破，喜一縷、仙雲冉冉。桃頰〔七〕徐生薄暈，羅衣半凭畫檻。

小樓晚寒斜掩。唾珠圓，細黏蠻毯。忽憶海天波静，載來吴艦。幾片蘭香重染。奈荀令、愁深賦情減。怕惹相思，夜闌淒黯。前調

【注釋】

〔一〕瓊島：傳説中的仙島，仙人的居所。清孔尚任《桃花扇·入道》："都休了，玉壺瓊島，萬古愁人少。"

〔二〕春葱：喻女子細嫩的手指。唐白居易《箏》詩："雙眸翦秋水，十指剥春葱。"

〔三〕瑞腦：香料名，即龍腦。

〔四〕犯卯：超過卯時。淩晨五時至七時爲卯時。清朱彝尊《柳巷杏花歌同嚴中允錢編修作》："朝從潞河還，犯卯酒未醒。"

〔五〕翦燈：修剪燈芯，後常指夜談。宋姜夔《浣溪沙》詞："春點疏梅雨後枝，翦燈心事峭寒時。市橋攜手步遲遲。"

〔六〕銀鴨：鍍銀的鴨形銅香爐。清陳維崧《散餘霞·十六夜即景》詞："一隻銀鴨牀頭，鎮厭厭春困。"玉鳧：鴨形香爐的美稱。

〔七〕桃頰：形容女子粉紅色的臉頰。

王　又　曾〔一〕穀原

篋籠〔二〕匀鋪，銀刀細切，絲絲盡化金縷。葱莖點注，櫻顆含咀，散作一天花霧。恁般滋味，比橄欖、檳榔猶愈。髣髴〔三〕挑燈夜悄，謾解羅囊無語。

相思日常幾度。把�枝、頓忘吟苦。最是夢闌酒醒〔四〕，那回情緒。石火星星迸處。漸一陣、蘭香暗中吐。怕不禁寒，爐薰便住。天香

【注釋】

〔一〕王又曾（1706—1762）：字受銘，號穀原，浙江秀水人。乾隆十九年（1754）進士，官刑部主事。工詩。著有《丁辛老屋集》，詞附。

〔二〕篋籠：竹籠。卷二“曬葉”條：“《廣羣芳譜》云：春種夏花，秋日取葉曝乾，以葉攤于竹簾上，夾縛平墊，向日曬之，翻騰數遍，以乾爲度。”

〔三〕髣髴：音彷彿，隱約，依稀。《楚辭·遠遊》：“時髣髴以遥見兮，精皎皎以往來。”洪興祖補注：“《説文》云：髣髴，見不諟也。”

〔四〕夢闌酒醒：語本宋王安石《千秋歲引》：“而今誤我秦樓約。夢闌時，酒醒後，思量著。”

許　寶　善〔一〕穆堂

淺碧苗新，淡紅花亞，絲絲切成金縷。酒暈微酣，蘭芬乍裊，好伴緑窗殘雨〔二〕。緗囊半展，試小約、春纖拈取。珠箔銀床繡倦，凭闌夜深無語。

燈前翠�慢舉。泥檀郎、倚肩分與。怪説昨宵底事，帶羞佯吐。最是月斜朱户〔三〕。似一朵、芙蓉繞香霧。更撥殘灰，爐薰細炷。天香

【注釋】

〔一〕許寶善（1732—1804）：字斆虞，號穆堂，江蘇青浦人。乾隆二十五年（1760）進士，授户部主事，歷官員外郎中，考選浙江道監察御史。三十四年（1769）、四十二年（1777）兩充順天鄉試同考官，晚年主講鯤池、玉山、敬業書院。詞學深湛，所輯《自怡軒詞選》、《自怡軒詞譜》爲世所重，家藏翻宋本《姜夔詞集》，《四庫全書》採入。著有《自怡軒詞稿》。

〔二〕殘雨：將止的雨。南朝梁江淹《江文通集·赤虹賦》："殘雨蕭索，光烟豔爛。"

〔三〕月斜朱户：語本晏殊《蝶戀花》："明月不諳離恨苦，斜光到曉穿朱户。"

凌　應　曾[一]祖錫

蓬嶼春回，椒丘[二]候暖，芳蕤帶露初擷。細剪香絲，輕團雲片，付與紫囊收拾。筠筒乍試，愛縷縷、撩人清絕[三]。心字[四]休添寶篆，輸他禁寒消渴。

尊前漫疑醉纈[五]。裊重簾、惠風徐拂。最憶苦吟無緒，雀爐閒撥。霞客[六]情懷自別。又肯羡、郎官吮雞舌。沆瀣同餐，羅衿翠浥。天香

【注釋】

〔一〕凌應曾：字祖錫，號裕圃，上海人。乾隆二十一年（1756）舉人。

〔二〕椒丘：語本《楚辭·離騷》："步余馬於蘭皋兮，馳椒丘且焉止息。"王逸注："土高四墮曰椒丘。"洪興祖補注引如淳曰："丘多椒也。"尖削的高丘。一説生有椒木的丘陵。

〔三〕清絶：清雅至極。

〔四〕心字：即心字香，爐香名。宋晏幾道《臨江仙》詞："記得小蘋初見，兩重心字羅衣。"明楊慎《詞品·心字香》："心字羅衣，則謂心字香薰之爾。"

〔五〕醉纈：一種彩色繒帛的名稱。唐李賀《惱公》詩："醉纈抛紅網，單羅掛緑蒙。"王琦匯解："醉纈即醉眼纈，單羅即單絲羅，皆當時彩色繒帛之名。"

〔六〕霞客：即餐霞客。

吴泰來[一]竹嶼

碧減蘆芽，黄分箬縷，鮫宫[二]細剪初就。艾帳微温，蘭缸[三]欲燼，熏人半消殘酒。蓮筒倒捲，看縹紗、金絲縈袖。攬取巫雲正結，依稀夢闌時候。

文園[四]坐遲永晝。肯閒將、八叉[五]吟手。最好擁爐簾閣，峭寒三九。鼻觀曾參香透。只一種、相思怎消受。付與蕉窗，吐絨笑口。天香

【注釋】

〔一〕吴泰來（1722—1788）：字企晉，號竹嶼，江蘇長洲人。乾隆二十五年（1760）進士，召試賜内閣中書。乞病歸，築遂初園於木瀆，詩書自娱。畢沅任陝西、河南巡撫，嘗延主關中及大梁書院。著有《曇香閣琴趣》。

〔二〕鮫宫：即鮫室，鮫人水中居室。唐杜甫《秋日夔府詠懷奉寄鄭監李賓客一百韻》："俗異隣鮫室，朋來坐馬韉。"

〔三〕蘭釭：燃蘭膏的燈，亦用以指精緻的燈具。

〔四〕文園：即孝文園，漢文帝的陵園，後亦泛指陵園或園林。

〔五〕八叉：兩手相拱爲叉。唐温庭筠才思敏捷，每入試，叉手構思，凡八叉手而成八韻，時號"温八叉"。宋孫光憲《北夢瑣言》卷四："（温庭筠）工於小賦，每入試，押官韻作賦，凡八叉手而八韻成。"後以"八叉"喻才思敏捷。

朱　　昂[一] 秋潭

閩島香苗，蠻荒翠卉，移來遍種瑶圃[二]。小貯筠箱，初停海舶，巧製漫抽金縷。輕寒薄醉，恁解釋、相思意緒。殘夢沉吟倚枕，雙鬟點燈低語。

修廊幾回覓句。試牙箸、隔簾花霧。記否繡囊閒展，玉纖拈取。隱約朱唇啟處。看一朵、巫雲暗飛去。茗椀纔收，蘭膏細吐。天香

【注釋】

〔一〕朱昂：字德基，一字適庭，號秋潭，安徽休寧人。監生。僑居江蘇長洲。著有《秋潭詩選》二卷、《養雲亭吟稿》一卷、《緑陰槐夏閣詞》四卷、《百緣語業》一卷。

〔二〕瑶圃：語本《楚辭·九章·涉江》："駕青虬兮驂白螭，吾與重華遊兮瑶之圃。"産玉的園圃，指仙境。

趙　文　哲[一] 升之

花厂[二]梳風，磳田漲雨，高低翠色如染。葉葉輕翻，絲絲細剪，擕取市茶江店。簫材劚玉，看小撥、博山紅閃。無限烟霞况味，悠然伴人無厭。

幾番夢回帳掩。壓微寒、繡襦初減。欹枕半醺絶勝，九蘭[三]香醲。一别心灰乍冷，但漆盝、羅囊委箱篋[四]。倚醉尋思，閒凭畫檻。天香

【注釋】

〔一〕趙文哲（1725—1773）：字損之，一字升之，號璞庵，江蘇上海人。乾隆二十七年（1762）高宗南巡，賜舉人，授内閣中書。直軍機處，擢户部主事。三十八年（1773）從討金川，死木果木之難。著有《媕雅堂詞集》。

〔二〕厂：音罕，山崖邊較淺的岩穴。《説文·厂部》："山石之崖巖，人可居。"

〔三〕九蘭：指蘭草。語本《楚辭·離騷》："余既滋蘭之九畹兮，又樹蕙之百畝。"

〔四〕箴：音膽，一種竹箱子。《廣韻·感韻》："箴，箱屬。"

朱　漢　倬[一]藥房

寶鴨爐温，金絲帳麗，池塘柳色春鎖[二]。小撥筠篝，微拈玉合[三]，却捲繡簾閒坐。蘭閨晝永，又帶醉、看雲肩半彈[四]。依約蔥根細剔，羅巾粉香塵涴[五]。

鶯啼午窗夢破[六]。乍晴天、試鑽新火[七]。伴爾酒茶當去，嫩寒初過[八]。嫋嫋湘筒翠裹。待散盡、氤氳露珠唾。一寸相思，心灰意惰[九]。天香

【注釋】

〔一〕朱漢倬：字淩霄，號葯房，休寧人，寓居長洲。諸生。

〔二〕池塘柳色春鎖：語本南朝宋謝靈運《登池上樓》詩："池塘生春草，園柳變鳴禽。"

〔三〕玉合：合：通"盒"。玉製的盒子或精美的盒子。唐韓偓《玉合》詩："羅囊繡兩鳳皇，玉合雕雙鸂鶒。"

〔四〕嚲：音朵，下垂。宋周邦彥《浣溪紗慢》詞："燈盡酒醒時，曉窗明，釵横鬢嚲。"

〔五〕涴：音握，汙染。唐杜甫《虢國夫人》詩："卻嫌脂粉涴顔色，淡掃蛾眉朝至尊。"

〔六〕鶯啼午窗夢破：語本宋姜夔《鷓鴣天》詞："夢中未比丹青見，暗裏忽驚山鳥啼。"

〔七〕新火：古代鑽木取火，四季各用不同的木材，易季時所取之火稱新火。《北史・王劭傳》："新火舊火，理應有異。"

〔八〕去：古代漢語四聲的第三聲。　嫩寒：輕寒。宋王詵《踏青遊》詞："金勒狨鞍，西城嫩寒春曉。"

〔九〕一寸相思，心灰意惰：語本唐李商隱《無題》詩之二："春心莫共花爭發，一寸相思一寸灰。"

張熙純[一] 策時

芳訝熏蘭，温疑麝炙，牙筒縷縷香噴。曾采忘憂，更憐服媚[二]，底事遜伊清韻。何堪忍俊，看小醉、已添微暈。縹緲吟情正遠，明霞幾番徐引[三]。

羅囊漫愁易盡。望瓊沙、翠雲連畛。試摘早春緗葉[四]，露芽同嫩。最憶甘回舌本。便一片、氤氳六窗[五]潤。無限相思，夢闌酒困[六]。天香

【注釋】

〔一〕張熙純（1725—1767）：字少華，號策時，江蘇上海人。乾隆二十七年（1762）舉人，三十年（1765）召試賜内閣中書。著有《曇華閣詞》。

〔二〕服媚：語本《左傳·宣公三年》："以蘭有國香，人服媚之如是。"杜預注："媚，愛也。"楊伯峻注："'服媚之'者，佩而愛之也。"代指蘭花。

〔三〕吟情：詩情，詩興。宋趙師秀《秋色》詩："幽人愛秋色，祇爲屬吟情。"　明霞：燦爛的雲霞。唐盧照鄰《駙馬都尉喬君集序》："明霞曉挹，終登不死之庭；甘露秋團，儻踐無生之岸。"

〔四〕緗葉：淺黄色的葉子。南朝宋王僧達《詩》："緗葉未開蕊，紅葩已發光。"此處指烟葉。

〔五〕六窗：猶六根。佛教語，謂眼、耳、鼻、舌、身、意。根爲能生之意，眼爲視根，耳爲聽根，鼻爲嗅根，舌爲味根，身爲觸根，意爲念慮根。前蜀貫休《酬王相公見贈》詩："九德陶鎔空有跡，六窗清浄始通禪。"

〔六〕酒困：謂飲酒過多，神志迷亂。語本《論語·子罕》："不爲酒困，何有於我哉！"劉寶楠正義："困，亂也，……未嘗爲酒亂其性也。"

朱莅恭[一] 桂泉

銀葉初銷，玉鑪乍燼，憑誰更遣蕭寂[二]。小擷羅囊，重攜筠管，趁取蘭缸未息。清吟欲倦，看一縷、輕霞漾碧。裊裊徐縈簾影，霏霏暗籠窗隙。

回思海天暮色[三]。映滄波、緑連芳陌。幾度金刀剪罷，裝來番舶[四]。最憶酒邊花外[五]，暈薄醉、微醺伴寒夕。剩有殘灰，春葱細剔。天香

【注釋】

〔一〕朱莅恭：字叔曾，號桂泉，休寧人，寓居長洲。貢生。

〔二〕銀葉：指用銀片製成的茶盞、熏籠等類器物。宋陸游《初寒在告有感》詩："香暖候知銀葉透，酒清看似玉船空。"　玉鑪：熏爐的美稱。　蕭寂：蕭條寂静。南朝宋劉義慶《世説新語·品藻》："然門庭蕭寂，居然有名士風流，殷不及韓。"

〔三〕海天暮色：語本宋王沂孫《天香》："一縷縈簾翠影，依稀海天雲氣。"

〔四〕番舶：舊稱來華貿易的外國商船。

〔五〕酒邊花外：或語帶雙關，宋向子諲《酒邊詞》、王沂孫《花外集》。

吴　元　潤[一] 蘭汀

香采瀛洲，船回海市，連雲草色遥野。錦篋函黄，筠籠焙碧，裊裊金絲抽罷。韡刀寶帶，笑却稱、綵囊斜挂。纔捲疏簾熅霧，微聞小爐薰麝。

西窗伴伊夜話[二]。雨簾纖、燭華初灺[三]。想像玉京人去，味同藷蔗[四]。索句[五]迴廊曲榭。别一種、相思筆難寫。醉搵[六]桃腮，春凝繡帕。天香

【注釋】

〔一〕吴元潤：字澤均，號蘭汀，一號謝堂，江蘇長洲人。泰來弟。嘗官河南衛輝府，以知縣任。著有《廣陵集》、《梧月清陶集》、《香溪瑶翠詞》。

〔二〕西窗伴伊夜話：語本唐李商隱《夜雨寄北》詩："何當共剪西窗燭，卻話巴山夜雨時。"

〔三〕炧：同"灺"，音瀉，指燈燭、香火熄滅。宋張元幹《浣溪沙》詞："夜久莫教銀燭灺，酒邊何似玉臺妝。"

〔四〕玉京人：指仙女，亦泛指美人。宋周邦彦《法曲獻仙音》詞："縹緲玉京人，想依然京兆眉嫵。"

藷蔗：甘蔗。

〔五〕索句：指作詩時構思佳句。

〔六〕揾：音問，貼住。

蔣業鼎[一] 蓀湄

粵嶠檳榔，湘洲蕙茝，輸他品味難狀[二]。月社聯詩，花曹鬬酒，鏤管慢薰簾幌。紅閨繡倦，更笑靚、春雲飄颺。玉手曾留艷跡，紗囊最宜新樣。

情絲繫人夢想。納微涼、晚霞晴朗。甚日斗槎親泛，潮沙初漲。翠島歸帆無恙。謝海客[三]、芳蕤遠相餉。醉剔銀缸[四]，香流桂帳。天香

【注釋】

〔一〕蔣業鼎（1731—1759）：字升枚，又字升梅、蓀湄，江蘇長洲人。諸生。受業於王鳴盛，與錢大昕、曹仁虎、王昶輩交善。乾隆二十三年（1758）於家交翠堂作送春之會，沈德潛主其盟，吴中傳爲盛事。

〔二〕粵嶠：指五嶺以南地區。　蕙茝：茝：音止，香草名。《玉篇·艸部》：“茝，香草也。”蕙與茝，皆香草名。《楚辭·離騷》：“雜申椒與菌桂兮，豈維紉夫蕙茝。”王逸注：“蕙茝皆香草，以喻賢者。”

〔三〕海客：指海商。唐李白《估客樂》詩：“海客乘天風，將船遠行役。”

〔四〕銀缸：銀白色的燈盞、燭臺。宋晏幾道《鷓鴣天》詞：“今宵剩把銀缸照，猶恐相逢是夢中。”

吴 錫 麒穀人

瑶草深耕，瓊絲密鏤，煙霞散入人世。吸似荷筩，敲便石火，領取炙餘風味。朱櫻小破，認朵朵、蓮翻舌底。閒趁銀釭未滅，偎衾試銷寒意。

温馨引人如醉。慰孤愁、麯生差擬。翠點秋衫猶記，唾花香膩。百種相思欲寄。奈化作、巫雲又輕墜。颺出紋簾，合成心字。天香

吴 蔚 光〔一〕 葤甫

蔗圃澆了，荔亭晒葉，箱箱剉就金線。繡袋勾函，鏤筒徐吸，焰過着番親換。薰人没緒，噴幾葉、巫雲撩亂。看被晴絲曳去，花梢軟風〔二〕拖散。

朋來乍遲茗盌。借微醺、韻于酣半。擱到灰温脂嫩，匣中紅豆，消得相思並喚。况荻雨、烏篷〔三〕火星閃。一炷愁苗，秋衾夢斷。天香

【注釋】

〔一〕吴蔚光（1743—1803）：字悊甫，一字執虚，號竹橋，又號湖田外史，世居安徽休寧，隨父遷居江蘇常熟。年十八補博士弟子員，乾隆四十二年（1777）舉順天鄉試。四十五年（1780）進士，選庶吉士，分校四庫館。散館授禮部主事，以病假歸，退居林下二十餘年。工詩，少與黄景仁、高文照、楊芳燦、汪端光齊名，聲噪於兩浙間。兼長倚聲，尤深於白石、玉田，嘗撰《姜張詞得》二卷。晚年蒔花藝竹，琴書自娱。著有《小湖田樂府前集》十卷、《續集》四卷。

〔二〕軟風：和風。唐温庭筠《郭處士擊甌歌》："吾聞三十六宫花離離，軟風吹春星斗稀。"

〔三〕烏篷：烏篷船。一種小木船，船篷是半圓形的，用竹片編成，中間夾竹箬，上塗黑油。

許　宗　彦〔一〕周生

玉醞靈芽，霜含嫩葉，相思種就仙草。堆繡囊青，浮筠箭紫，淺撥獸爐〔二〕紅小。停針暗吸，看颺出、柔情多少。閒傍雕闌竚立，濃馨怕被花惱。

底事消磨客抱。剔蘭釭、片雲低繞。算是最縈情緒，酒闌人悄。半露荑尖〔三〕小握，待遞與、纖纖一枝好。背啟櫻唇，幾絲翠裊。天香

【注釋】

〔一〕許宗彦：字積卿，號周生，德清人。嘉慶四年(1799) 進士，官兵部主事。著有《華藏室詞》二卷。

〔二〕獸爐：獸形的香爐。唐杜牧《春思》詩："獸爐凝冷豔，羅幕蔽晴煙。"

〔三〕荑尖：荑：音提，茅的嫩芽。喻指女子柔嫩的手。語本《詩·衛風·碩人》："手如柔荑，膚如凝脂。"朱熹集傳："茅之始生曰荑，言柔而白也。"

汪　如　洋[一] 潤民

何處移栽，種玉田[二]，佳名早傳。試�筒巧截，吸來初滿，綵囊深貯，探處還便。石火催敲，鑪香倩爇，霧閣雲窗指顧間[三]。閒庭悄，鎮相思一縷，消向誰邊。

齒芬牙慧堪憐。比爛嚼、檳榔味更鮮。慣引他吟興，僮呼酒後，助他談屑，客到茶先[四]。鼻嗅偏濃，水吞差辣，嗜好人心笑屢遷。風前語，願牢持桂信，聽我蘭言[五]。沁園春

【注釋】

〔一〕汪如洋（1755—1794）：字潤民，號雲壑，祖籍安徽休寧，寄籍浙江秀水。乾隆四十五年（1780）狀元，授翰林院修撰。後入直上書房，充山東鄉試主考，官至雲南學政。著有《葆沖書屋集》。

〔二〕玉田：傳説中産玉之田，後作田園的美稱。元張養浩《朝天曲》："玉田，翠煙，鷺鶴聲相唤。"

〔三〕指顧間：一指一瞥之間，形容時間的短暫、迅速。漢班固《東都賦》："指顧倏忽，獲車已實。"

〔四〕吟興：指詩興。唐劉得仁《夜攜酒訪崔正字》詩："吟興忘飢凍，生涯任有無。"　談屑：語本《世説新語·賞譽》："胡毋彦國吐佳言如屑，後進領袖。"劉孝標注："言談之流，靡靡如解木出屑也。"後以"談屑"指談話時口若懸河，滔滔不絶。

〔五〕蘭言：語出《易·繫辭上》："二人同心，其利斷金；同心之言，其臭如蘭。"情投意合之言。

潘　奕　雋〔一〕榕皋

何人種出相思草。依人欲化情絲裊。賦到淡巴菰。緐書〔二〕故事無。

香銷吟未就。春困針停繡。合伴一甌茶。輕圓泛乳花〔三〕。菩薩蠻

【注釋】

〔一〕潘奕雋（1740—1830）：字守愚，號榕皋，晚號三松居士，江蘇吴縣人。乾隆三十四年（1769）進士，授內閣中書，升户部貴州司主事。工書善畫。著有《三松堂集》，收《水雲詞》二卷。

〔二〕緐書：緐：音翻，翻閱。翻閱書籍。宋范成大《再韻答子文》："肩聳已高猶索句，眼明無用且緐書。"

〔三〕輕圓泛乳花：語本宋蘇軾《西江月・茶詞》："湯發雲腴釃白，琖浮花乳輕圓。"輕圓：形容物體輕浮而圓潤。乳花：烹茶時所起的乳白色泡沫。

姚　　淳舒齋

湘筠細細，巫雲朵朵，風味無多較可。燈前繚繞慣遮人，吹一縷、清芬到我。

時攜時挈，隨行隨坐，撚作團圞小顆。香喉裊出許多情，也只爲、星星兒火。鵲橋仙

洪　　楧素田

芬草靈苗，金絲瑞葉，餐來別樣清醇。微消軟飽，薄褪輕寒，最憐含吐櫻脣。菹露鮮新，配檳榔滋味，一種宜人。釅美透湘筠。似壚頭、卓女燒春〔一〕。

記鬬草歸來，白波捲罷，茶前酒後，呼頻相思成〔二〕。雅癖又何妨，相近相親，幾度凌晨。巫雲夢，惺忪爽神。繡羅囊，與君終日隨身。長相思

【注釋】

〔一〕似壚頭、卓女燒春：語本《史記·司馬相如列傳》："相如與俱之臨邛，盡賣其車騎，買一酒舍酤酒，而令文君當鑪。"燒春：酒名。

〔二〕鬬草：一種古代游戲，競采花草，比賽多寡優劣，常於端午行之。南朝梁宗懔《荆楚歲時記》："五月五日，四民並蹋百草，又有鬬百草之戲。"　白波捲罷：語本唐李匡乂《資暇集》卷下："飲酒之卷白波，義當何起？按東漢既擒白波賊，戮之如卷席，故酒席做之，以快人情氣也。"白波：指罰爵中的酒波。

蔡　春　雷 雲卿

睡鴨香沉，飛鳧[一]爐冷，絲絲忽裊烟霧。錦袋閒攤，湘枝小挈，還倩春葱傳取。如蘭吹氣，破一點、朱櫻輕吐。暗祝篆成心字，方便爲儂飈去。

絶似餐霞吸露[二]。采花田、購從行賈。別種風情醉醒，睡餘無主。只合荷筩遞與，待好把、無題試題句。一寸紅灰，相思閒譜。天香

【注釋】

〔一〕飛鳧：鴨形香爐的美稱。

〔二〕吸露：語本《楚辭·九章·悲回風》："吸湛露之浮源兮，漱凝霜之雰雰。"王逸注："食霜露之精以自潔也。"吸飲露水，喻高潔。

卷末　題詞

隨得隨登，不拘齒爵。

馬　德　溥〔一〕心友　婁縣

淡巴菰葉茁青青，聖火傳來發異馨。一管生花才子筆，著成烟譜配茶經。

數典徵名廣見聞，新編奇麗亦煙雲。雖然多識猶餘緒，博洽而今合讓君〔二〕。

【注釋】

〔一〕馬德溥：字仲田，號心友，婁縣人。嘉慶三年（1798）舉人。著有《仲田詩草》。

〔二〕餘緒：留傳給後世的部分。　博洽：多謂學識廣博。《後漢書・杜林傳》："京師士大夫，咸推其博洽。"李賢注："博，廣也。洽，徧也。言其所聞見廣大也。"

諸　　聯 晦薌　青浦

薦譜新裁訂，熙朝第一篇。舌根能辨草，腕底尚籠烟。韻事〔一〕搜尋遍，相思滋味全。誰云斷火食，始可學神仙。

【注釋】

〔一〕韻事：风雅之事。《儒林外史》第三十回："花酒陶情之餘，復多韻事。"

湯顯業[一] 蓮儂 青浦

六籍無茶字，五帝肇酒名[二]。酪奴曁歡伯[三]，旋著史若經。仁草最後出，紀首齊永明[四]。萬口漸同嗜，結侶菸先生。漳泉挺異卉，勝國[五]尤盛稱。造作淡肉果，醉客疑宿酲[六]。好種及時種，上上擇畦町。一碧苗既茁，葉繁花亦榮。采擷夏涉秋，居然等西成[七]。赫曦仗烘炙，燥濕蘄均平[八]。筠筒削寒玉，骨節犀通靈[九]。其本穴金鐵，其末嵌瑶瑛[一〇]。其香取内藴，其氣主上升。納之如文法，堆垛戒滿盈。吸之如妙語，吞吐爲拒迎。初如束䔰[一一]熾，蓬鬆然作聲。繼如葭管[一二]吹，頃刻飛灰輕。菲菲[一三]蘭麝馥，藹藹雲霞蒸。粱肉易屬饜[一四]，果蔬起嫌憎。擯此詎飢渴，痂癖偏因仍。華堂集彦會，各似銜蘆鳴。小史執籥侍，散人吹簫行[一五]。遂令詞賦家，箋詠加品評。肖物[一六]辨厥性，數典信可徵。蒐羅誰最富，績學今陳登[一七]。鴻筆繼釋草，部次極研精。詩文佐攷鏡，不日付汗青[一八]。戰茗力悉敵，飲醇歡得朋。相思我正苦，推窗問柳星。

【注釋】

〔一〕湯顯業：字蓮儂，青浦人。著有《紺珠雜記》、《鐵花山館詩集》。

〔二〕六籍：即六經。《文選·班固〈東都賦〉》："蓋六籍所不能談，前聖靡得言焉。"李善注："六籍，六經也。" 五帝：上古傳説中的五位帝王，説法不一。(1) 黄帝（軒轅）、顓頊（高陽）、帝嚳（高辛）、唐堯、虞舜。《大戴禮記·五帝德》："孔子曰：'五帝用記，三王用度。'"《史記·五帝本紀》唐張守節正義："太史公依《世本》、《大戴禮》，以黄帝、顓頊、帝嚳、唐堯、虞舜爲五帝。譙周、應劭、宋均皆同。"漢班固《白虎通·號》："五帝者，何謂也？《禮》曰：'黄帝、顓頊、帝嚳、帝堯、帝舜也。'"(2) 太昊（伏羲）、炎帝（神農）、黄帝、少昊（摯）、顓頊。見《禮記·月令》。(3) 少昊、顓頊、高辛、唐堯、虞舜。《〈書〉序》："少昊、顓頊、高辛、唐、虞之書，謂之五典，言常道也。"孔穎達疏："言五帝之道，可以百代常行。"晉皇甫謐《帝王世紀》："伏羲、神農、黄帝爲三皇，少昊、高陽、高辛、唐、虞爲五帝。"(4) 伏羲、神農、黄帝、唐堯、虞舜。見《易·繫辭下》、宋胡宏《皇王大紀》。

〔三〕歡伯：酒的别名。漢焦延壽《易林·坎之兑》："酒爲歡伯，除憂來樂。"

〔四〕紀首齊永明：卷一"原始"條："吴偉業《綏寇紀畧》云：齊武帝永明十一年，先是魏地謡言：赤火南流喪南國。是歲有沙門從北齎此火至，火赤於常火而微，以療疾多驗，都下名曰聖火。此與今之烟草相類。”

〔五〕勝國：被滅亡的國家。《周禮·地官·媒氏》：“凡男女之陰訟，聽之於勝國之社。”鄭玄注：“勝國，亡國也。”按，亡國謂已亡之國，爲今國所勝，故稱“勝國”。後因以指前朝。

〔六〕淡肉果：卷一“原始”條：“方以智《物理小識》云：烟草，萬曆末有攜至漳泉者，馬氏造之，曰淡肉果。”　宿酲：猶宿醉。三國魏徐幹《情詩》：“憂思連相屬，中心如宿酲。”

〔七〕居然：猶安然，形容平安、安穩。《詩·大雅·生民》：“不康禋祀，居然生子。”　西成：謂秋天莊稼已熟，農事告成。《書·堯典》：“平秩西成。”孔穎達疏：“秋位在西，於時萬物成熟。”

〔八〕赫曦：指陽光。明高攀龍《答南皐四》：“讀先生合編，竟先生之言，如赫曦透體。”　蘄：通“祈”，祈求。《莊子·養生主》：“澤雉十步一啄，百步一飲，不蘄畜乎樊中。”郭象注：“蘄，求也。”

〔九〕寒玉：玉質清涼，比喻清冷雅潔的東西。此處指竹。唐雍陶《韋處士郊居》詩：“門外晚晴秋色老，萬條寒玉一溪煙。”　骨節犀通靈：通靈：通於神靈。唐李商隱《無題》詩之一：“身無彩鳳雙飛翼，心有靈犀一點通。”

〔一〇〕瑶瑛：玉的精華。晉張協《七命》：“錯以瑶英，鏤以金華。”

〔一一〕稾：通“稾”，草。

〔一二〕葭管：裝有葭莩灰的律管。《樂府詩集・郊廟歌辭五・唐明堂樂章》：“葭律肇啓隆冬，蘋藻攸陳饗祭。”

〔一三〕菲菲：香氣盛。《楚辭・離騷》：“佩繽紛其繁飾兮，芳菲菲其彌章。”王逸注：“菲菲，猶勃勃，芬香貌也。”

〔一四〕粱肉：以粱爲飯，以肉爲肴。指精美的膳食。《管子・小匡》：“食必粱肉，衣必文繡。” 屬饜：即“屬厭”，飽足。《左傳・昭公二十八年》：“願以小人之腹，爲君子之心，屬厭而已。”杜預注：“屬，足也。言小人之腹飽，猶知厭足，君子之心亦宜然。”一説，“屬”猶祇，見王引之《經傳釋詞》卷九。

〔一五〕小史：侍從；書童。南朝梁簡文帝《祭灰人文》：“當令金光小史，侍使玉童，奏雲師於執法，力水伯於天宫。” 執籥：卷五翟灝詩：“乍疑伶秉籥，復效雁銜蘆。” 散人：不爲世用的人；閒散自在的人。唐陸龜蒙《江湖散人傳》：“散人者，散誕之人也。心散、意散、形散、神散，既無羈限，爲時之怪民，束於禮樂者外之曰：‘此散人也。’”

〔一六〕肖物：謂刻畫事物。明王世貞《藝苑巵言》卷三：“《檀弓》、《考工記》、《孟子》、《左氏》、《戰國策》、司馬遷，聖於文者乎，其敘事，則化工之肖物。”

〔一七〕績學：謂治理學問，亦指學問淵博。 陳登：《三國志・魏書・吕布傳》裴松之注引《先賢行狀》："（陳）登，忠亮高爽，沉深有大略，少有扶世濟民之志。博覽載籍，雅有文藝，舊典文章，莫不貫綜。"此處以"今陳登"稱譽編者陳琮。

〔一八〕孜鏡：参證借鑒。明唐順之《吏部郎中林東城墓誌銘》："日以朱墨點記其向意，臧否醇雜，以自考鏡。"　汗青：古時在竹簡上記事，先以火烤青竹，使水分如汗滲出，便於書寫，並免蟲蛀，故稱。一説，取竹青浮滑如汗，易於改抹。後以"汗青"指著述完成。

沈學淵[一] 夢塘 寶山

海國春生一縷烟，漁梁嶺外碧芊芊[二]。芝房[三]製作尋常事，争補熙朝瑞草篇。

著述年年搒竹扉，銀囊不捲讀書幃。擕來左右雙筠管，澹墨濃香玉屑霏。

茶力初濃酒未醺，檢書屬草染蘭薰。陸家經與蘇家譜[四]，齒頰流芳定讓君。

截竹爲筩暖律[五]吹，終朝伴我撚吟髭。何如小閣明釭畔，呼吸烟雲滿幅時。

【注釋】

〔一〕沈學淵（1788—1833）：字涵若，號夢塘，寶山人。嘉慶十五年（1810）舉人。著有《桂留山房詩集》。

〔二〕海國：近海地域。宋蘇軾《新年》詩之三："海國空自煖，春山無限清。"　漁梁：即魚梁。攔截水流以捕魚的設施。以土石築堤横截水中，如橋，留水門，置竹笱或竹架於水門處，攔捕游魚。　芊芊：蒼翠，碧緑。《文選·宋玉〈高唐賦〉》："仰視山巔，肅何芊芊。"一本作"千千"。李善注："千千，青也。千、芊古字通。"李周翰注："芊芊，山色也。"

〔三〕芝房：語本《漢書·武帝紀》："（元封二年）六月，詔曰：'甘泉宫内中産芝，九莖連葉。上帝博臨，不異下房，賜朕弘休，……作《芝房之歌》'。"

〔四〕陸家經：唐陸羽《茶經》。　蘇家譜：酒譜。

〔五〕暖律：古代以時令合樂律，温暖的節候稱"暖律"。唐羅隱《歲除夜》詩："厭寒思暖律，畏老惜殘更。"

陸之棵著山　青浦

餐霞有客費搜研，辟瘴消寒得氣先。曾付葯籠推妙手，又添詩料拍吟肩〔一〕。烟雲吐出攜雙管，甘苦嘗來積十年。一自懺除塵業盡，會從香火結因緣〔二〕。

【注釋】

〔一〕葯籠：盛藥的器具。後比喻儲備人才之所。明陳繼儒《讀書鏡》卷九："夫海內才士，誠國家藥籠中所不可無。"　吟肩：詩人的肩膀。因吟詩時聳動肩膀，故云。清袁枚《隨園詩話》卷十一："許太夫人《夜坐》云：'瘦削吟肩詩滿腔，春燈獨坐影幢幢。'"

〔二〕懺除：懺悔以去除（惡業），改悔。《華嚴經·普賢行願品》："復次善男子，言懺除業障者。"　香火：香和燈火，引申指供奉神佛之事。此處指吸烟。

劉　　灝 小槎　通州

相思滋味問何如，采入名山[一]好著書。丹轉會分爐上火，青雲直上藉吹噓。

何關酒債與茶租，逸韻[二]横生領得無。展卷已教香氣滿，不須復買黑於菟。

頓看綺室盡氤氲，冉冉如蘭細吐芬。應怕此心容易冷，閒來常把繡腸薰。

小盒輕攜客到時，十年心事此君知。生來自有生花筆，譜出烟雲合一枝。

【注釋】

〔一〕名山：指可以傳之不朽的藏書之所。《史記·太史公自序》："以拾遺補藝，成一家之言，……藏之名山，副在京師，俟後世聖人君子。"

〔二〕逸韻：高逸的風韻。宋陸游《梅花絶句》："高標逸韻君知否？正在層冰積雪時。"

何　其　偉書田　青浦

食以療飢飲解渴，二者缺一不生活。有非解渴非療飢，竟未須臾離此物。此物於古書無之，烟草詠自唐人詩〔一〕。産諸吕宋種閩嶠，袪寒辟瘴功兼資。初入中華稱火異，明季童謡驚遍地〔二〕。相沿逮今風頓移，千萬萬人口同嗜。嗜之尤者韓尚書〔三〕，魚熊去取深躊躇。後有太鴻亦至好，恨少題詠傳巴菰〔四〕。陳君夙號餐霞客，兔管〔五〕�筒兩難釋。慨然三喚菸先生，沚溪居士有《菸先生傳》，葢謂烟筒也。含芬弗揚是誰責。君不見酒有史茶有經，醴侯森伯從人評〔六〕。衆口未知味外味，品題始得流芳名。爾名非古却宜世，合采新聞〔七〕創新製。風流可繼韓厲傳，益人與否姑勿計。

【注釋】

〔一〕烟草詠自唐人詩：卷一“原始”條：“趙翼《陔餘叢考》云：唐詩‘相思若烟草’，似唐時已有服之者。”

〔二〕明季童謡驚遍地：卷一“原始”條：“《廿一史約編》‘五行’條內：熹廟時童謡曰：天下兵起，遍地皆烟。”

〔三〕韓尚書：事詳卷三“韓宗伯嗜烟”條。

〔四〕太鴻：清厲鶚。　恨少題詠傳巴菰：厲鶚《天香》：“烟草，……今日偉男髫女，無人不嗜，而予好之尤至。恨題詠者少，令異卉之湮鬱也。”

〔五〕兔管：毛筆的别稱。明陳汝元《金蓮記・慈訓》：“追思兔管，不堪拈弄。”

〔六〕醴侯：酒的别名。　森伯：茶的别名。宋陶穀《清異録・茗荈》：“湯悦有《森伯頌》，蓋茶也。方飲而森然嚴乎齒牙，既久，四肢森然。”

〔七〕新聞：新近聽來的事，社會上新近發生的事情。

潘　信　耔〔一〕南陔　青浦

烟。記得莊嚴經號菸。呼龍種，瑶草滿磳田。十六字令

煙。肇錫嘉名三百年。憑誰譜，典籍共流傳。前調

【注釋】

〔一〕潘信耔：字亦畬，又南陔，青浦人。歲貢生。著有《亦畬詩稿》。

蔡　春　雷雲卿　青浦

瓊島耕雲，蠻鄉蒔雨，濛濛散含香霧。藥録新收，茶經繼載，風味從今領取。祛寒辟瘴，甚恁地、欲吞還吐。莫是仙家火食，人間卻教傳去。

幾經蕙風蘭露。向漳汀、載歸吴賈。故事誰徵賸有，風騷宗主。除却群芳別與，又玉躞、金題〔一〕采吟句。新話南湖，木棉同譜。調寄《天香》，即次《碧雲香雨樓詞》集韻。《木棉譜》，上海褚文洲華著，載入《藝海珠塵》中。

【注釋】

〔一〕玉躞金題：即金題玉躞。躞：音謝，書畫卷軸的軸心。玉躞亦作"玉燮"，玉質的書畫卷軸。金題：泥金書寫的題簽。謂極精美的書畫或書籍的裝潢。明楊慎《畫品·金題玉躞》："《海岳書史》云：隋唐藏書皆金題、玉躞、錦贉、繡褫。金題，押頭也；玉躞，軸心也。"

魏　　容〔一〕約莽　嘉興

唐陸羽著茶經，宋竇苹〔二〕作酒譜。聖朝〔三〕瑞草芬芳，留得新編君補。

粵徼香苗初茁，閩山翠卉遥傳。恨余不解此味，看人日日凌烟。余素不食烟。

【注釋】

〔一〕魏容：字寬夫，號約莽，嘉興人。布衣。最善畫竹，有《竹譜》行世。僑居青浦之岑溪，與陳瓏交最厚。

〔二〕竇苹：原作"竇革"，據《八千卷樓書目》改。

〔三〕聖朝：封建時代尊稱本朝。

金鳳藻[一] 芝生 嘉定

石湖不耐喫檳榔[二]，未試金絲絶品香。今日相思拋不得，草經補後要平章[三]。

一種根塵[四]鼻舌連，誰從香火叩因緣。慧珠遍記瑶華勝，好語都教一一穿。

【注釋】

〔一〕金鳳藻：字尚儀，又字芝生。嘉慶十五年(1810）舉人。綜覽百家，詩文多作幽邃語。

〔二〕石湖不耐喫檳榔：石湖：即宋范成大，號石湖居士。其《石湖詩集》卷十六有《巴蜀人好食生蒜，臭不可近。頃在嶠南，其人好食檳榔合蠣灰。扶留藤，一名蔞藤，食之輒昏然，已而醒快。三物合和，唾如膿血，可厭。今來蜀道，又爲食蒜者所薰，戲題》詩。

〔三〕平章：品評。明葉憲祖《鸞鎞記·春賞》："憑欄争賞，細與平章。"

〔四〕根塵：佛家謂眼、耳、鼻、舌、身、意爲六根，色、聲、香、味、觸、法爲六塵。色之所依而能取境者謂之根；根之所取者，謂之塵，合稱根塵。《楞嚴經》卷五："根塵同源，縛脱無二。"

陸我嵩〔一〕碌莊　青浦

詩人餘事粲花霏，例仿丹經莽録宜〔二〕。採入青編〔三〕皆故實，生憐紅豆是相思。一篇香草風騷續〔四〕，四座清譚露品奇。料得夜燈紛校注，樊川榻畔爇蘭絲〔五〕。

家家湘管碧雲含，瘴嶺風光與細探。俎雜西陽評硯北，歌徵子夜憶江南〔六〕。盟來桑苧茶星補，隱去通明藥味參〔七〕。呼吸未諳還自笑，嵩生平未嘗此味。拾君牙慧尚流甘。

【注釋】

〔一〕陸我嵩：字芳玖，號碌莊，青浦人。道光二年（1822）进士，官至邵武府同知。著有《莆田水利志》、《南臺小志》、《崧浦草堂稿》、《雲蘿仙館詩話》。

〔二〕粲花：謂言論典雅雋妙，有如明麗的春花。五代王仁裕《開元天寶遺事·粲花之論》："李白有天才俊逸之譽，每與人談論，皆成句讀，如春葩麗藻，粲於齒牙之下，時人號曰李白槩花之論。”　丹經：講述煉丹術的專書。晉葛洪《抱朴子·金丹》：“凡受太清丹經三卷，及九鼎丹經一卷，金液丹經一卷。”

〔三〕青編：即青絲簡編，泛指書籍。宋王禹偁《館中春值偶題》詩：“春風老盡詩情淡，翻卷青編獨繞廊。”

〔四〕一篇香草風騷續：語本漢王逸《離騷》序：“《離騷》之文，依《詩》取興，引類譬諭，故善鳥、香草以配忠貞。”

〔五〕樊川榻畔爇蘭絲：杜牧別業樊川，有《樊川集》，故稱。語本杜牧《送李群玉赴舉》：“故人別來面如雪，一榻拂雲秋影中。”

〔六〕俎雜酉陽：俎：原作“組”，據《四庫全書總目》改。即唐段成式《酉陽雜俎》。　憶江南：詞牌名，原名“謝秋娘”，唐段安節《樂府雜録》謂此調係唐李德裕爲亡妓謝秋娘所作。後因白居易詞有“能不憶江南”句改名。

〔七〕桑苧：唐陸羽別號。　隱去通明藥味參：通明，即南朝梁陶弘景，隱居于句容句曲山，著有《本草經注》、《集金丹黄白方》等。

宋　　鈞吟於　婁縣

瑶島風清長緑荑，移來佳植樹春畦。芳名百種渾難辨，留與騷人細品題。

香絨小貯滿囊春，萬里雲山慰苦辛。自有相思抛不得，非關思婦憶征人。《述異記》載，秦趙間有相思草，出思婦塚上。

鑌鐵〔一〕輕敲石火明，幽閒畫出景昇平。瓊絲入手休狼籍，也是腴田種得成。

揮塵清譚稱静居，茶經酒譜恰相如。一編在手焚香讀，争似瑯嬛〔二〕未見書。

【注釋】

〔一〕鑌鐵：精煉的鐵。明曹昭《格古要論·鑌鐵》："鑌鐵，出西番。面上有旋螺花者，有芝蔴雪花者。凡刀劍器打磨光浄，用金絲礬礬之，其花則見。價值過於銀。古語云，識鐵强如識金。假造者是黑花。"

〔二〕瑯嬛：神話中天帝藏書處，後常用作對藏書室的美稱。《字彙補·女部》："玉京瑯嬛，天帝藏書處也，張華夢遊之。"

方　以　臺春颿　青浦

小隱岑谿感瑟居〔一〕，筠箭象管日相於。吟安一字撚髭後，結想〔二〕千秋抱膝初。茹栢餐香無俗韻，揚芬摛藻有奇書。酒經茶録群芳譜，莫説今人定不如。

【注釋】

〔一〕瑟居：猶索居，獨居。《藝文類聚》卷七六引南朝梁武帝《遊鍾山大愛敬寺》詩："瑟居超七淨，梵住踰八禪。"

〔二〕結想：念念不忘；反復思念。清汪懋麟《題金碧堂爲趙銀台玉峰》詩："此景此味那易得，夢中結想時憂煩。"

張　光　烈祝泉　婁縣

返魂香自淡巴來，勝國時曾遍地栽。却笑前人都草草[一]，煙雲世界自君開。

酒罷輕噓解宿醺，茶餘細吸發清芬。恰從酒譜茶經外，又占千秋翰墨[二]勛。

【注釋】

〔一〕草草：草率；苟簡。宋蘇軾《與康公操都官書》之二：“所索詩，非敢以淺陋爲辭，但希世絶境，衆賢所共詠歎，不敢草草爲寄也。”

〔二〕翰墨：筆墨，此處借指著作。三國魏曹丕《典論・論文》：“是以古之作者，寄身於翰墨，見意於篇籍。”

金鳳奎東梧　嘉定

古人製飲食，茶酒皆有譜。菸草最後出，明季入閩土。其種來淡巴，今則遍寰宇。瘴厲藉以辟，嚴寒藉以去。維天生一物，利用亦云鉅。爾雅名未釋，本草類難數。何人爲紀載，芳名悉訓詁。吾聞韓元少，雅好日飲茹。題品屬門人，詩歌在何許。又聞汪抒懷，譚書歷寒暑。欲成金絲録，其書猶未覩。今君稱博洽，事事錦囊貯。撏撦[一]盡詞家，搜羅及説部。選義而攷辭[二]，羣分又類聚。齒頰留芳馨，烟霞自沉痼。當與茶酒經，各自成千古。

【注釋】

〔一〕撏撦：剥取。特指在寫作中對他人的著作率意割裂，取用。宋劉攽《中山詩話》："祥符、天禧中，楊大年、錢文僖、晏元獻、劉子儀以文章立朝，爲詩皆宗尚李義山，號'西崑體'，後進多竊義山語句。賜宴，優人有爲義山者，衣服敗敝，告人曰：'我爲諸館職撏撦至此。'聞者歡笑。"

〔二〕選義而攷辭：語本《文選·陸機〈文賦〉》："選義按部，考辭就班。"吕延濟注："考摘清濁之詞以就班類而綴之。"

徐　　俟〔一〕蘭吟　青浦

天爲熙朝生瑞草，飽可使飢飢使飽。�管攜來嘘吸頻，滿室雲烟看繚繞。舌端滋味妙難傳，一概閒愁能除掃。辟瘴消寒更有靈，種從吕宋能談討。有客搜奇手訂裁，佳話紛紛作新稾。年來吾亦解相思，瀏覽瑶編特傾倒。

【注釋】

〔一〕徐俟：字蘭吟，青浦人。著有《蘭吟詩草》，另與李春祺等著有《春柳倡和詩》、《慧日寺探梅唱和詩》。

張　旋　吉[一] 味閒　松江

噓氣成雲嗜欲狂，誰曾舉典費平章。譜行直是空今古，收拾烟華入錦囊。

遇物知名推博洽，況於蔫草少前聞。腹中不是便便者[二]，難建金絲翰墨勳。

【注釋】

〔一〕張旋吉：字履祥，號味閒，華亭人。貢生。

〔二〕腹中不是便便者：語本《後漢書・邊韶傳》："韶口辯，曾晝日假卧，弟子私嘲之曰：'邊孝先，腹便便，嬾讀書，但欲眠。'"

劉　廷　杓蘭坡　通州

搦管興悠然，能生滿紙烟。毫端收不盡，舌底吐青蓮。

嘗遍草中滋味，修成世上神仙。不續茶經酒史，偏從鼻觀參禪。

搜羅瑶草付瑶編，采藥名山已十年。結得清緣會消受，晚窗微醉曉窗眠。

侯士鶚[一] 雪亭 上海

管領羣芳已廿年，人間烟火亦神仙。閒來譜出相思草，不數詞人紀木棉。吾鄉褚秋岳著《木棉譜》。

高臥元龍百尺樓[二]，揚芬采秀費研搜。奚囊檢點皆詩料，留與騷壇作話頭[三]。

【注釋】

〔一〕侯士鶚：字翼雲，號雪亭，上海人。工書，出入顔、柳之間，詩畫亦有逸趣。

〔二〕元龍百尺樓：元龍即三國魏陳登。《三國志·魏志·陳登傳》："（劉備）曰：'君（許汜）求田問舍，言無可采，如小人，欲臥百尺樓上，卧君於地，何但上下牀之間耶？'"後借指抒發壯懷的登臨處。

〔三〕奚囊：唐李商隱《李賀小傳》："每旦日出，與諸公游，恒從小奚奴，騎距驢，背一古破錦囊，遇有所得，即書投囊中。"後因稱詩囊爲"奚囊"。 話頭：佛教禪宗和尚用來啟發問題的現成語句，往往拈取一句成語或古語加以參究。《五燈會元·黄檗運禪師法嗣·烏石靈觀禪師》："曹山舉似洞山，山曰：'好箇話頭，祇欠進語。何不問爲甚麼不道？'"文人常藉以泛指啟發問題的話語。宋陸游《送繛侄住庵吴興山中》詩："目光猶射車牛背，不用殷勤舉話頭。"

陸　德　容〔一〕蕙田　青浦

蓋露佘糖品最奇，茶餘酒後慰相思。名傳閩嶠絲千縷，味逐湘川竹一枝。騷客倦吟明月夜，美人停繡晚風時。知君本是餐霞侶，譜得新編絶妙辭。

【注釋】

〔一〕陸德容：字蕙田，青浦人。庠生。著有《咀丸居學吟稿》。

金　　松 夢徵　嘉定

熙朝珍瑞草，逸士譜新篇[一]。不惜齒牙論，因成香火緣[二]。金絲憑管鏤，肉果得薪傳。爲問芝蘭室，青藜幾度然[三]。

夫子雲間秀，名山著作師。凌烟虚夙願，香草寄相思。性共巴菰淡，詞緣葢露摛。此中有真味，料得少人知。

【注釋】

〔一〕逸士譜新篇：語本《後漢書·逸民傳·高鳳傳論》："先大夫宣侯嘗以講道餘隙，寓乎逸士之篇。"

〔二〕香火緣：即香火因緣。佛教語，香與燈火，爲供奉佛前之物。因以"香火因緣"謂同在佛門，彼此契合。《北齊書·陸法和傳》："法和是求佛之人，尚不希釋梵天王坐處，豈規王位？但於空王佛所與主上有香火因緣，見主人應有報至，故救援耳。"

〔三〕芝蘭室：語本《孔子家語·六本》："與善人居，如入芝蘭之室，久而不聞其香，即與之化矣。"後以喻賢士之所居。　青藜幾度然：詳參卷六顔廷曜詩"燃藜"注。

許　安　泰澹雲　婁縣

繡閣[一]書堂寂寂時，銷愁何物最相思。攜來三尺湘筠管，呼吸通宵伴詠詩。

草仁火聖總名菸，譜訂於君第一編。典故遍搜徵博雅，茶箋藥録並流傳。

【注釋】

〔一〕繡閣：猶繡房。女子的居室裝飾華麗如繡，故稱。後蜀歐陽炯《菩薩蠻》詞之四："畫屏繡閣三秋雨。香脣膩臉偎人語。"

沈　朝　楷少白　華亭

著成譜録繼韓門〔一〕，玉屑金絲並討論。禪榻氤氲茶未熟，客寮噴薄酒纔温。芳蘅不丐騷人韻，斑竹頻招怨女〔二〕魂。仿佛同心譚一夕，如蘭臭味有靈根〔三〕。

【注釋】

〔一〕著成譜録繼韓門：清汪師韓著《金絲録》。詳參卷四汪師韓序。

〔二〕怨女：指已到婚齡而無合適配偶的女子。《孟子·梁惠王下》："內無怨女，外無曠夫。"

〔三〕仿佛同心譚一夕，如蘭臭味有靈根：語本《易·繫辭上》："同心之言，其臭如蘭。"孔穎達疏："謂二人同齊其心，吐發言語，氤氲臭氣，香馥如蘭也。"

陳　　璐古芸　青浦

伯仁作酒史，君謨著茶録。多才嘉胄緝農桑[一]，博雅嵇含狀草木。古來名士半窮經，野乘[二]叢譚佐天禄。方今嗜好重巴菇，昔傳吕宋今争趨。辟瘴祛寒需蓋露，船唇驢背羨於菟[三]。是草神農洵未嘗，相思觸處擾柔腸。茹時味外非無味，咀後香餘别有香。阿兄素負安閒志，話雨嘲風多藻思[四]。占候裁成月令[五]篇，按圖補出名山誌。一燈如豆惜三餘[六]，更復平生喜讀書。點勘奇文分亥豕，校讎逸典註蟲魚[七]。兄自詩文集外，有《雲間山史》、《二十四節氣解》數種，並注《昭明錦帶書》、《夏小正》等書，將刊以行世。頻年况抱餐霞癖，日飼金絲等仙液[八]。出處流傳悉品評，詩文製治俱詮釋。伊予耳食[九]嗟何補，玉牒金函未快覩。欲疏霎靆與蓴鱸，恐誤蹲鴟并杖杜[一〇]。予曾擬作眼鏡、蓴菜、鱸魚諸志，緣見聞淺隘，故有志未逮云。欣觀此譜精且博，勤搜不羨倪一擎汪師韓作。何須曼倩紀探春，豈並浮丘還相鶴[一一]。從今縹帙付雕鐫，吉貝人葠好共傳[一二]。褚文洲有《木棉譜》，陸梅谷有《人參譜》。尋常著録休相擬，此是熙朝瑞應〔一三〕編。

【注釋】

〔一〕農桑：即《農桑輯要》。

〔二〕野乘：即野史。

〔三〕於菟：即黑於菟，烟草的别名。事詳卷一“蓋露”條。

〔四〕藻思：做文章的才思。晉陸機《文賦》：“或藻思綺合，清麗千眠。”

〔五〕月令：《禮記》篇名。禮家抄合《吕氏春秋》十二月紀之首章而成。所記爲農曆十二個月的時令、行政及相關事物。後用以特指農曆某個月的氣候和物候。

〔六〕三餘：《三國志·魏志·王肅傳》“明帝時大司農弘農、董遇等，亦歷注經傳，頗傳於世”裴松之注引三國魏魚豢《魏略》：“（董）遇言：‘（讀書）當以三餘。’或問三餘之意。遇言‘冬者歲之餘，夜者日之餘，陰雨者時之餘也’。”後以“三餘”泛指空閒時間。

〔七〕亥豕：《吕氏春秋·察傳》：“子夏之晉，過衞，有讀史記者曰：‘晉師三豕涉河。’子夏曰：‘非也，是己亥也。夫己與三相近，豕與亥相似。’至于晉而問之，則曰晉師己亥涉河也。”“亥”和“豕”的篆文字形相似，容易混淆。後用以指書籍傳寫或刊印中文字因形近而誤。　蟲魚：孔子認爲讀《詩》可以多識草木鳥獸蟲魚之名；漢代古文經學家注釋儒家經典，注重典章制度及名物的訓釋、考據。後遂以“蟲魚”泛指名物和典章制度。

〔八〕仙液：指美酒。

〔九〕耳食：謂不加省察，輕信傳聞。《史記·六國年表序》：“學者牽於所聞，見秦在帝位日淺，不察其終始，因舉而笑之，不敢道，此與以耳食無異。”司馬貞索隱：“言俗學淺識，舉而笑秦，此猶耳食不能知味也。”

〔一〇〕蒓鱸：語本《晉書·文苑傳·張翰》：“翰因見秋風起，乃思吴中菰菜、蓴羹、鱸魚膾，曰：‘人生貴得適志，何能羈宦數千里以要名爵乎！’遂命駕而歸。”　蹲鴟：大芋。因狀如蹲伏的鴟，故稱。典出唐劉肅《大唐新語》卷九：“開元中，中書令蕭嵩以《文選》是先代舊業，欲注釋之。奏請左補闕王智明、金吾衛佐李玄成、進士陳居等注《文選》。先是，東宫衛佐馮光震入院校《文選》，兼複注釋，解‘蹲鴟’云：‘今之芋子，即是著毛蘿蔔。’院中學士向挺之、蕭嵩撫掌大笑。智明等學術非深，素無修撰之藝，其後或遷，功竟不就。”《史記·貨殖列傳》：“吾聞汶山之下，沃野，下有蹲鴟，至死不飢。”張守節正義：“蹲鴟，芋也。”　杕杜：典出《舊唐書·李林甫傳》：“林甫恃其早達，輿馬被服，頗極鮮華。自無學術，僅能秉筆，有才名于時者尤忌之。……林甫典選部時，選人嚴迥判語有用‘杕杜’二字者，林甫不識‘杕’字，謂吏部侍郎韋陟曰：‘此云杕杜，何也？’陟俯首不敢言。”杕杜：孤生的杜梨樹。《詩·唐風·杕杜》："有杕之杜，其葉湑湑。"杕：音地。高亨注："杕，樹木孤立貌。"朱熹集傳："杜，赤棠也。"

〔一一〕探春：早春郊遊。唐宋風俗，都城士女在正月十五日收燈後争先至郊外宴遊，叫探春。唐孟郊《長安早春》詩："公子醉未起，美人争探春。" 浮丘：即浮丘公，古代傳説中的仙人。《文選·謝靈運〈登臨海嶠與從弟惠連〉詩》："儻遇浮丘公，長絶子徽音。"李善注引《列仙傳》："王子晉好吹笙，道人浮丘公接以上嵩山。"

〔一二〕縹帙：縹：音瞟，青白色的絲織品。《楚辭·王褒〈九懷·通路〉》："紅采兮騂衣，翠縹兮爲裳。"洪興祖補注："縹，疋沼切，帛青白色。"古時多用淡青色絲織品製作書套，因以代指書卷。 雕鐫：猶雕刻，此處指雕版。 吉貝：梵語或馬來語的譯音，古時兼指棉花和木棉。自我國中原地區廣泛栽培和利用棉花後，古籍記載中的吉貝，實多指草棉，但仍常將棉花與木棉科的木棉樹相混淆。《梁書·諸夷傳·林邑國》："吉貝者，樹名也。其華成時如鵝毳，抽其緒，紡之以作布，潔白與紵布不殊。" 葠：音申，同"蓡"，即人參。

〔一三〕瑞應：古代迷信認爲天降祥瑞以應人君之德。《西京雜記》卷三："瑞者，寶也，信也。天以寶爲信，應人之德，故曰瑞應。"

陳　淵　泰〔一〕上之　青浦

吾家大阮筆如椽〔二〕，著述芸窗已廿年。意氣肯居樓百尺，文章滿貯卷三千。料量露品添佳話，收拾風騷補舊編。他日茶神當比例〔三〕，焚香也合奉煙仙。

嗜煙尤至厲樊榭，執管不離韓慕廬。獨惜無由疏草木，有誰還與注蟲魚。今將一種相思草，譜出千秋未見書。雅帙家家應共賞，蠶經蟹畧定何如。

【注釋】

〔一〕陳淵泰：字上之，青浦人。道光十二年(1832)舉人。幼承世父琮、父瓏緒論，好古敦行。著有《吉祥止止室詩稿》。

〔二〕大阮：三國魏後期詩人阮籍與其姪阮咸同爲"竹林七賢"中人，世稱阮籍爲大阮，阮咸爲小阮。此處用以稱美其伯父陳琮。　筆如椽：典出《晉書·王珣傳》："珣夢人以大筆如椽與之，既覺，語人云：'此當有大手筆事。'俄而帝崩，哀册謚議，皆珣所草。"後遂以比喻筆力雄健，猶言大手筆。

〔三〕比例：可作比照的事例、條例。

附　録

道光二年本《烟草譜》序

海國春生，嘉卉表熙朝之瑞；名山業富，奇書添藝苑之珍。開函而趣挹餐霞，展卷而香浮蓋露。釋名釋種，蒐羅補《爾雅》所遺；徵賦徵詩，紀録比《羣芳》尤備。標一種芬芳之韻，罄無不宜；殫廿年摭拾之精，得未曾有。新編貽我，讀之奚厭百回；博雅如君，傳也已堪千古。如我青溪愛筠陳君，驚座名才，閉門韻士。丰度擬當年楊柳，文章如初日芙蓉。吞丹篆於胸中，五千卷盡熏香而摘艷；吐青蓮於舌上，四六聯常傾液而漱芳。醰醰之書味葩流，瓣瓣之心花焕發。而乃日迷五色，屢回貫月之槎；秋老一枝，未折仰天之桂。掉頭科第，爲大羅天上之謫仙；放眼華林，作小西山中之柱史。由是出其緒餘，著爲譜録。念金絲之有草，别擅天香；假玉管而生烟，獨傳聖火。詩腸熏處，臭味無有差池；繡口呼時，英華同其含咀。溯靈根於吕宋，征佳號於巴姑。縱前經絶少明文，而軼典時存他説。芸籤抉隱，萃所聞所見以證所傳；竹簡抽繁，參其事其文以詳其義。較若類林彙苑，卻以罕而見珍；比於酒史茶經，更覺言之有味。若夫鉤玄提要，既博覽於家藏；體物緣情，更旁搜夫衆美。好辭絶妙，乙乙珠穿；麗句爲鄰，霏霏玉屑。雅集蘭臺之奏，不嫌於同調同聲；遠通梅驛之傳，或贈自異鄉異客。珍吉光於片羽，兩三行兼及短緘；備雜體於碎金，一二語何妨小令。奚囊收拾頻番，從葭水尋來；椽筆校讎幾度，暎蕉天寫出。且也公諸同好，慰厥相思。廣盥誦於薔薇，付雕鐫於梨棗。壽烟雲之翰墨，非徒自賞風流；鏤冰雪之聰明，直使長留天地。美人香草，繼芳情於蘅芷，而騷客重生；才子槊花，詳逸品於菸蔫，而專家首著。此日譚供玉麈新鮮，欣共話三餘；他年書副瑯嬛寶貴，定先增一册。僕稽盤宦冷，槐市氈枯。斷簡晨披，看帶映窗前，空餘草綠；短檠夜照，歎燈燃閣上，安有藜青？紛綸未澈乎蓬心，竊愧譚經之席；薈蕞恒嗟於棘手，遑操記事之觚。乃緣流覽瑶華，不禁感懷蘭臭。數典而傾心多識，欣窺隱豹之一斑；尋章而昂首高吟，益仰元龍之百尺。藉藉乎人口，知膾炙之廣遍雞林；渺渺兮予懷，導秕糠而遥將鯉素。

時道光二年歲次壬午秋七月嫺愚弟陸晉雲鯉塘氏拜手序於雲陽學署

紅格舊鈔本《烟草譜》跋

羅振常跋文

舊抄《烟草譜》，青浦陳琮輯，格紙，書口有“昭代叢書壬編”六字，卷中有朱筆校刊訛字。今檢《昭代叢書壬編》中無此種，他編中均無之。僅丙丁編中有琮所著《天啓宮詞》一種。蓋校繕而未付刊者也。搜集舊聞，引書至二百餘種，可云賅博。乃校而未刻，惜哉！

瑞彭氏跋文

《昭代叢書壬癸二編》，乃吴江沈楙德所編。此書有朱筆校改，蓋沈君手跡，不知何故欲刊未果。沈、陳皆嘉道間人，吴中知名之士也。涵楚（李培基）使君劬學嗜古，得此書於汴京，存亡接絶，有齊桓之美德，勸其付刊行世，庶幾百餘年孤本，巋然獨存於劫火之外，從此不憂厄會矣。

道光六年本《墨稼堂稿》卷首序

青溪稱才藪，士皆温文爾雅。余忝秉鐸以來，與諸生相需接。一時好古讀書，當推陳子愛筠爲最。家居簳山之東，岑溪之上，山光水色，朝夕環繞几案。室無園亭，于屋後闢地數弓，蒔花種葯于其間，爲紅塵所弗到。性耽書，每見錦贉繡褫，不惜典質購買，故庋藏爲特富。遇騷雅客來，常邀花下共飲，飲輒醉，醉輒抽架上書，佐以議論，閒情逸致，大都在羲皇以上。發而爲詩，無蕪詞，無孱響，殆掇拾乎漢魏六朝之芳潤，而兼得三唐兩宋之深醇歟？不可與狐馬之氣、蟲鳥之音同日而語也。況質素敏，年尚少，從此擴而充之，其造詣精進，必更有不止于是者。而余又有感焉，嘗觀古人傳誦之作，所稱大家名家，何寥寥然代不數人。其或作者之未必皆可傳，其可傳者又未必盡傳，抑亦作者難而識者之更難耶？是可慨已。今閱愛筠之詩，徵材宏富，結調鏗鏘，洵可謂詞賦之工矣。他日蜚聲上苑，和其聲以鳴國家之盛，當于此日卜之，弗以"雕蟲小技，壯夫不爲"，徒泥揚子雲之言而輕視也。愛筠能爲制藝文，偉博典麗，璨焉露經籍光。余愛焉，所以期望者甚厚。暇以所著詩稿相質，爰以數言弁諸首。

時嘉慶丁巳三月虞山仲嘉德靄梧氏書

予少隨先君子宦遊於外，多歷年所。通籍後，一官匏繫，久離桑梓，故園松菊，有不堪復問者。惟有二三知己，時往來於心，不能去。洎予卜居松陵，歲時歸省，當年舊雨，零落殆盡。重過黃壚，輒增淒黯，而於陳君愛筠爲尤甚。愛筠少承其尊甫懷堂先生家學，爲邑名諸生，與其弟古芸俱以詩文鳴於時。乾隆戊申歲，愛筠與蔡君得研、諸君晦香合刻《青谿三子詩鈔》，嘉定錢竹汀宮詹爲之序，梓行於世，已膾炙人口。愛筠於我家素有婣連，古芸曾以時藝就正於先君子，昆季與余相得甚歡。猶憶丁未歲，蔡君得研舉青谿詩社，同會者八人，余與愛筠與焉。當其時，攬環結佩，擊鉢聯吟，不自知其樂也。四十年來，諸君子風流雲散，渺若山河。愛筠送予北上句云："同時文字友，聚散等風煙。"已不勝人琴之感。今其存者，惟余與諸君晦香而已。曹子桓云："既痛逝者，行自念也。"可勝歎哉！愛筠年少余七歲，週甲後遽歸道山，詩文稿弆藏篋中。古芸懼其久而散佚，將付剞劂氏，而索序於余。余老而廢學，不足當敬禮定文之屬。特念愛筠駢體文淵源徐庾，卓然成家，詩亦謹守三唐體格，不入蘇黃以下滄海横流之習，使其登金門，上玉堂，於以鼓吹休明，潤色鴻業，夫何愧與？而乃困守青氈，杜門謝客，窮愁落寞中僅以著述自娱，亦可慨矣。雖然，不朽有三，立言居一，愛筠既有不朽之業，而古芸又能付諸棃棗，以永其傳，較之富貴而名磨滅者，相去爲何如也。愛筠有知，亦可慰於泉下矣。是爲序。

時道光六年歲次丙戌冬季姻世愚弟吴邦基撰時年七十有三

記乾隆甲辰春余贅岑溪，時婦兄愛筠工詩，互爲砥礪，剪燭論文，銜杯話雨，幼相得也。既而相勗以相長，後則各行其是，而時時相質。愛筠曰："作詩須穿穴經史諸子百家，旁及山經地志、稗官野乘，咀其英華，然後擷六代之精，徵三唐之響，發而爲詩，其聲大而宏，其體華而貴。如入波斯之國，萬寶畢陳，聽瑯璈之奏，衆響俱靡。若以瘦儉之筆，出于空虚之腹，陋矣。"而予意不然。古人云："詩言志。"又曰："詩道性情。"則因其志之欲言，以達其性情之所得見者，或知之，或不知，要不爲空言與言之不文者而已，彼經笥書簏，無當于風騷旨也，故持論往往不合。然予得詩，必正于愛筠，愛筠亦時爲下問，一章、一句、一字，往復交訂，四十年來，歡無間然。蓋余雖一得自矜，終慙大雅，譬若甘粗糲者，見几列珍羞，食指輒動，又若布素之接于錦繡也，故于愛筠所撰著，尤爲傾倒不置。嘗比而論之，其排奡也，如三峽出泉，其高秀也，如九華聳翠，其幽静也，如蕙秀蘭芳，其嫵媚也，如春花秋月，中有神明以釀其精華，固與僅事雕繪家相去遠甚。顧質陋若予，其無聞于世，宜矣，乃以愛筠之才，亦困守膠庠，身不出闤巷，名不震于士大夫，何哉？得非聲氣結納之道，俱有夷然不屑、傲然深恥之意，復有異而同者在耶？此其故，唯兩人交相知之矣。因歎世上論詩者，或以趨徑岐異，匿長暴短，互相菲薄，又或一時投合，隨聲附和，究之心口背謬，得失皆非，其于友道、詩道之同異何如也。今愛筠自訂其稿，獨問序于余，余烏敢言詩，烏敢言愛筠之詩，又烏能不言愛筠之詩。因爲之序。

道光玄默敦牂之病月內弟諸聯頓首

憶於庚子、辛丑間，予隨先君子讀書崧塘之上。先君子雅好談詩，惟時陳子愛筠甫弱冠，即介方子雲門以詩相質。先君子嘗欣賞其五言，目爲王韋門庭中人。予年未舞勺，初習聲偶，已心識愛筠之爲詩矣。由是瀏覽日廣，益肆力於詩古文詞。時偕其妹婿諸子晦香及其友蔡子得硯相唱和，嘗有《青溪三子詩鈔》之刻，吴下稱詩者咸傾慕焉。顧自爲諸生，屢不得志於有司，人或擬之陸魯望之逃名甫里，張承吉之遁跡曲阿，惜其豐于才而嗇于遇。而愛筠泊如也，閉門卻掃，闢書圃，購藏數千卷，終歲寢饋其中，沈思旁訊，專至微眇，興到即濡墨伸紙，以抒寫其自得之趣。他若叢書稗史、遺聞軼事，靡不精研博考，手自編摩。予卅年中浮沈京洛，南窮嶺徼，家居之日常尠，以故於愛筠蹤跡頗疎。然自悔困于簿書期會，坐使盛年虚擲，每屈指愚中同學能以古作者自期許若愛筠者，恒藏於心，未之敢忘也。戊寅冬，予自京假歸省母，晤愛筠于郡邸，詢以先後述作。愛筠語予曰："乃今而知作詩之難也，平居作詩，未嘗無合格者，乃閲一時而反覆推敲，非病其不似古人，即病其太似古人，是以稿具存而可存者絶少。”余服膺其言，謂能道盡作詩甘苦，抑且欿然自視，非復少年豪氣。雖信宿别去，未遑一見其詩，固已窺其探索之久、醖釀之醇，而卜其詩之可傳也。逮予奉諱歸里，而愛筠已前没，方以往者未得畢讀其詩爲恨。今令弟古芸與哲嗣錫之，邀諸子晦香就其自訂稿更爲編次，得詩若干首，拮据屏當，始克付梓，有足令人生在原之感，而增陟岵之悲者。於是愛筠一生仰屋著書之志，藉以少慰泉壤。余中表徐子蘭吟，亦愛筠之妹婿，以剞劂蒇事，屬予序之。余不能詩，其烏能序愛筠之詩？然樂觀是稿之成也，遂不辭而爲之弁諸卷端，以塞諈諉云。

道光七年歲在丁亥立夏後五日姻愚弟趙逢源拜序

道光六年本《墨稼堂稿》題辭

小岑谿藁題辭

謝客高吟翰墨添，黄初風調六朝兼。徽言贈我當三筴，綺語如君值一縑。花發西興懷柳惲，草深南浦恨江淹。憐余亦有傷春意，惱聽新歌《昔昔鹽》。

金鴻書補山

縷金錯彩句飛揚，鄴下才華數孔璋。蠻布弓衣傳白雪，旗亭樂府鬬紅妝。璧人弱不勝羅綺，才子時聞吐鳳皇。他日長楊能獻賦，賦才定許奏明光。

陳逵東橋

詩人之詩麗以則，終老山林苦岑寂。鳳凰一聲天下清，餘韻應教自珍惜。潁川長君詞賦雄，五緯七紀羅心胸。吴絲蜀錦細組織，兼金頑鐵工鑪熔。驅馳屈宋撻揚馬，是殆天授非人功。人功既至即天籟，天許奇人吐奇彩。雕斲元氣搜元精，猦嘯鸞鳴發光怪。昔嘗同居陟山巔，珠璣欻吐飛向天，隨風飄布成雲烟。又嘗與君陟海島，水府羣仙獻珍寶，明珍百斛换秘藁。比來飛遯溪之灣，月情雲思歌小蠻。酒酣快擊玉如意，傾倒錦囊爲訂删。五雲糺紛不可攀，容光蜿蟺流人間。擬與相招李太白，釣鼇海上觀青山。

諸聯晦香

墨稼堂稿題辭

烏虖吾友陳愛篛，幼爲神童老詩人。卒年六十逾三春，宿草餘淚常沾巾。誰輯遺稿屬討論，君孤錫之弟古芸。余生也晚慚學貧，敢于身後評君文。念君與余交誼親，十年之長猶元昆。苔岑結社酬唱頻，推襟送抱何殷勤。迄今往事若散雲，一言難慰平生魂。君臨歿前一月，力疾過訪，曾以商榷尊著爲屬。君才浩瀚湖海吞，秦碑漢瓦徵多聞。君情旖旎春風温，花晨月夕無空樽。東頭屋小萬卷陳，終歲樂此忘疲神。秋空鵬翮早倦振，願同鷗鳥眠江濱。君年四十餘即絶意功名，有《謝人勸赴鄉闈詩》云：只緣鷗鳥江湖性，孤負雲鵬勸上天。莊椿壽木百歲臻，無端萎悴摧心肝。枕草哀慕涕泗漣，病不從療從九原。嗟君得子遲可憐，君集中有“萬事偏傷得子遲”之句。雁行珠樹看聯翩。向平願欠婚嫁完，得無地下含煩冤。余將酬酒秋墳前，呼君之靈重贈言。自來豪士多達觀，一生不見愁眉攢。但得好詩數百篇，貽親令名堪永傳。何必盡了人間緣，魂兮有知應釋然。

丙戌六月既望竹簳山人何其偉題

道光六年本《墨稼堂稿》跋

伯兄愛筠，生而穎悟，於舉業之暇即喜韻語。未弱冠，補博士弟子，鋭欲以功名自奮，終坎壈不遇，遂絶意進取，以文字爲寢食。庋書數千卷，日事丹黄，寒暑靡間。夜則燈火青熒，至更鼓私下，咿唔聲猶達戶外。中年從嘉定錢宫詹竹汀、我邑王司寇述庵兩先生游，得親指授，學日以進。後述庵先生開書局於三泖漁莊，曾折簡招之，任分校之役，兄以堂上年高，不敢稍離膝下爲辭。從此鍵户讀書，益肆力於詩古文詞，且稍稍有事於著述之學。所手録《惜陰》、《繡雪》諸稾，固已裒然成集，乃心存謙抑，芟薙謹嚴，什未及四五，不欲出以問世。嘗謂予曰："詩文一道，昔人論之詳矣。雖風雅遞變，體格代有不同，而其間動天地、泣鬼神、馳驟古今、含咀蕴釀、可歌可誦之處，歷千百刧，光景常新。余性拙善病，僻處鄉村，未獲與海内醇儒碩彦角逐騷壇，上下其議論。縱有唫咏，不過仿諸候蛩寒蟬，自攄胸臆耳。"其生平不自滿假如是。不意於癸未夏，先君子棄養，兄亦遂赴道山。荏苒至今，已隔三載。每於酸風苦雨中翻閲零星剩墨，曷禁凄愴欲絶？迴憶前塵，不啻如夢如昨。況年來予亦頽廢，諸侄輩年幼無知，倘再遷延歲月，深恐有鼠嚙蠹傷之患，因亟邀姊丈畝香，重加删定，共得已刻、未刻稾若干卷，用付剞劂氏。至所刻《烟草譜》十卷已行於世以外，尚有《夏小正注釋》四卷、《錦帶書箋註》兩卷、《二十四節氣解》兩卷、《雲間山史》一卷、《茸城事蹟考》四卷、《青谿雜事詩》一卷、《吴下常談》四卷、《絸園雜誌》兩卷，行即續刊，以質諸當代名公卿，用垂不朽，庶可副伯兄未竟之志，亦聊慰予鴒原之痛云。爰於季夏開雕，逮孟冬告竣，略書數語於簡端，以誌顛末。

時道光六年丙戌冬涂月交年日同懷弟瓏古芸謹跋

道光六年本《墨稼堂稿》各卷小引及卷末跋

愛筠吟稿起於乾隆乙未止於戊申

予年方舞勺，即喜韻語，父師以有妨舉業呵止之，輒于露初星晚偷閒學諧平仄，敝帚自享，積成卷帙。蒙嘉定錢竹汀先生删汰，得二百六十餘首，不自度量，妄付梨棗。輪指計之，已將四十年矣。深愧格律未嫻，瑕疵疊見，緣可見齠時心性，不忍棄置，復存其半。

惜陰軒稿起己酉止癸丑

戊申歲，余與蔡得硯、諸晦香曾有三子新詩之刻。嗣後專攻舉業，館課之外，篇什無多。又痛加芟薙，剩什之二三。詩雖不足存，亦以性情所寄，藉此質諸當世之大雅云爾。

哀絃吟起於甲寅止於嘉慶丙辰

《哀絃吟》一卷，余時悼亡之作也。六年之間，兩遭喪偶；新愁未謝，舊恨難裁。對鏡消魂，徒驚秋鬢；看花濺淚，那有春心？亦復假遨頭以紓憂，借長歌以當哭。自兹以往，凡有所作，林猿埜鹿之音，一變爲寡鵠離鸞之調。嗟嗟！握湘江之斑管，總是淚痕；聽蜀國之朱絃，都成哀響者矣。

苔岑社稾起於丁巳止於己未

吾松幾社之興，自考功、黄門諸君子以風雅號召海宇，一時名流翕集，川鶩星奔，於斯爲盛。至國初時，流風未沬，金谷蘭亭之會，月必一二舉。迄今百餘年來，交遊零落，壇坫荒涼，每歎古人之不可作，而又未嘗不有冀于今也。丁巳夏，结苔岑吟社，同時俞木齋、莊泖客、魏約庵、諸晦香、何春園、書田、家東橋及閨秀廖織雲、方外静遠僧，相與攬環結佩，角韻分題。而東橋、書田輩奔走襄事，或會于小山書屋，或集于水鏡山房。琮亦參末座，時與大雅相周旋。其後勝事不常，萍踪易散，懷星霜于今別，睠裙屐于曩遊，共得詩若干首，用以誌一時文酒之樂、聚散之感焉。

繡雪山房稿起庚申止甲子

戊午文戰，秋風不利，獨處窮愁，自傷顛蹶。用是繙閲經史，稍稍有事于雜著之學，而于韻言遂廢。然境與情觸，胸中勃勃，尚有不能自已者。會王司寇述庵先生主講青溪書院，每課時輒以詩學相規，凡漢魏之源流、唐宋之得失，口講指畫，丙夜不休。辛酉冬復有校書之命，予以母病，不果行。日手一編，坐臥于繡雪山房，白晝茶烟，清宵燈火，偶有所作，不暇計工拙也。

小岑溪詩鈔起於乙丑止於己巳

吾鄉爲僻壤，同志寥寥，吟詠之間，有唱無和，往往詘然意索。自古芸弟延晦香課其子，下榻於韻雅草堂，互爲酬唱。予雖懶病，亦時相過從，花晨月夕，愁去歡來。乙丑以後，四五年間，多文酒之會，共得詩如干首。

昨非齋集起於庚午止於乙亥

庚午初冬，爲余五十生辰，同人各有詩相投贈，率多溢美之語。自惟半百韶華，刹那已過，一生落拓，兩鬢蕭疎，俚句蕪詞，供人姍笑，思之輒呼負負。今兹以後，紅塵無分，萬慮皆空，故自午至亥，悉以昨非名其集。

小岑溪續草起於丙子止於道光壬午

伯兄一生，以詩爲事，生平譔著甚多。晚年來設塾於家，訓兒姪輩，一時負笈者，亦復祁祁濟濟。館課餘暇，自理詩稿，釐然炳然，已無餘憾。癸未謝世，人琴之感，時愴于懷，囑姪輩搜尋故紙，將授諸剞劂。而自丙子至庚辰，五年之作，竟多散佚。唯辛、壬二年，尚係其手録，因亟爲繕寫，以成全集。

時道光六年夏四月弟古芸謹識

先君子無他嗜好，衹以讀書吟詠爲事。坐臥繡雪山房中，往往至丙夜弗輟。當酒香茶熟時，伸紙濡毫，未嘗辭勞瘁。脱稿後再四推敲，稍不愜意，即投諸紙甕中，故存者尟少。癸未手自校録，將授梓人，而是春遭水患，旋抱恙棄晉等而逝。晉在苫塊間，懵然無知，諸弟更屬穉幼，不能讀父之書，罪在莫贖。今年春，叔父古芸囑晉搜尋篋簏，片紙隻字，罔敢棄遺。其中稿未完成者半，字蹟模糊者半，爲鼠蠹所傷者又半。手澤雖存，而已亥豕莫辨。若不再事釐訂，益重不孝之罪。爰邀晦香姑父細爲斟酌去取，共得若干首，付諸剞劂。祈當世騷壇碩彦、大人先生賜以瀏覽，鑒先君子畢世之苦衷，晉等銘感五內，無有既極。

道光丁亥且月之望日男晉泰謹識

《(光緒）青浦縣志》卷一九文苑傳

陳琮，字應坤，諸生，居岑溪，謨五世孫也。謨見《隱逸傳》。琮少喜詩詞，温厚謙退，從錢大昕遊，博極羣籍，偕諸聯結吟社。王昶主講青溪書院，深賞其才，招琮校讎，以親老辭，益肆力讀書學古。年四十後絶意進取，專事撰述。嘗與趙逢源論詩曰："今而知作詩之難，非病其不似古人，即病其太似古人。"逢源深服其言。晚年坐臥繡雪山房，訓課子姓，藏書數千卷，丹黄寒暑不輟。與弟瓏閉門賡和，人比之坡潁云。瓏號古芸，性情安雅，詩亦宗法唐人。

參考書目

《一切經音義》，〔唐〕釋玄應撰，清道光十一年古稀堂刻本。

《三岡識畧》，〔清〕董含撰，致之校點，遼寧教育出版社，2000 年。

《大清一統志》，〔清〕穆彰阿、潘錫恩等纂修，四部叢刊續編本。

《中國地方志總目提要》，金恩輝、胡述兆主編，漢美圖書有限公司，1996 年。

《中國烟業史匯典》，楊國安編著，光明日報出版社，2002 年。

《分甘餘話》，〔清〕王士禛撰，張世林點校，中華書局，1989 年。

《文房約》，〔清〕江之蘭撰，清康熙三十四年霞舉堂刻本。

《文選樓藏書記》，〔清〕阮元撰，清越縵堂鈔本。

《日知録集釋》，〔清〕顧炎武著，黃汝成集釋，上海古籍出版社，2006 年。

《月山詩集》，〔清〕恒仁撰，清刻本堂。

《可經堂集》，〔明〕徐石麒撰，清順治八年徐柱臣刻本。

《四庫全書簡明目録》，〔清〕永瑢等撰，上海古籍出版社，1985 年。

《本草綱目》，〔明〕李時珍撰，清文淵閣四庫全書本。

《本經逢原》，〔清〕張璐撰，清光緒間渭南嚴氏刻民國十三年校補醫學初階本。

《全祖望集彙校集注》，〔清〕全祖望撰，朱鑄禹彙校集注，上海古籍出版社，2000 年。

《全清詞・順康卷》，南京大學中國語言文學系《全清詞》編纂委員會編，中華書局，2002 年。

《全清詞・雍乾卷》，張宏生主編，南京大學出版社，2012 年。

《列朝詩集》，〔清〕錢謙益輯，清順治九年毛氏汲古閣刻本。

《在園雜志》，〔清〕清劉廷璣撰，清康熙五十四年自刻本。

《西河集》，〔清〕毛奇齡著，文淵閣四庫全書本。

《西堂詩集》，〔清〕尤侗撰，清康熙刻本。

《沈德潛詩文集》，〔清〕沈德潛著，潘務正、李言編輯點校，人民文學出版社，2011 年。

《兩浙輶軒録》，〔清〕阮元輯，清光緒十六年浙江書局刻本。

《兩浙輶軒續録》，〔清〕潘衍桐撰，清光緒刻本。

《忠雅堂集》，〔清〕蔣士銓撰，清道光刻本。

《明清稀見史籍敘録》，武新立編著，江蘇古籍出版社，2000 年。

《明齋小識》，〔清〕諸聯撰，清道光十四年刻本。

《東西洋考》，〔明〕張燮撰，清文淵閣四庫全書本。

《物理小識》，〔明〕方以智撰，清文淵閣四庫全書本。

《花鏡》，〔清〕陳淏子撰，清康熙金閶書業堂刻本。

《金川瑣記》，〔清〕李心衡撰，清嘉慶間南滙吴氏聽彝堂刻本。

《雨村詩話校正》，〔清〕李調元著，詹杭倫、沈時蓉校正，巴蜀書社，2006 年。

《（光緒）青浦縣志》，〔清〕陳其元等修，熊其英等纂，清光緒五年刊本。

《春融堂集》，〔清〕王昶撰，清嘉慶十二年塾南書舍刻本。

《洪亮吉集》，〔清〕洪亮吉著，劉德權點校，中華書局，2001 年。

《陔餘叢考》，〔清〕趙翼撰，曹光甫校點，上海古籍出版社，

2011 年。

《香屑集》，〔清〕黄之雋撰，清文淵閣四庫全書本。

《香祖筆記》，〔清〕王士禛撰，湛之點校，上海古籍出版社，1982 年。

《格致鏡原》，〔清〕陳元龍輯，清光緒十四年上海大同書局石印本。

《烟譜》，〔清〕陸燿撰，清昭代叢書本。

《茶餘客話》，〔清〕阮葵生撰，清光緒十四年鉛印本。

《鬲津草堂詩》，〔清〕田霢撰，清康熙至乾隆間德州田氏刻本。

《寄園寄所寄》，〔清〕趙吉士撰，清康熙三十四年刻本。

《帶經堂集》，〔清〕王士禛撰，清康熙五十年程哲七略書堂刻本。

《帶經堂詩話》，〔清〕王士禛著，張宗柟纂集，戴鴻森校點，人民文學出版社，1982 年。

《晚晴簃詩匯》，徐世昌編，民國十八年天津徐氏退耕堂刻本。

《梅村家藏稿》，〔清〕吴偉業撰，清宣統三年董氏誦芬室刻本。

《梅谷偶筆》，〔清〕陸煊撰，清道光間吴江沈氏世楷堂刻本。

《淡墨録》，〔清〕李調元撰，湛之校點，遼寧教育出版社，2001 年。

《淵雅堂集》，〔清〕王芑孫撰，清嘉慶九年刻本。

《清代人物生卒年表》，江慶柏編著，人民文學出版社，2005 年。

《清史稿》，〔清〕趙爾巽等撰，中華書局，1977 年。

《陶庵夢憶》，〔明〕張岱撰，淮茗評注，中華書局，2008 年。

《鹿洲初集》，〔清〕藍鼎元撰，清文淵閣四庫全書本。

《善本書所見録》，羅振常遺著，周子美編訂，商務印書館，1958 年。

《揚州畫舫録》，〔清〕李斗撰，汪北平、涂雨公點校，中華書局，1960 年。

《景岳全書》，〔明〕張介賓撰，清文淵閣四庫全書本。

《欽定四庫全書總目》，四庫全書研究所整理，中華書局，1997 年。

《欽定續文獻通考》，〔清〕嵇璜、曹仁虎等撰，清文淵閣四庫全書本。

《童山集》，〔清〕李調元撰，清乾隆刻函海道光五年增修本。

《觚賸》，〔清〕鈕琇撰，上海古籍出版社，1986 年。

《畬山集》，〔清〕方文撰，清康熙方氏古檁堂刻本。

《敬業堂集》，〔清〕查慎行著，周劭標點，上海古籍出版社，1986 年。

《綏寇紀略》，〔清〕吴偉業撰，李學穎點校，上海古籍出版社，1992 年。

《虞初新志》，〔清〕張潮輯，王根林校點，上海古籍出版社，2012 年。

《夢廠雜著》，〔清〕俞蛟撰著，上海古籍出版社，1988 年。

《漁磯漫鈔》，〔清〕雷琳撰，民國二年上海掃葉山房石印本。

《説文解字》，〔漢〕許慎撰，〔宋〕徐鉉校定，中華書局，2013 年。

《增補本草備要》，〔清〕汪昂撰，民國元年上海同文書局石印本。

《墨稼堂槁》，〔清〕陳琮撰，清道光六年繡雪山房刊本。

《廣群芳譜》，〔清〕汪灝撰，上海書店，1985 年。

《樊榭山房集》，〔清〕厲鶚著，董兆熊注，陳九思標校，上海古籍出版社，1992 年。

《潛研堂集》，〔清〕錢大昕撰，吕友仁校點，上海古籍出版社，2009 年。

《畿輔通志清》，〔清〕李鴻章修，清光緒十年古蓮華池刻本。

《蓮坡詩話》，〔清〕查爲仁撰，清乾隆刻蔗塘外集本。

《鄭堂讀書記》，〔清〕周中孚撰，民國《吴興叢書》本。

《閱微草堂筆記》，〔清〕紀昀著，上海古籍出版社，2001 年。

《甌北集》，〔清〕趙翼著，李學穎、曹光甫校點，上海古籍出版社，1997 年。

《螢雪叢説》，〔宋〕俞成撰，民國十三年武進陶氏刻本。

《隨園詩話》，〔清〕袁枚著，王英志批註，鳳凰出版社，2009 年。

《露書》，〔明〕姚旅著，劉彥捷點校，福建人民出版社，2008 年。

《鶴徵録》，〔清〕李集輯、李富孫等續輯，清嘉慶刻本。